EN EL NOMBRE DEL TURISTA:
PAISAJE, PATRIMONIO Y CAMBIO SOCIAL EN CHINCHERO

Pablo García

En el nombre del turista

Paisaje, patrimonio y cambio social en Chinchero

IEP
INSTITUTO DE
ESTUDIOS
PERUANOS

Serie: Estudios de la Sociedad Rural, 50

Horacio Urteaga 694, Lima 11
Telf.: (51-1) 332-6194 / Fax: (51-1) 332-6173
Correo-e: libreria@iep.org.pe
www.iep.org.pe

ISBN: 978-9972-51-688-7

ISSN: 1019-4517

Impreso en Perú

Primera edición: Lima, mayo 2018
Tiraje: 500 ejemplares

Hecho el depósito legal en la Biblioteca Nacional del Perú: 2018-06446
Registro del proyecto editorial en la Biblioteca Nacional: 31501131800432

Asistente editorial: Yisleny López
Corrección: Verónica Oliart
Diagramación: Silvana Lizarbe
Carátula: Gino Becerra
Cuidado de edición: Odín del Pozo

Fotografías de interiores y carátula: Archivo del autor

BIBLIOTECA NACIONAL DEL PERÚ
Centro Bibliográfico Nacional

338.479185613 García, Pablo, 1967-
G22 En el nombre del turista: paisaje, patrimonio y cambio social en Chinchero / Pablo García.-- 1a ed.-- Lima: Instituto de Estudios Peruanos, 2018 (Lima: Tarea Asociación Gráfica Educativa).-- (Estudios de la sociedad rural; 50)
316 p.: il., mapas; 23 cm.

Bibliografía: p. [287]-316.
D.L. 2018-06446
ISBN 978-9972-51-688-7

1. Turismo - Aspectos sociales - Perú - Chinchero (Cus.) 2. Comunidades campesinas - Perú - Chinchero (Cus.) 3. Identidad cultural - Perú - Chinchero (Cus.) 4. Cambio social - Perú - Chinchero (Cus.) 5. Patrimonio cultural - Perú - Chinchero (Cus.) 6. Chinchero, Cus. (Perú: Distrito) - Condiciones sociales 7. Chinchero, Cus. (Perú: Distrito) - Vida y costumbres sociales I. Instituto de Estudios Peruanos (Lima) II. Título III. Serie

BNP: 2018-118

Índice

Este libro está dedicado a la memoria
de mis padres, Carlos y Concepción,
a quienes les hubiera gustado conocer
Chinchero y leer estas páginas.

Agradecimientos

Una colaboración intensa entre muchos pobladores del distrito de Chinchero y quien esto escribe ha hecho posible el presente libro. Sin esta fecunda interacción, simplemente no hubiera sido factible. Como no es posible nombrar a todos los que han colaborado en él, debo limitar estas líneas solamente a algunos de ellos. Quisiera agradecer en primer lugar a Augusta, Jacinto y sus hijos —mi familia en el pueblo— por su paciencia y por introducirme a la belleza del mundo andino, así como a su dureza. Además de ellos, muchas otras personas compartieron desinteresadamente sus conocimientos, experiencias y puntos de vista conmigo. Quiero reconocer especialmente a Tomás Huamán, Ángel Callañaupa, Dalmesio Quispe, Fidel Vara, Carlos Quispe y Rosa Cusihuamán, esta última mi maestra tejedora. Mi reconocimiento se extiende a las señoras de los centros textiles donde pasé muchas horas tejiendo, observando y conversando, en particular las señoras Luz Marina, Hermenegilda y Pancha. Al personal del Ministerio de Cultura en Chinchero durante el año de mi trabajo de campo (julio de 2012-junio de 2013), mi agradecimiento por su apertura y buena disposición cuando requerí de su ayuda. En Cusco, Catherine Covey me brindó amistad y hospitalidad en torno a una buena mesa; las charlas aliviaron la carga de nuestros respectivos trabajos de campo. Desde California, Stella Nair alentó en todo momento este proyecto; su interés en él, sus preguntas y comentarios alimentaron mi investigación y la enriquecieron. Mis asesores de tesis en Escocia, Sabine Hyland y Tristan Platt, creyeron en mi trabajo y conté siempre con su acompañamiento y guía profesional cualificada. Mis compañeros de doctorado en St Andrews, con quienes compartí horas inolvidables en el Departamento de Antropología de la Universidad de St Andrews, hicieron todo el proceso extremadamente agradable y placentero. Por último, a ti, Betty, mi agradecimiento mayor por caminar conmigo en los buenos y los malos tiempos.

Prefacio

El principio es siempre el final. He terminado este libro revisitando este prefacio que empecé a escribir hace ya varios años. De este modo completo mi propio ciclo y agrego un círculo más a la espiral que contiene todas las anteriores etnografías de Chinchero. ¿Leerán alguna vez los chincherinos estas páginas? No ignoro que sus preocupaciones son otras, y sus afanes, múltiples. De todos modos, este libro se propone recoger las "otras historias" de Chinchero, ausentes en narraciones más generales de esta región. Estas "otras historias" pretenden reclamar los hechos cotidianos que interesan a la comunidad. Son estos sucesos los que proporcionan los materiales de los que se nutren las vidas de los chincherinos y que la historiografía oficial ha ignorado.

Llegados a este punto, los habitantes de Chinchero podrían encontrar una razón para detenerse un momento y leer este texto. Lo que he escrito es el resultado de nuestro mutuo encuentro y nos pertenece a ambos. No haré mayores reclamos autoritativos, más allá de recordar a los lectores que mis palabras y sus vidas se informan mutuamente y son inseparables. A medida que esas vidas se filtran por las grietas de mi memoria, fijarlas en papel permitirá la ilusión de cierta durabilidad. Lo que sé es que he compartido un fragmento de mi propia vida con unos hombres y mujeres en su tierra natal, en un preciso momento de su historia, el cual —mientras yo escribo y tú, lector, lees— ya no está ahí. De hecho, es probable que el próximo visitante, etnógrafo, turista o recién llegado encuentre un paisaje muy diferente. Tal vez me otorguen entonces el dudoso honor de haber sido el último etnógrafo de una claramente reconocible "era pre-aeropuerto" en el pueblo.

Figura 1: Mapa general de Perú

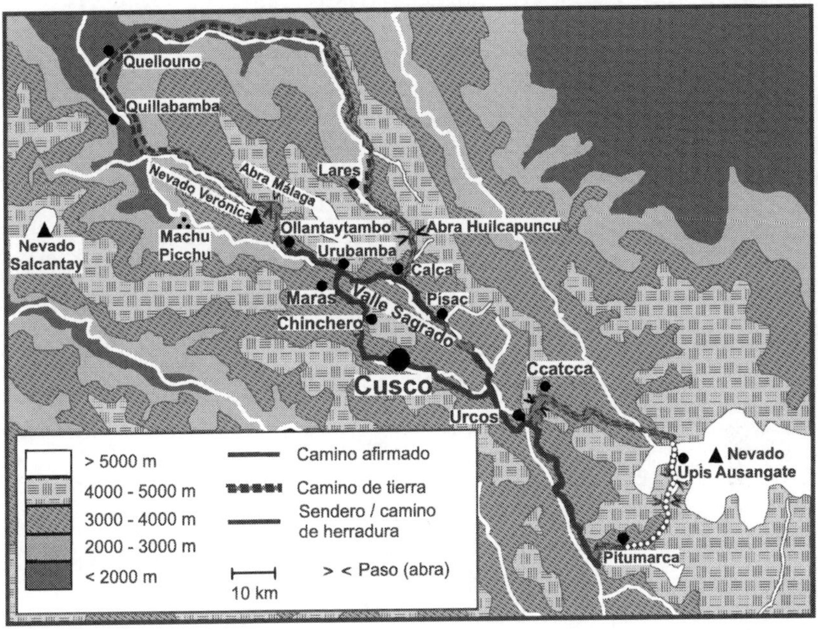

Figura 2: Mapa de la región Cusco

Figura 3: Vista panorámica del centro poblado de Chinchero con el sitio Inca al fondo

Introducción

Breve historia de un proyecto

El día que llegué a Chinchero para empezar mi año de trabajo de campo en Perú no ingresaba en territorio completamente desconocido. Había pasado tiempo en Cusco antes e incluso había residido en la antigua capital del Tawantinsuyu. A lo largo de diferentes visitas había hecho contactos y me había familiarizado con el bello pueblo ubicado sobre la pista que conduce al valle sagrado del río Urubamba (véase figura 2). Tampoco era yo el primer investigador o etnógrafo que había vivido allí antes. El antropólogo peruano Oscar Núñez del Prado había realizado trabajo etnográfico a finales de la década de 1940 y comienzos de la de 1950. Más tarde, a finales de los años sesenta y comienzos de los setenta, la misión arqueológica española llevó a cabo investigaciones arqueológicas y antropológicas. Como iba a advertir durante mi trabajo de campo, los adultos y mayores de la zona todavía conservaban fresca la memoria de Edward y Christine Franquemont, quienes habían vivido en Chinchero entre los años setenta y ochenta por más de diez años estudiando su tradición textil y su botánica. Algunos estudiantes de la Universidad Nacional de San Antonio Abad del Cusco (UNSAAC) habían escrito monografías sobre el lugar. Además, mi amiga e historiadora del arte Stella Nair había pasado un año entero estudiando el notable legado inca y colonial del pueblo. Fue precisamente gracias a Stella que iba a conocer a Jacinto, su asistente de investigación sobre el terreno y respetado miembro de la comunidad. Jacinto me presentó a Augusta, su mujer, y desde entonces Chinchero se convirtió para mí en punto de referencia, no solo por el encanto de su pasado inca y colonial y por la impresionante belleza de su paisaje, sino también por esta pareja que me ofreció su hospitalidad y la oportunidad durante mis visitas de ser algo más que un turista convencional o un simple visitante. Quizás, pensando ahora retrospectivamente, mi trabajo de campo empezara ya sin saberlo en aquellos días tempranos.

Sin embargo, estos hechos por sí solos no son suficientes para explicar por qué, años más tarde, escogería Chinchero como lugar de trabajo de campo para mi proyecto de disertación doctoral. Mi formación en historia del arte prehispánico me había llevado al estudio de las antiguas civilizaciones andinas. Este interés académico por el pasado siempre fue a la par con una preocupación similar por temas indígenas contemporáneos. Más adelante, durante mi trabajo de campo tendría la posibilidad de establecer una conexión más centrada y específica entre estos dos "mundos" a través de problemas y situaciones encontrados *in situ*. Chinchero me ofrecía la posibilidad de implicarme con la población andina contemporánea en un escenario físicamente dominado por su pasado material. Uno de mi más viejos y duraderos intereses con respecto a los pueblos indígenas andinos tenía que ver con los "impactos de la modernidad" sobre sus prácticas ancestrales y modos de vida. La literatura especializada me había advertido de los riesgos de dejarme arrastrar por el "romance antropológico" (Abercrombie 2006), corriente etnográfica que destacaba lo que percibía como una identidad nativa claramente diferenciada y rígidamente opuesta a lo no "nativo", identidad por demás amenazada por las fuerzas destructivas de la modernización y de la historia. Este romance antropológico había omitido el hecho de que las "identidades nativas" andinas se habían construido precisamente en la zona de contacto entre lo andino y lo cristiano, y no a un lado o a otro de esta frontera. En consecuencia, mi enfoque inicial se centraba, de forma parcial, en cómo la población negociaba las fuerzas del cambio. Pero también se interesaba en cómo esta misma población respondía y eventualmente se apropiaba de estos cambios, así como en las formas en que sus identidades se redefinían o remodelaban como resultado de todo ello. Junto a esto, la perspectiva de la construcción del nuevo aeropuerto internacional del Cusco en Chinchero —un controvertido proyecto a gran escala relacionado con el desarrollo turístico— añadía una capa más a esta preocupación por los efectos del desarrollo en tierra "ancestral". Por si fuera poco, me interesaba entender el cambio en sí mismo, su substancia histórica y material enraizada en las historias individuales y colectivas de los pobladores. Pero el cambio se da en diferentes planos y a través de múltiples agentes. Cuando vivía en Cusco, por ejemplo, era imposible permanecer indiferente a la abrumadora actividad de la industria turística en la ciudad, así como en la región en general, una presencia personificada por la promoción de Machu Picchu y el valle sagrado como destinos de primer orden en la arena turística.

Ubicado a lo largo del eje turístico principal de la región, Chinchero había sido testigo de un incremento sostenido en el número de turistas desde la década de 1960, proceso que se había acelerado claramente en los años noventa y particularmente durante la primera década del siglo XXI. Enfocarse en el desarrollo turístico como medio para estudiar el cambio social tenía sentido dentro de una sociedad regional que confiaba ciegamente en este recurso (además de la minería) para lograr la transformación económica y el progreso social. Desde un punto de vista etnográfico el pueblo era atractivo porque, por un lado y a pesar de su proximidad a Cusco (unos 30 kilómetros al noroeste), todavía conservaba mucho de su carácter "tradicional" e "indígena" y, por otro lado, abrazaba rápidamente la "modernidad" mediante una densa red de conexiones e intercambios con la ciudad y la vida urbana en general. Asimismo, las etnografías anteriores habían documentado el cambio en el pueblo durante varias décadas y me ofrecían un escenario contra el cual yo podía situar y abordar los nuevos vientos de cambio con un cierto sentido de continuidad histórica.

Estos nuevos vientos de cambio estaban ahora ejemplificados, aunque no únicamente, por el turismo y por otras actividades asociadas. En Chinchero muchas familias, por no decir la mayoría, confiaban en el turismo para ganarse la vida, aparte de la agricultura. Si hasta un pasado reciente la agricultura había sido la actividad primaria de subsistencia, ahora el turismo aparecía como el recurso principal, complementado por un receso en la agricultura y la ganadería. Las dinámicas sociales y familiares se alteraban a medida que el turismo introducía nuevas demandas y esquemas temporales. La misma Augusta era un buen ejemplo de chincherina que, en vez de permanecer en su casa la mayor parte del día tejiendo, preparando la comida para su familia y cuidando de los animales como era costumbre, ahora vagaba diariamente por las calles de Cusco vendiendo sus artesanías a los visitantes intentando juntar ingresos extra para su familia, mientras que Jacinto tenía otro trabajo y sus hijos estudiaban en la ciudad.

De qué modo estas fuerzas estaban afectando y transformando las vidas de los pobladores se convirtió en el tema general de este proyecto. Dado que los impactos del turismo tienen muchas ramificaciones, tuve que limitar el tema a aspectos de paisaje y de patrimonio. La situación con el aeropuerto encajaba bien con esta preocupación por la tierra y el paisaje, ya que prometía traer cambio al igual que conflicto e impredecibles consecuencias sociales y ecológicas. Pero el cambio no era algo nuevo en los Andes. Ciertamente toda la región había experimentado dramáticas transformaciones a lo largo de la historia, antes y después del contacto con los europeos. En particular, los periodos republicano y colonial habían trastocado significativamente las sociedades indígenas. Con respecto a este punto Alcida Ramos ha argumentado que el contacto con los blancos ha contribuido a la renovación de las tradiciones de los pueblos originarios (1988: 227). Si esto fuera verdad, una pregunta a formular sería no solo qué clase de cambio estaba promocionando el turismo dentro de un marco comparativo diacrónico, sino también si el turismo podría entenderse en términos similares de revitalización cultural, a pesar de las diferencias en escala y en tipo de contacto.

Viviendo en Chinchero con Jacinto y Augusta

La tarde del 15 de julio de 2012 me bajé del bus que cubría la ruta Cusco-Urubamba, con parada en Chinchero. Agarré mi mochila y empecé a subir por la calle Manco Capac hacia la parte alta del centro poblado, donde se hallaba la mayor parte de las ruinas incas y el templo colonial (véase figura 2). Después de caminar unos cien metros tuve que detenerme en el puesto de control donde los turistas debían mostrar sus boletos (o, alternativamente, comprar uno más caro allí mismo) para poder acceder al pueblo inca y visitar sus monumentos principales. El boleto de ingreso incluía también la visita a los centros textiles donde las mujeres ofrecían exhibiciones de la renombrada tradición textil de Chinchero. En el puesto de control me pidieron mi boleto. Obviamente no tenía ninguno porque no estaba arribando al pueblo como turista sino como un antropólogo que iba a vivir allí por un año con una familia local para estudiar las tradiciones y costumbres. Así se lo expliqué a los controladores del puesto, quienes me miraron con incredulidad e insistieron en que debía tener mi boleto si quería ir más allá del puesto de control. Tras un largo toma y daca en el que tuve que darles detalles de la familia con la que iba a vivir y prueba de mi permiso de residencia en el país para persuadirles de la veracidad de mis argumentos, me dejaron pasar. Como los empleados de los dos puestos de control en el pueblo rotaban de forma periódica, el mismo incidente se repitió para mi impaciencia varias veces durante el año, ya que resultaba difícil para ellos aceptar que un gringo como yo —de hecho el único que vivía en el pueblo—, fuera algo diferente a un turista.

La anécdota es útil para ilustrar la ambigua naturaleza de mi posición "en el campo" desde aquel momento en adelante, así como las percepciones y categorizaciones locales con respecto a los forasteros.

¿Por qué me molestaba tanto la idea de ser confundido con un turista? ¿Por qué debería trazar una nítida frontera entre el turista y el antropólogo? Después de todo, ¿acaso no estaba estudiando el turismo en el pueblo? Al principio me parecía importante subrayar la diferencia y dar a mi trabajo y presencia un estatus superior al estilo casual normalmente otorgado a los turistas. También era una manera de explicar a la población mis intenciones académicas y de predisponerla a hablar conmigo sobre mi investigación. En la práctica esta distinción nunca funcionó tan bien. Aquellos con quienes más intimé comprendieron el propósito de mi presencia y me vieron más como un amigo que como otra cosa. Pero para muchos otros, los límites entre el turista y el estudiante de antropología permanecieron borrosos. La situación solo resaltaba la ironía y la paradoja de mi posición. Durante muchos años y en el curso de viajes y experiencias fuera de mi país había aborrecido encontrarme con turistas en mi camino. Me atenía con firmeza a las percepciones más comúnmente asociadas con el turismo convencional y de masas, especialmente el que iba desde el "Primer Mundo" hacia el "Tercer Mundo": la trivialidad y la superficialidad que encontraba tan desagradables; las notorias disparidades económicas y sociales; la capacidad única del turismo para arruinar lo que de otro modo serían hermosos lugares; y otras nociones similares. Y ahora me encontraba a mí mismo no solamente siendo confundido con un turista, sino también necesitándolos (casi agradeciéndoles) para mi investigación. Junto a esto, la literatura clásica sobre el turismo (Bruner 2005; Cohen 2005; Edensor 1998; Graburn 1989; MacCannell 1999 [1976], 2003 [1992]; Urry 2002a) había cuestionado los límites entre los turistas y otras figuras tradicionalmente más respetables, como los viajeros, los peregrinos, los agentes de desarrollo, los investigadores, etc. Estas afirmaciones enfatizaban los aspectos comunes en cuanto a la naturaleza de la mirada, al estado compartido de movilidad y viaje, a las condiciones sociales y económicas de origen, etc. MacCannell había incluso señalado la equivalencia entre los científicos sociales y los turistas, argumentando que "los dos se interesan por los pueblos primitivos y pobres y por las minorías étnicas", y que "ambos han sido criticados por tener una visión superficial de las cosas, así como por ser portadores de valores modernos" (1999: 3). A pesar de mi resistencia hacia la disolución total de ambas figuras en una, y no teniendo mayores objeciones a los cargos formulados por MacCannell, me sentí progresivamente inclinado a abrazar mi "piel de turista", a comportarme abiertamente como uno de ellos cuando la situación lo requería, a camuflarme a veces entre ellos para participar en actividades turísticas y otras veces como antropólogo en interacciones más formales, entrando y saliendo de mis varios rostros e identidades, negando en la práctica una estricta separación entre el uno y el otro y sintiéndome tan cómodo como me era posible en ambos roles sin hacerlos colisionar. Finalmente llegué a la conclusión de que si la gente no hacía esas diferenciaciones tan tajantes en un pueblo que vivía del turismo, yo tampoco debería hacerlas. Con esto no quiero decir que, después de todo, no existan diferencias entre turistas y antropólogos.

Chinchero, como iba a descubrir pronto, no era un lugar fácil para vivir y hacer investigación. Históricamente siempre había habido resentimiento contra los blancos y los *mistis* (mestizos), antiguos terratenientes y hacendados que habían abusado de su poder y de su influencia. A primera vista la vida en el pueblo estaba atravesada por estrechos lazos de parentesco y reciprocidad que cohesionaban la comunidad. Los pobladores siempre se saludaban en la calle con nombres que en principio denotaban parentesco, como "tío" y "tía", aunque no fueran parientes cercanos, y el ambiente era al mismo tiempo familiar y relajado. Pero, entrelazado con este nivel aparente de vida social, pronto aprendí que la comunidad también se hallaba sacudida por rencillas internas que venían de lejos, por desconfianza mutua entre vecinos, por rivalidades y competencia entre familias y dentro de ellas, por peleas y envidias, por antagonismos personales, secretismo, etc., características de la vida de muchas pequeñas comunidades de cualquier lugar del mundo. Como etnógrafo, a pesar de mi voluntad de permanecer al margen de estos conflictos, terminé siendo arrastrado de un modo u otro por ellos en virtud de la red de relaciones que establecí y de las asociaciones y afirmaciones resultantes realizadas por otras personas sobre mí. Tal y como se dieron las cosas, la situación no fue tan idílica como parecía al principio y, queriéndolo o no, pasé a ser un hilo más urdido en el complejo tejido de la vida comunal, insertado y a veces perdido en las múltiples encrucijadas e intersecciones de las cuales estaba hecha la microhistoria del pueblo.

Jacinto Singona y Augusta Pumacahua vivían en Cúper Pueblo, uno de los cuatro sectores que componían la comunidad de Cúper[1] (figura 3). Jacinto estaba cerca de los 50 años mientras que Augusta aún no había llegado a los 40. Tenían cinco hijos (Amílcar, Washington, Lenin, Rober y César), todos ellos en edad adolescente excepto el pequeño César, que tenía tres años. Los cuatro mayores estaban entre la secundaria y la universidad en Cusco. A César lo llevaban cada

1. En el capítulo 1 describo la organización política del distrito de Chinchero, El pueblo se divide básicamente en tres *ayllus* principales o comunidades: Cúper, Yanacona y Ayllopongo.

mañana al jardín de infancia, excepto cuando Augusta se lo llevaba con ella a la ciudad o al vecino pueblo de Urubamba. Augusta era tejedora y pasaba la mayor parte de sus días caminando por las calles de Cusco vendiendo artesanías a los turistas, intentando juntar plata para alimentar a su familia y para poder financiar los estudios de sus hijos. Como el turismo es un negocio precario, con temporadas e incluso años altos y bajos, el flujo de ingresos era, en consecuencia, muy poco confiable. Durante aquel año que viví con ellos (de julio de 2012 a julio de 2013) el turismo estaba bajo en la región Cusco, debido sobre todo a la crisis internacional y a las noticias filtradas en los medios acerca de la supuesta actividad de un grupo remanente de Sendero Luminoso en los alrededores de Machu Picchu.

Al igual que otras chincherinas, Augusta pasaba dificultades para ganar dinero vendiendo artesanías. La plata que juntaba se complementaba con el salario de Jacinto. Como otros muchos hombres en Chinchero, Jacinto tenía otro trabajo, sin relación directa con el turismo. Cuando viví con ellos era empleado del Ministerio de Cultura[2] y trabajaba en una excavación arqueológica cerca de Lares, en las montañas sobre el valle del Urubamba. Más tarde encontró otro trabajo en el sector de la construcción civil en Cusco. Los dos vivían en una casa en la calle Bolívar, apenas un par de cuadras al sur de la plaza de la iglesia en el centro poblado, por encima de la pista y con vista a la amplia y hermosa pampa de Yanacona, lugar designado para la construcción del nuevo aeropuerto, asunto que había dividido profundamente a la comunidad y que estaba virtualmente en boca de todos y cada uno de los comuneros. La casa había pertenecido a los padres y a los abuelos

2. En 2010, el Ministerio de Cultura sustituyó en el Perú al antiguo Instituto Nacional de Cultura (INC). A pesar de este hecho, durante mi trabajo de campo encontré que los chincherinos seguían refiriéndose a la institución como el INC. No creo que fuera solo un tema de no acostumbrarse al nuevo nombre. Como se verá más adelante, el INC era altamente impopular en Chinchero. A mi modo de ver, la insistencia local en no adoptar fácilmente la nueva denominación tenía que ver con mantener viva, de modo consciente, a través del lenguaje la memoria negativa asociada a la institución. Como consecuencia, en el texto mantengo la nomenclatura de INC cuando proviene de los mismos pobladores, y uso la de Ministerio de Cultura cuando se trata de mi propia voz.

de Jacinto y, como la mayoría de las casas del centro poblado (excepto aquellas más recientes construidas cerca de la pista o sobre ella), descansaba sobre restos incas y coloniales con muros de adobe revocados. Era una casa de dos pisos con un patio, un jardín, dos habitaciones arriba y una abajo, una bodega o granero y una vieja cocina en el primer piso con suelo de tierra aplanada y fogón de adobe donde todos los días se quemaba leña para cocinar. Me asignaron una de las habitaciones en el segundo piso, con una vista espectacular de los nevados de la cordillera oriental que puntuaban la línea del horizonte hacia el norte y el noroeste. Cuando me mudé había chanchos, gallinas y ovejas en la casa, sin una separación clara entre el espacio de los animales y el de los humanos. De hecho, los animales estaban ensuciando toda la casa con sus desperdicios y un día Augusta y Jacinto decidieron sacarlos y les encontraron otro sitio más apropiado en otra parte. En la cocina se criaban cuyes que, junto con los otros animales, complementaban la dieta de la familia y ocasionalmente se vendían por dinero en efectivo.

Jacinto y Augusta tenían chacras repartidas por diferentes sectores de Cúper, pero también en Ayllopongo. Este patrón de tenencia de tierra disperso a lo largo de un territorio era moneda común en Chinchero (y en los Andes en general). Normalmente las familias tenían chacras en diferentes comunidades. Dado que los lazos de parentesco son importantes en el distrito, este hecho posibilitaba el acceso a la tierra en diferentes zonas geográficas y ecológicas simultáneamente. Solo aquellos cultivos que crecen bien en altura se pueden cultivar en Chinchero, que está oficialmente situado a 3765 metros sobre el mar a nivel de la pista (y de la pampa). Sin embargo, la mayor parte de Cúper se ubica en las zonas ecológicas de quechua y puna, que se elevan por encima de la pampa. En cualquier caso, en los campos se cultivan tubérculos sobre todo, especialmente papa y oca, pero también cereales como la quinua y la cebada, o legumbres como el frijol y las arvejas, que se producen en las mismas áreas. El maíz no sobrevive en esas alturas, ni tampoco la mayoría de las frutas ni las verduras. El maíz se cultivaba en cambio en los valles cálidos del Urubamba y La Convención y, junto con frutas y verduras, se traían todos los domingos al animado mercado local donde las mujeres los compraban o los cambiaban siguiendo la vieja costumbre del trueque, dentro de un patrón andino más general y establecido de verticalidad y reciprocidad.[3]

Jacinto y Augusta trabajaban sus chacras todo el año conforme al calendario agrícola. Trabajaban en ellas normalmente durante los fines de semana con la ayuda de sus hijos, ya que durante la semana estaban demasiado ocupados. Las labores y ciclos agrícolas tenían que sincronizarse con sus trabajos y ocupaciones fuera del hogar y con los muchos deberes en su interior. Tanto Jacinto como Augusta se quejaban de que nunca tenían tiempo para hacer aquello que querían y necesitaban hacer. La agricultura no podía abandonarse porque, a pesar de su progresiva marginalización al compás de los profundos cambios sociales introducidos por la economía de mercado, la mayoría de las familias de Chinchero todavía confiaban en ella como base de su subsistencia diaria y era vista como un recurso seguro contra la precariedad económica.

En cuanto a mi presencia en la casa, como regla general, me aceptaron en sus rutinas y conversaciones. Estas podían desarrollarse en quechua o en español.[4] Augusta y Jacinto conversaban entre ellos en quechua, pero muchas veces hablaban con sus hijos en español, aunque estos entendían el idioma andino. Augusta se sentía más inclinada que Jacinto a hablar con sus hijos en la lengua nativa. Como adolescentes, los hijos pasaban dificultades con sus estudios y en las relaciones con sus padres. No solamente tenían que estudiar, sino que también debían cumplir con sus tareas domésticas cada día, que incluían normalmente cocinar, lavar su ropa a mano, alimentar a los animales, limpiar la casa, vigilar a César y varias más. Muchas veces los padres hablaban con sus

---

3. La verticalidad es una estrategia adaptativa por la cual grupos diferentes que ocupan nichos ecológicos distintos establecen relaciones recíprocas para asegurarse que cada uno tiene acceso a los productos que crecen en las otras zonas (Murra 1978, 2002)

4. Metodológicamente, compartir sus actividades cotidianas predisponía a los residentes a la conversación. En este proceso de integración, ser capaz de hablar y entender algo de quechua fue bastante importante a la hora de simpatizar con los pobladores. No obstante, cuando mi manejo del lenguaje no era suficiente para mantener una conversación o un evento desarrollado en el idioma nativo, algo se perdía irremediablemente.

hijos por la noche y les insistían en la importancia de la responsabilidad, del trabajo duro y la disciplina, y les advertían repetidamente acerca del abandono de sus obligaciones. Los padres recordaban a los hijos los sacrificios que estaban haciendo por ellos. Casi siempre estas conversaciones eran tranquilas, íntimas y relajadas. Sin embargo, en ocasiones, Jacinto, y particularmente Augusta, perdían la paciencia y regañaban a sus hijos en voz alta. Cuando el enojo alcanzaba un clímax, por ejemplo cuando Augusta se enteraba o sospechaba que le estaban mintiendo, el resultado podía ser chocante. De hecho, me quedé más que sorprendido la primera vez que, desde mi habitación, oí a Augusta dar chicote a Amílcar, el hijo mayor. Amílcar había mentido al decir que su enamorada no había estado en la casa en ausencia de su madre, cuando en realidad sí había estado. No sería la primera vez que oiría a Augusta dar chicote a sus hijos en la cocina (algo que nunca hizo delante de mí o de otras personas). Ejercía su autoridad femenina en la casa al tiempo que ponía en práctica modos y comprensiones locales con respecto a la educación que incorporaban la noción de integridad. A pesar de mi *shock* inicial ante la violencia de la madre con su hijo, no me tomó mucho tiempo entender que Augusta se aseguraba de que sus hijos mantendrían sus estándares morales altos, aunque fuera por medios drásticos en este caso.

Contrariamente a lo que el comentario anterior pudiese sugerir, durante mi estadía observé una pauta consistente de conducta y múltiples instancias que demostraban el gran cariño y preocupación de ambos padres con respecto al bienestar físico, intelectual y moral de sus hijos. Era por esta razón que me resultaba doloroso verlos pasarlo mal económicamente aquel año. Augusta reconocía con pesar que no estaba alimentando adecuadamente a su familia, mientras que Jacinto simplemente declaraba con resignación que "no alcanza el dinero". Y aun así hacían todos los esfuerzos posibles por apoyar la educación de sus hijos. Augusta me lo dejó claro un día: "No quiero que mis hijos tengan la misma vida que yo he tenido, vagando arriba y abajo por las calles de la ciudad. Quiero que sean profesionales y que tengan buenos trabajos". De forma análoga, cuando le hice notar mi admiración por la capacidad de los jóvenes para realizar casi cualquier trabajo posible, su respuesta fue: "Quiero que mis hijos sean independientes". Estas ideas no me sonaban muy "tradicionales" y ya desde el comienzo de mi investigación cuestionaron mis suposiciones inconscientes sobre las personas con la que estaba viviendo. Augusta misma llevó aún más lejos este cuestionamiento cuando, varias veces, comentando el comportamiento y las ideas convencionales de otros miembros de la comunidad, los tachó despectivamente de "pensamiento ancestral", una expresión cargada con connotaciones de atraso y empleada normalmente en oposición a los valores urbanos. Escuché a otras personas emplear la misma expresión en contextos similares. La ironía estaba en que este tipo de habla venía de personas a quienes desde afuera se describía todavía como "ancestrales", pero en un sentido muy diferente. Esta última caracterización se filtraba en el discurso de la industria turística en alianza con el Estado peruano para subrayar la presuntamente ininterrumpida continuidad entre los pueblos indígenas contemporáneos y su pasado prehispánico. Sin embargo, daba la impresión de que estas categorizaciones locales invertían la visión estereotipada de unos pobladores de algún modo atrapados "entre la tradición y la modernidad" (una visión que yo también suscribía). Al menos estos incidentes me hicieron recelar del clásico marco de discusión empleado para el estudio y comprensión del cambio basado en el típico "tradición versus modernidad". Tal vez esas categorías no funcionaban como herramientas analíticas y ni siquiera eran "reales". ¿Podía haber otros modos de abordar y de explicar el cambio cultural sin tener que recurrir necesariamente a esta clase de conceptos dicotómicos bien establecidos?

No iba a ser tan fácil, no obstante, pensar fuera de ese marco de referencia. Esta conceptualización de lo "moderno" y de lo "tradicional" se desplegaba en varios niveles de la vida comunitaria. Resultó que durante aquel año Jacinto y Augusta fueron los envarados[5] o au-

5. *Varayuq* es una voz quechua traducible como "poseedor de la vara". El término alude a la vara que acompaña a los líderes tradicionales como símbolos de su autoridad. La iconografía de la vara como símbolo de poder en los Andes es muy antigua. Se la puede encontrar extensamente en la cultura visual prehispánica, así como en la tradición oral, por ejemplo los mitos incas del origen. Thurner (1997: 8) sitúa su origen en las primeras décadas del siglo XVIII, cuando susti-

toridades tradicionales de Cúper Pueblo. Cada sector y comunidad del distrito nombraba sus propios envarados cada año, varones y mujeres, organizados jerárquicamente y con un sentido de descendencia incorporado. Por ejemplo, a aquellos que ocupaban la posición más baja en la jerarquía (normalmente los individuos más jóvenes) se les aplicaba el término quechua *wawa* (niño/a). Ambas características, jerarquía y descendencia, eran consistentes con descripciones históricas y relatos etnográficos de la "cultura andina". Los envarados se ocupaban comúnmente de que los festivales y rituales más importantes del calendario del distrito se celebraran con normalidad y los presidían. No tenían poder político real pero su presencia era requerida en los eventos distritales y comunales para realzar su significado. Esta institución se solapaba con la municipalidad y con las asambleas de las comunidades, que regulaban la vida política del distrito. El nombramiento de Jacinto y Augusta fue un golpe de suerte para mí. Así pude conocer a los envarados de los cuatro sectores de Cúper, quienes me acogieron en sus actividades y discusiones. Era una pequeña ventana a antiguas formas de organización social que habían sido presumiblemente actualizadas de diferentes maneras. Era también una forma de acceso a valores y actitudes heredados por los descendientes contemporáneos de pueblos anteriores. Pero estos valores y formas rituales que eran honrados, eran simultáneamente abandonados o descuidados, tal y como Jacinto

---

tuyeron a los clásicos caciques en los cabildos indios. Sin embargo, su origen podría ser prehispánico. En su estudio de la pintura de Monserrat en la iglesia de Chinchero, Stella Nair (2007) advierte la presencia de cuatro personajes sosteniendo varas que representan autoridad, dos hombres y dos mujeres. Ello prueba que los *Varayuq* representan una tradición muy antigua y que no estaba circunscrita a los varones. Hoy día, en el contexto regional del Cusco, la tradición continúa en algunos lugares como Chinchero y Pisaq, mientras que se halla ausente de otros sitios. En Chinchero se integra dentro del sistema de cargos notablemente extendido en los Andes, por el cual se espera que los comuneros asuman diferentes puestos de autoridad dentro de la comunidad según un patrón rotacional. Una persona que haya pasado la mayoría o todos los cargos es muy respetada y normalmente existe una correlación directa entre los cargos bien cumplidos y un reconocimiento social. Los cargos son percibidos y experimentados además como una carga porque normalmente entrañan el gasto de grandes sumas de dinero.

y Augusta me recordaban a menudo con una mezcla de resignación y nostalgia. Augusta solía evocar frecuentemente esta nostalgia por un mundo pretérito cuando hablaba de cómo el advenimiento de los tiempos modernos había cambiado para siempre, y para peor, el mundo que sus padres y sus abuelos habían habitado. Sin embargo, siempre había una ambigüedad, o eso me parecía a mí, en la forma en que Augusta se relacionaba con su pasado. Pues, como he dicho, era al mismo tiempo muy crítica del "pensamiento ancestral" y rápida para adaptarse a esa misma modernidad que había puesto punto y final al bello y puro mundo de sus mayores (mundo que, paradójicamente, ella y otras muchas personas describirían como ancestral pero con un sentido de orgullo al mismo tiempo). Prueba de esta adaptación era la facilidad con la que los chincherinos habían abrazado los teléfonos celulares y la tecnología en general, por no mencionar sus contactos diarios con Cusco y con la vida urbana en un sentido amplio, lo cual hizo muy difícil desde el principio suscribirse ciegamente a la típica visión de una población tradicional tercamente apegada a sus modos antiguos tan queridos y simplemente siendo víctimas de la "modernización".

1

El distrito de Chinchero

Los tiempos del origen

Interesado como estaba en la tradición oral de Chinchero, en el pueblo me habían recomendado hablar con el señor Gerónimo respecto de este tema. Una noche conversé con él en su casa. Gerónimo se tomó en serio mi pregunta sobre quiénes habían sido los primeros habitantes de Chinchero:

> Venimos de los gentiles, que estaban aquí mucho antes que los incas. Ellos son nuestros ancestros, los *hatun taytay*. Vivían en los cerros y en las cuevas, debajo de la tierra y de las raíces. Así es todavía. Sus huesos aún están allí pero no nos gusta destaparlos. Les tenemos respeto. En los viejos tiempos el agua lo cubría todo, desde Piuray hasta Wila Wila. A diferencia de ahora, había hielo y nieve en los cerros. Los gentiles siguen presentes. Son buenos con nosotros pero si nos burlamos de ellos nos castigan severamente. Los respetamos mucho. Después vinieron los incas y la Colonia. Los españoles levantaron sus haciendas. Los incas se retiraron hacia Vilcabamba y Paucartambo. Sus descendientes, nuestros hermanos, viven ahora en la selva. Antes de Félix Puma,[1] los que se habían marchado regresaron y repoblaron la villa. Fue entonces (hacia

---

1. En la década de 1920, Félix Puma, un hombre de Umasbamba, hizo un largo viaje a pie desde Chinchero hasta Lima para denunciar los abusos de los terratenientes ante las autoridades republicanas. Sus quejas fueron escuchadas y el

> 1780) cuando las tres comunidades se fundaron. Los gentiles tienen un aspecto corpóreo cuando aparecen. Pueden aparecer especialmente con luna llena y cuando no hay luna. Pueden adoptar la apariencia de alguien que conocemos y el resultado de esta clase de relación carnal que se establece son niños completamente deformados. Sabemos que son los gentiles por el caso de esta jovencita que estaba en los cerros pastando sus ovejas cuando de repente apareció un apuesto joven. Mantuvieron relaciones y en la siguiente ocasión, para probar que era un gentil una vez que el novio de la chica había negado su implicación en el suceso, los pobladores amarraron un hilo a su tobillo. Así fue cómo lograron seguirle. El hilo los llevó a un montón de huesos semienterrados. Entonces comprobaron que el muchacho procedía de esos huesos.

¿Qué clase de historia era esta y en qué orden temporal se desarrollaba? ¿Podía tomarla seriamente en mi intento de esbozar una historia de Chinchero que borrara los límites entre la historia y la prehistoria? ¿Había algún contenido histórico en la historia de los gentiles? ¿Estaba el narrador confundiendo las cosas o marcando una diferencia significativa entre la Historia en general y el relato en particular? ¿Creía que lo que estaba contando era verdad y que sucedió realmente en el pasado? Además de esta, otras leyendas circulaban en un área cultural donde la tradición oral se mantenía fuerte. Gerónimo no fue el único poblador que me habló de los gentiles. Él era uno entre los varios etnógrafos e historiadores locales que vivían en Chinchero. Algunos de estos hombres y mujeres eran autodidactas. Muchos tenían educación formal y todos eran curiosos y versados en la tradición popular. En el caso de Gerónimo, había recibido educación formal hasta la universidad y siempre había mostrado gran interés por el estudio de las tradiciones locales, el ritual y la historia. En Chinchero se le reconocía como una autoridad en temas populares. Además había colaborado anteriormente con otros etnógrafos, como Christine Franquemont.

En cuanto a los gentiles, los comuneros creían en ellos y los reconocían en los huesos antiguos que encontraban en el paisaje. ¿Quiénes

---

terrateniente tuvo que salir de Chinchero. Tenido por un gran líder local, hoy en día hay una gran estatua de él en mitad de la gran plaza de la Municipalidad.

Viviendo en Chinchero con Jacinto y Augusta.

eran estos gentiles y cómo podía encajar su elusivo orden temporal dentro de la narrativa cronológica más general que se supone que debía guiar mi texto? Cuando le pregunté a la señora Matiaza —mujer de notable conocimiento y lideresa del sector de Pukamarca— por la historia de Chinchero, insistió en la siguiente narración:

> Antes de los incas los gentiles habitaban esta tierra. Con la lluvia de fuego se enterraron en los cerros. Nosotros respetamos sus huesos. *Soq'a*[2] es el espíritu maligno que vive en los huesos de los gentiles. Cuando se queman en el fuego se ponen azules y hablan. Por las noches las doncellas o jovencitas están en las estancias. Los gentiles aparecen como amantes y se marchan con el alba. Los niños nacidos de estas uniones presentan

2. Según Dillon y Abercrombie, esta palabra quechua se refiere a los *chullpas*, el equivalente aymara de los Gentiles (1988: 70).

malformaciones. Hay un lugar allí arriba llamado *wayra tujana*.[3] En agosto el fuerte viento suena como si los gentiles estuvieran hablando.

En un capítulo como este, destinado a delinear la historia de Chinchero, la primera dificultad que encontramos radica en decidir lo que "la historia" significa para los pobladores y cómo podemos aproximarnos a ella en el contexto de una tradición indígena americana que, como estudios críticos recientes han señalado (Salomon 2013: 19), se ha relacionado con el pasado en modos que difieren considerablemente de los occidentales. ¿Cómo reconciliar versiones orales aparentemente discrepantes y heterodoxas con versiones "objetivas" fabricadas a partir de documentos históricos y procedentes de los archivos? En Chinchero, las narraciones locales reconocen un tiempo mítico que ha sido omitido por historiadores y arqueólogos, quienes han recurrido a los Ayarmacas y a otros grupos étnicos para explicar la ocupación de Chinchero anterior a la presencia inca en la zona. La historiografía tradicional sudamericana ha trazado una línea muy clara entre, por una parte, los "tiempos históricos" que arribaron con los primeros textos escritos de la conquista y, por otra, una oscura "prehistoria" (o protohistoria a lo sumo) marcada por una supuesta carencia de fuentes escritas del pasado. Se ha asumido que no hay "historia" sin escritura alfabética (Hill Boone y Mignolo 1994, Salomon y Hyland 2010). Continuando con esta idea tendríamos que, en virtud de la autoridad y superioridad conferida a la palabra escrita desde los tiempos del contacto como parte de la misión "civilizadora" de los europeos (Platt 1992), las narrativas orales de las sociedades indígenas han sido juzgadas menos "históricas" (es decir, confiables o precisas) que la historia escrita. Dado el estigma asignado a las tradiciones orales en la jerarquía de historias arbitrariamente construidas, un juicio erróneo adicional ha sido un énfasis excesivo en la supuesta oralidad de estos grupos, como si no hubieran abrazado y reelaborado de forma consistente y para sus propios fines prácticas textuales occidentales desde los primeros días de la Colonia

3. Si bien *wayra* significa viento en quechua, no he encontrado la palabra *tujana* en los diccionarios. La conversación con Matiaza no fue grabada y bien podría ser que la hubiera deletreado equivocadamente en mis notas.

(Abercrombie 2006, Salomon y Niño-Murcia 2011). La conclusión es que el material oral indígena americano ha sido relegado a la categoría de "mito" (o leyendas, cuentos, historias) y que esta categoría ha sido construida de forma despectiva en oposición a "la Historia" con mayúsculas. La primera ha sido habitualmente envuelta en los ropajes de la ficción y descrita como atemporal y estructural,[4] mientras que la segunda ha llegado a representar la "verdad objetiva" dentro de una matriz cronológica y basada en sucesivas secuencias de eventos. Pero este juicio final sobre la historicidad de materiales narrativos dispares no resulta satisfactorio.

Para equilibrar las cosas, Jonathan Hill (1988 [1954]) ha argumentado que mito e historia no se hallan en una relación de irreconciliable oposición, sino que representan dos modos diferentes de conciencia histórica que intentan interpretar el mundo dentro de sus propios términos. Para este autor, las formulaciones orales no se pueden leer como testimonios literales y directos de procesos históricos, pero sí pueden revelar cómo estos grupos han experimentado la historia. Hill concluye que el mito es parte de la historia y que ambos pueden ser simultáneamente desarrollados dentro de una misma sociedad o incluso dentro de una misma narrativa (1988: 3-5). Esta observación se amolda bastante bien a las historias vernáculas que encontré en Chinchero, en las que los gentiles se superponían a los incas, a los españoles, a los hacendados, a los residentes y a otros actores en una suerte de tiempo fluido donde el orden y la estructura de la narrativa no estaban dictados tanto por el ordenamiento cronológico de los acontecimientos, sino por las jerarquías establecidas entre ellos, tal y como las percibía el narrador.

---

4. Peter Gow ha argumentado que esta visión de los mitos vacía de contenido histórico proviene de una lectura equivocada de la vasta obra de Lévi-Strauss sobre los mitos amazónicos y de su división entre sociedades "frías" y "calientes". Las primeras estarían representadas por grupos indígenas reacios o lentos al cambio, mientras que las últimas (representadas por el mundo occidental) cambiarían rápidamente. Gow deja claro que no hay un "progreso" desde el mito a la historia en Lévi-Strauss, tal como J. Hill y otros han sugerido, y que para el estructuralista francés los mitos son objetos históricos (2001: 9-19).

Así las cosas, podemos preguntarnos quiénes eran los gentiles, qué modo de conciencia histórica representaban y cómo me obligaban a repensar el aspecto que debe adoptar una historia de Chinchero para hacer justicia a las diversas modalidades de relación con el pasado. En realidad, el tema de los gentiles no es específico de Chinchero. En otras etnografías andinas (Abercrombie 2006, Allen 1988, Salomon 2002) y en colecciones populares de la región de Cusco, la gente se refiere a ellos como sus antepasados preincas, si bien con otros nombres tales como *chullpas* o *machukuna*. Como en el mito aymara analizado por Dillon y Abercrombie (1988), los gentiles se identificaban con los antepasados desaparecidos y se les asociaba con el mundo de abajo y con los poderes telúricos de la tierra, en virtud de su morada en las cuevas y bajo las raíces. Sin embargo, todavía estaban vivos y presentes y eran capaces de ejercer una considerable influencia benéfica o maléfica sobre los vivos. Al traspasar los confines del pasado y acceder a las posibilidades del futuro, los gentiles colapsaban los límites temporales y resituaban la Historia en el reino de un constante devenir, en una dimensión en curso que, al tiempo que descansaba sobre los cimientos del pasado, seguía confiando en las acciones presentes para la re-producción de las potencialidades inherentes en los mitos. Como Dillon y Abercrombie (1988: 59) han sugerido, el mito hace al pasado y al futuro inmanentes en este mundo y los vuelve accesibles por medio del rito. Esta puede ser una de las razones por las que este modo histórico particular es resistente en ciertas sociedades, porque permitiría la posibilidad de un control parcial sobre las fuerzas generativas o destructivas de las que el tiempo siempre está preñado; en otras palabras, se trata de la idea de que el pasado está activo y puede ser manipulado para influir en el presente de muy distintas maneras.

¿Pretende esta explicación funcionalista decir que lo que la historia cuenta no es verdad? Si por "verdad" entendemos no "lo que realmente sucedió", sino "aquello que propicia los resultados deseados",[5] no debería ser un problema el aceptar la historicidad de una narrativa

5. En Salomon (2013: 85), citado a su vez del texto de Warren D'azevedo "*Uses of the past in Gola discourse*".

que revela las actitudes de los pobladores hacia un determinado pasado-presente. Además, la posibilidad de una correlación entre lo que la historia cuenta y lo que los datos científicos pueden confirmar siempre está ahí y no sería la primera vez que hallazgos arqueológicos validan la información contenida en los mitos. Al respecto recuerdo el día que ascendí al *apu* Anta Killka con mi amigo Ángel. Cuando llegamos a lo alto del cerro empinado reparé en el tipo de roca peculiar que dominaba aquel paisaje lunar. "Es roca volcánica", dijo Ángel. Me acordé entonces de la lluvia de fuego que era un componente de la versión de los gentiles narrada por Matiaza y que hasta ese momento se me había figurado como un tropo literario simbólico y casi apocalíptico. Cuando le pregunté a Ángel sobre este hecho, me dijo que la lluvia de fuego es un componente común en las cosmogonías andinas y que podría referirse a una lluvia de meteoritos.[6]

De ello resultaba que el conocimiento local y la economía de un espacio/tiempo mítico cancelaban toda la diversidad de la ocupación humana anterior a los incas en una única categoría, la de los gentiles, cuyas huellas eran todavía visibles en el paisaje (sus huesos semienterrados y las cuevas donde vivían). El tiempo mítico, no especificado, disolvía los múltiples estratos de la cronología y reconstituía la dimensión temporal en un espacio homogéneo, liberado de las constricciones de la exactitud física y temporal, y liberado también de la fragmentación y de las contradicciones que la linealidad impone, donde el pasado se ha ido para siempre y está aislado del presente y del futuro. Sin embargo, para los andinos (Allen 1988, Randall 1982) los tiempos o edades pasadas continúan existiendo, si bien bajo un estado diferente, y existe un contacto y cierto sentido de proximidad e interacción con el presente.

Si estas son las narrativas populares acerca de los tiempos del origen contadas por historiadores y etnógrafos locales, es momento ahora de ver lo que han escrito historiadores profesionales y arqueólogos y

6. Gastón Gordillo (2004: 21) ha encontrado la lluvia de fuego en lugares tan lejanos como en la mitología de los Toba del Chaco argentino, no muy lejos de la cordillera andina y cerca de la frontera con Bolivia.

de explorar los problemas y retos que estos y otros discursos dominantes sobre el pasado y que se extienden hasta nuestros días, plantean. También compararé estas narrativas con relatos locales sobre el mismo periodo para hacer observaciones más incisivas respecto de los diferentes sentidos o énfasis de la Historia y para formular comentarios adicionales sobre el (los) sujeto(s) de la historia y sobre cómo se fabrica esta en Chinchero.

Historia y arqueología

De acuerdo con la investigación histórica (Rostworowski 1999), antes de que los incas ingresaran al valle de Cusco alrededor de 1200 o 1300 esta zona ya estaba habitada por distintos grupos. Entre los *ayllus* más importantes estaban los ayarmacas, cuyo territorio abarcaba tierras desde el valle de Yucay (Urubamba) hasta los límites de la meseta de Cusco. Los ayarmacas se subdividían a su vez en distintas facciones, una de las cuales radicaba en Chinchero, pero, además de ellos, otros *ayllus* ocupaban también la región. Cuando llegaron los incas, compitieron durante años por el control del territorio hasta que el inca Pachakuti logró derrotarlos. Arqueólogos e historiadores (Alcina 1976, Ballesteros 1971, Bauer y Stanish 1990, Rostworowski 1970, Rowe 1944) han propuesto un periodo killke anterior a la ocupación inca de la región Cusco y del sitio de Chinchero, basándose en un estilo de cerámica aparentemente identificado encontrado en la zona. La opinión generalizada es que esta ocupación killke pertenecía al periodo inca temprano, aunque estudios como el de Chatfield (2007) sugieren que hubo continuidad killke más allá de este periodo.

Por los cronistas españoles sabemos que los gobernantes incas acostumbraban tener casas de recreo cerca de Cusco. Eran lugares donde los incas y la nobleza descansaban y se divertían, sin abandonar por ello la vida ritual y la atención a los asuntos administrativos, aunque fuera lejos de la agitación y de las intrigas que caracterizaban a la capital del imperio. Muchas de estas residencias se ubicaban en el tranquilo y encantador valle del Urubamba. Sin embargo, el cronista Betanzos nos informa de lo siguiente acerca del hijo y sucesor de Pachakuti, Topa Inca Yupanqui:

> Después de construir la fortaleza en Cusco [...] decidió que sería bueno construir un pueblo que fuera poblado por la creciente población de Cusco, para que fuera mejor recordado, y para que él y los señores de Cusco tuvieran un lugar a donde ir para recrearse. [...] El inca dio a los señores del Cusco el plan del pueblo. Saliendo de esta ciudad del Cusco, el inca fue a un lugar plano a dos leguas de esta ciudad donde hay un gran lago y decidió que sería un buen lugar para construir este pueblo arriba mencionado. Entonces el plano que el inca había preparado fue llevado hasta allí. Después de verlo, los técnicos y maestros constructores sacaron sus cordeles y midieron el pueblo. Después de que tomaran las medidas, con las casas y las calles trazadas, Topa Inca ordenó que se hicieran los cimientos. Después hizo que los señores del Cusco arreglaran la construcción de ese pueblo [...]. Este pueblo se hizo de piedra y de edificios muy bien construidos de acuerdo con su oficio. El inca y el resto de sus señores instalaron a algunas de sus mujeres en estas casas, adonde el inca y los señores iban a relajarse durante los meses y cuando lo consideraban conveniente. La construcción de este pueblo costó cinco años. El inca ordenó que este pueblo se llamara Chinchero. (Betanzos 1987 [1576]: xxxviii)

Otro cronista, Pedro Sarmiento de Gamboa, confirma la información:

> Después de haber construido la fortaleza de Cusco, Topa Inca Yupanqui fue a Chinchero, un pueblo cercano a Cusco donde tenía algunas casas muy elaboradas para su recreo. Allí ordenó que se hicieran grandes estancias para su casa. (Sarmiento 1988 [1572]: 169)

La primera prospección arqueológica sistemática del sitio fue realizada en la década de 1970 por una misión española compuesta por un equipo multidisciplinario de investigadores. A cuenta de los numerosos sitios arqueológicos encontrados en la región de Chinchero, la misión determinó que la densidad de población habría sido más elevada en tiempos prehispánicos que en los tiempos contemporáneos. La residencia de Chinchero se componía de series de estructuras arquitectónicas y plazas que, según Alcina et ál. (1976: 46), reflejaban diferentes tipologías y era al mismo tiempo un centro urbano y administrativo, una unidad político-administrativa y un puesto militar y comercial. Pero sobre todo se trataba de un conglomerado de estructuras residenciales y religiosas construidas alrededor de una gran plaza ceremonial (Alcina 1970: 103). El paisaje había sido notablemente remodelado para acomodar la plaza principal así como un elaborado sistema de terrazas para la agricultura y se hallaba puntuado por varias rocas grandes talladas relacionadas con la arquitectura y que muy posiblemente tenían un carácter ritual (Alcina et ál. 1976, Ballesteros 1971).

En cuanto al sistema urbanístico, la residencia de Topa Inca, orientada hacia los magníficos picos de la cordillera oriental, consistía en series de plataformas superpuestas sobre una colina que corrían en dirección sur/norte y que se abrían a dos plazas diferentes, pero conectadas. Escaleras y rampas conectaban a su vez los diferentes niveles, que estaban atravesados por calles y pasillos intercomunicados así como por un sofisticado sistema de canales que drenaba el agua de la lluvia tanto en las calles como en las terrazas (Alcina 1971: 124-131). La traza urbana se organizaba claramente en un diseño no-ortogonal y la nobleza residía en la parte central del complejo (Nair 2015). Por razones comerciales y políticas, Chinchero estaba conectado no solo con las *qolqas* (graneros) cercanas, sino también con los pisos ecológicos más bajos y con el valle del Urubamba a través de varios caminos de probable origen preinca, una red de infraestructuras preexistentes que habría sido reutilizada en época inca (Cori del Mar 2010: 1-8). Nair (2015) ha argumentado que la residencia real de Chinchero nunca se terminó y que sus límites eran mayores de lo que la misión española había inicialmente supuesto.

¿Quién vivía en Chinchero además de Topa Inca y de la nobleza cusqueña? Según Christine Franquemont (1988: 22), los dos *ayllus* principales de Chinchero (Ayllopongo y Cúper) ya existían en tiempos incas. Respecto del *ayllu* Yanacona, los investigadores sugieren que los yanacona fueron llevados a Chinchero desde otras partes del Imperio (Alcina et ál. 1976, Rostworowski 1970) y este grupo habría servido a los nobles incas en sus casas del complejo real (Nair 2015). Cuando llegaron los españoles alrededor de 1533 cada *ayllu* ocupaba un poblado diferenciado que rodeaba el área de estructuras y terrazas incas (Franquemont 1988: 23). Lo que sucedió en Chinchero tras la muerte de Topa Inca no está claro. Basándose en fuentes documentales,

Nair (2015) ha argumentado que tras la muerte del gobernante el lugar quedó bajo control de los descendientes de Topa Inca. Con la invasión española la situación cambió. En 1540, Manco Cápac quemó la residencia de Chinchero en su retirada después de que los españoles tomaran Cusco. Nair ha cuestionado la suposición generalizada de que tras la destrucción del sitio y su abandono subsiguiente, los españoles, junto con algunos inmigrantes indígenas, reocuparon el lugar y lo transformaron rápidamente en un asentamiento español. Por el contrario, sostiene que durante el periodo colonial la influencia española fue menor de lo que se había tradicionalmente pensado y se articulaba no tanto a través de una presencia física sino, más bien, de un control indirecto. Chinchero permaneció como un pueblo indígena en su mayor parte autónomo y habitado casi exclusivamente por población indígena (Nair 2015).

Y aun así, como reconoce Nair, hubo un control español *de facto* en el lugar, que tuvo un impacto profundo sobre la traza del pueblo y sobre los modos de vida populares. Ello tuvo que ver con el sistema español de las reducciones implementado por el virrey Francisco de Toledo en Perú cuando se aprobó la Ley de Indias en 1571. Por esta ley, los indios se vieron forzados a abandonar sus poblados y a concentrarse en nuevos asentamientos de estilo español, con diseños urbanos y dinámicas de poder dirigidas a "civilizar" a los andinos y a facilitar la tarea de recolección de tributos (Mumford 2012, Zuloaga 2012). Durante la Colonia, lo que quedaba de Chinchero experimentó cambios espaciales y materiales drásticos. Como explica Nair, los españoles reutilizaron buena parte del material de construcción inca para el nuevo pueblo. Muchas construcciones incas se desmantelaron y algunas calles angostas se sellaron o alteraron para que las nuevas calles y plazas españolas emergieran de acuerdo con un trazado en malla diseñado para comunicar la idea y la experiencia de orden y control bajo el dominio español (Nair 2015).[7]

7. Nair destaca el hecho de que Chinchero no aparece en la lista de pueblos reducidos por Toledo, aunque no niega la posibilidad de que el pueblo fuera una reducción.

La historia de Chinchero no se puede desvincular, no obstante, de una historia más general de Perú. En las últimas décadas, la historiografía peruana ha renovado sustancialmente una visión notablemente dicotómica de la realidad colonial y republicana que tendía a evaluar estos periodos en relación con la mera destrucción cultural y de subordinación de los sujetos indígenas a sus amos españoles y criollos (un ejemplo de este tipo de trabajo se encuentra en Araníbar et ál. 1979). Frente a este tipo de visiones generalizadoras y totalizantes, la investigación reciente se ha enfocado en las historias regionales y locales para dar una idea más precisa de las condiciones sobre el terreno (Contreras y Cueto 2007; Glave 1988, 1991b; Méndez 2014; Mumford 2012; Rénique 1991a; Rojas 2009; Thurner 2006; Vergara 2015; Zuloaga 2012). Sus resultados han evidenciado el carácter a menudo negociado del poder establecido y han subrayado el papel activo que la población indígena y plebeya asumió durante la Colonia y el periodo republicano, particularmente en el ámbito local, coyuntura elocuentemente caracterizada por Gonzalo Lamana (2016) como una "dominación sin dominio". En ambos periodos, las autoridades dependieron y necesitaron de la autoridad e influencia de los caciques sobre la población indígena para poder gobernar eficientemente, en un flexible ejercicio de relaciones de poder cuyos equilibrios variaban continuamente. Ello implicó también, además de innegables y violentas distorsiones de la realidad anterior al contacto, notables continuidades con el mundo andino prehispánico. Esto era así, por ejemplo, en las encomiendas y reducciones establecidas por los españoles desde el siglo XVI. Zuloaga (2012) muestra las encomiendas de los españoles en Huaylas como formas superpuestas a las *guarangas* o entidades territoriales, administrativas y sociales incas preexistentes en la zona. También las reducciones impuestas por el virrey Toledo para facilitar la recolección del tributo indígena y la misión evangelizadora de la Corona combinaban los rasgos españoles e indígenas, en una coexistencia de atributos feudales con estructuras propiamente andinas. Para Mumford (2012: 3-4), ello se debía a que el régimen colonial español estaba tan interesado en desmantelar instituciones andinas clave, patrones de tenencia de tierra y estilos de vida, como lo estaba en conservarlos para su propio beneficio, dado que era este el único modo de poder recaudar el tributo. En la misma línea, y en su estudio del sur andino en el siglo XVII, Luis Miguel Glave da cuenta de la versatilidad de las relaciones entre los *ayllus* andinos que ocurrían en las reducciones, a pesar de los intentos homogeneizadores españoles. Este autor también señala la resistencia de las estructuras tradicionales de ocupación social del espacio ante las políticas forzosas de reagrupamiento y re-territorialización (1988: 62, 70). Su opinión coincide con las de Mumford (2012) y Wernke (2013), para quienes las reducciones nunca consiguieron del todo el objetivo del reasentamiento general de una población andina que en buena parte continúo viviendo fuera de ellas, ya sea en sus propios poblados que no habían sido destruidos, en otros pueblos cercanos a las reducciones o en las haciendas españolas.

A medida que se acerca el final de la Colonia y la independencia del Perú, el nombre de Mateo Pumaccahua emerge en la historia de Chinchero y en la memoria colectiva como una figura ambigua. Pumaccahua era el cacique de Chinchero en la segunda mitad del siglo XVIII. De niño, fue adoptado por un capitán español y llevado a España para recibir instrucción militar. Cuando regresó a Perú fue nombrado cacique de Chinchero. En 1780, otro cacique, José Gabriel Condorcanqui, se rebeló contra la Corona española y con el nombre de Túpac Amaru II puso sitio a Cusco. Pumaccahua no se unió a la rebelión y luchó con los españoles para derrotar a Condorcanqui. Una pintura mural sobre la entrada principal de la iglesia de Chinchero recuerda este episodio. Más tarde, durante las guerras de la independencia en los primeros años del siglo XIX, Pumaccahua se puso de lado de los criollos contra los realistas. Pero ya era demasiado tarde para borrar una memoria popular y oficial que, desde entonces, lo tacharía invariablemente de traidor. Augusta guardaba algunos recuerdos vívidos del personaje:

> Mateo Pumaccahua se educó en España. Los españoles se lo llevaron con ellos porque era muy inteligente. Yo soy descendiente de Mateo. Mi abuelo era un hacendado de Cachimayo. Como la gente les llamaba traidores, quitaron el ccahua de su apellido y se quedaron solamente con el puma.

En cuanto a la época republicana, también la historiografía ha superado una visión anterior que había retratado a los andinos como sujetos pasivos y marginales en la forja de la nueva nación independiente, en comparación con criollos y mestizos. Uno de los debates principales ha sido hasta qué punto la república supuso una ruptura histórica con respecto a la Colonia. La tesis de Bonilla y Spalding (1972) popularizada en los años setenta negaba esta ruptura. Trabajos más recientes como el de Contreras y Cueto (2007) han cuestionado este estado de cosas y han defendido la revolución que en su opinión introdujo el nuevo régimen a diversos niveles y materializada, por ejemplo, en la desaparición de la aristocracia colonial. En cuanto al lugar de los andinos en el proceso de independencia, Rojas (2009) subraya que el poder colonial-criollo se apoyó regularmente en alianzas con grupos indígenas (guerrillas, montoneros, etc.) que lo sostuvieron. Este autor da cuenta, además, del creciente papel de los indígenas en la vida pública y en las disputas por el poder en los tiempos de la independencia, así como su progresiva representación e integración en los discursos que emanaban de las élites criollas. El resultado fue la redefinición y cuestionamiento de las jerarquías sociales y los patrones culturales de la sociedad poscolonial por la influencia de la sociedad indígena. Por su parte, Méndez (2014) rechaza lo que a su juicio ha sido la infantilización y la esencialización de los indígenas como entes pre o apolíticos, víctimas de una historia que les resulta ajena. La autora destaca, por el contrario, que estos grupos pelearon por la independencia y pugnaron por moldear el Estado republicano.

Una pregunta importante para este libro es qué pasó con las comunidades indígenas y la propiedad de la tierra tras la independencia del Perú y con un régimen republicano interesado en hacer del "indio" un ciudadano peruano más. Contreras y Cueto (2007) afirman que la individualización del tributo indígena supuso una privatización de hecho (no tanto de derecho) de la propiedad comunal y el consiguiente debilitamiento de las comunidades campesinas. Para Thurner (2006), Bolívar, cabeza del proceso independentista, trató de disolver las comunidades indígenas porque eran una creación colonial que no encajaba en el proyecto liberal personificado por los criollos. Uno de los pilares de este proyecto era el reconocimiento de la propiedad privada de la tierra y de la libertad individual para comprarla y venderla a voluntad. Este principio colisionaba con la tenencia comunal que había caracterizado a las sociedades indígenas desde antes del contacto con los europeos. La república quería que los andinos se convirtieran en propietarios y por ello se abolieron las leyes coloniales que protegían y amparaban la propiedad indígena tradicional de la tierra (Espinoza 1979: 228, Thurner 2006: 6). Según Thurner, este impulso criollo por desactivar los reclamos nativos sobre el legado inca y sobre los derechos a la tierra buscaba atomizar las comunidades convirtiendo a sus moradores en unidades tributarias (2006: 18, 34-35). Tanto él como Contreras y Cueto (2007) y Mumford (2012), coinciden en lo siguiente: hacer de los andinos propietarios legales solo condujo a más pérdida y alienación de sus tierras a manos de los terratenientes.

Ayllus y tenencia de tierras

Como hemos visto, la tierra y las luchas por ella se encuentran en el corazón de la historia andina de la cual Chinchero es parte, y continúa siendo un tema candente hasta la fecha. Si, por así decirlo, todo se reduce a la tierra y su propiedad, resultará útil trazar los itinerarios históricos de la tenencia de la misma para preparar el camino de cara a una mejor contextualización e interpretación de problemas contemporáneos que serán tratados en próximos capítulos. Para este propósito será también aconsejable tener en mente el argumento de Mayer (2002: 279): a la hora de discutir la tenencia de la tierra, el acento se debe poner en los tipos de propiedad y no en el acto mismo de la posesión. Sin embargo, dado que la tenencia de la tierra en los Andes va de la mano con la historia de los *ayllus* y que las narrativas de Chinchero sobre el pasado se enraízan en la existencia y destino histórico de esta institución, todavía queda algo por decir sobre los *ayllus* de Chinchero.

La casa de Jacinto y Augusta en la calle Bolívar se ubicaba en la parte alta del centro poblado donde los tres *ayllus* o comunidades históricas que conforman el distrito de Chinchero convergen. Estos tres *ayllus* principales (Yanacona, Ayllopongo y Cúper) se dividían a su vez en sectores (integrados en —y dependientes de— la comunidad principal) o en comunidades (asentamientos que han logrado un estatus legal y gozan de autonomía política dentro de los confines de la organización distrital). En la práctica, los sectores eran a veces llamados comunidades, mientras que el término *ayllu* estaba siendo rápidamente sustituido, por lo que vi durante mi trabajo de campo, por los nuevos términos. De hecho, la palabra *ayllu* rara vez se usaba en español, mientras que en el quechua ambos términos, *ayllu* y comunidad, coexistían más regularmente. Si como categoría legal el concepto de comunidad fue instituido por el presidente Leguía en la década de 1920, la denominación de comunidad campesina se popularizó desde el gobierno militar de Velasco Alvarado (1968-1975) cuando se implementó una reforma agraria que pretendía crear empresas cooperativas. En cuanto al término "sector", parecía bastante reciente. Cuando Stella Nair hizo su trabajo de campo en 1999 no existía y los sectores todavía eran *ayllus* o sub-*ayllus*.[8] Cuando le pregunté a Fidel —quien en ese momento era el presidente del sector de Cúper Pueblo— acerca del origen y las circunstancias de este término, confesó que no lo sabía exactamente, pero apuntó a la municipalidad como foco de expansión. En realidad nadie parecía saber. Para Fidel y Ángel Callañaupa, este era un paso más del proceso de erradicación de los rasgos indígenas a través del lenguaje, instigado por las autoridades políticas y la iglesia católica.[9]

Para contribuir un poco más con los orígenes y desarrollo histórico de los tres *ayllus* principales, algunos comuneros recordaron que cuando Manco Cápac incendió la finca de Topa Inca Yupanki en su exilio hacia Vilcabamba después de la toma de Cusco por los españoles en 1535,[10] el lugar fue abandonado. Sin embargo, algunos pobladores permanecieron en las áreas aledañas y una nueva organización territorial comenzó a cristalizarse en torno a las bases prehispánicas previas y antes de que los españoles entraran con sus encomiendas, primero;

---

8. Nair en comunicación personal. Sin embargo, en la década de 1990 el término "sector" se populariza en la sierra sur (Raul Asensio en comunicación personal).

9. Cabe notar, no obstante, que para los años noventa la iglesia andina era profundamente indigenista en general (Asensio en comunicación personal).

10. Stella Nair (comunicación personal) advierte que en Chinchero mucha gente piensa que el sitio no lo quemó Manco Cápac sino los españoles.

y sus haciendas, posteriormente. Después de la expulsión de algunos hacendados se dio un nuevo proceso de reacomodo por el cual los tres *ayllus* se reconstituyeron una vez más y nuevos *ayllus* o parcialidades —a menudo resultantes de la transformación de antiguas estancias ganaderas y haciendas— se agregaron adicionalmente dentro de sus límites. Es este aspecto de constante reconstitución territorial y regeneración sociopolítica el que emerge como una característica clave de la historia de Chinchero y de sus *ayllus*, así como de los Andes en general (Wernke 2013).

Esta visión es respaldada por documentos coloniales y republicanos que testifican este proceso. El *ayllu* Yanacona estaba ocupado por los yanakunas, un grupo de trabajadores especializados al servicio de la nobleza inca; Ayllopongo no era solamente reconocido como el primer *ayllu*, el *ayllu* real y el *punku ayllu*,[11] sino también el "*ayllu* madre", en consonancia con la importancia de la genealogía en la organización sociocultural andina, aunque esta consideración no tuviera consecuencias prácticas en la vida política actual del distrito. En cuanto al *ayllu* Cúper, siempre me intrigó su evasiva etimología. Escuché diferentes versiones al respecto: Augusta estaba segura de que venía del verbo español "recuperar", y que databa de la época en que, después de haber sido una hacienda por mucho tiempo, el territorio fue recapturado por los habitantes originales. Otras personas que consulté descartaron esta versión y aportaron otras. Para Fidel, Cúper procedía de un tipo de planta nativa, mientras que para Jacinto, su nombre se debía a las minas de cobre que existían en la zona pero que ya no se explotaban. Por otro lado, los documentos coloniales ya mencionan el *ayllu* Cúper desde 1561.[12] La discrepancia respecto del origen etimológico de la comunidad nunca fue resuelta.

11. Pongo deriva en este caso de la palabra quechua *punku* (puerta). Otros pobladores confirmaron este punto y también Christine Franquemont lo refiere en su etnografía. Posiblemente, aluda al papel de este *ayllu* como puerta de entrada principal hacia lo que es hoy el distrito.
12. Información recogida de la tesis de maestría de Rosa Inquiltupa Cárdenas (2007).

Si el *ayllu* resulta tan central en el desarrollo histórico de los pueblos andinos es porque incorpora la tierra como parte de su mismo fundamento e identidad (De la Cadena 2010: 353-354). Los *ayllus* se fundaban sobre principios culturales cardinales que remarcaban su naturaleza corporativa, tales como la reciprocidad y el parentesco. La pertenencia al *ayllu* y el acceso a la tierra iban de la mano. De acuerdo con los cronistas españoles que describieron las sociedades andinas dominadas por los incas, a cada familia se le asignaba tierra conforme a sus necesidades y tamaño y la propiedad era comunal bajo la autoridad del miembro de más edad del linaje (Cobo 1964 [1653] Libro II, capítulo 27: 214). La irrupción a gran escala del Imperio inca, si bien alteró significativamente las relaciones de poder y las jerarquías entre los nuevos amos y sus súbditos, no implicó una transformación sustancial de las estructuras andinas anteriores. A escala del Estado, los pueblos subyugados sufrieron la confiscación de parte de sus tierras y se vieron obligados a trabajar para el Inca, pero a escala local los patrones tradicionales de tenencia de la tierra estructurados en torno al *ayllu* no variaron significativamente (Mayer 2002, Wernke 2007).

Con el régimen colonial los patrones de tenencia de la tierra, así como las relaciones de producción, experimentaron vientos de cambio. Europa estaba inmersa en una expansión capitalista, pero España perdía terreno en la carrera por la modernización. Stern (1985: 8) sostiene que el auge imperial español no fue un reflejo del capitalismo incipiente sino de la revitalización del viejo orden feudal y medieval. Con el primer sistema colonial, los españoles introdujeron la encomienda; es decir, un grupo de indígenas o naturales entregados por la corona española a un encomendero o propietario legal en contrato bilateral. Estos naturales tenían que pagar tributo al encomendero por las parcelas que se les permitía trabajar para su propio sustento y el de sus familias. A cambio, el encomendero debía asegurarse de que sus indios eran apropiadamente educados en la fe cristiana y a este efecto contrataba a un sacerdote (Zuloaga 2012, Mumford 2012).

Las encomiendas y las reducciones ya coexistían en el siglo XVI con las haciendas. Al contrario que la encomienda, que no concedía derechos sobre la tierra al encomendero, la hacienda sí otorgaba estos derechos y poco a poco fue sustituyendo a la encomienda durante el resto del periodo colonial (Keith 1971, Mumford 2012). La hacienda, que en Perú sobrevivió hasta la reforma agraria de Velasco Alvarado, era propiedad privada del hacendado o terrateniente, quien disponía de un cierto número de peones del lugar (pongos) que trabajaban para él en condiciones de servidumbre o explotación. En el contexto específico de la economía colonial, el sistema de haciendas reproducía a la vez rasgos de una lógica capitalista y también de una precapitalista o feudal en virtud de las relaciones de trabajo que imponía, basadas por un lado en una lógica capitalista de acumulación y, por otro, en unas condiciones de servidumbre (Stern 1985: 5-8).

Documentos coloniales de los archivos de Cusco y Lima desde la última parte del siglo XVIII muestran que el repartimiento o encomienda[13] de Chinchero se integraba en el partido (provincia) de Calca y Lares,[14] que a su vez era una unidad menor dentro del distrito de la intendencia de Cusco. Calca y Lares se componía de una villa, pueblos, haciendas y estancias. El repartimiento de Chinchero se dividía en 1791 en pueblo, *ayllus* y estancias. Estos documentos, llamados matrículas o padrones, son censos que estipulan el tributo o cuota anual que cada tributario con residencia dentro de los límites del partido tenía que pagar por las tierras de su propiedad. En ellos se hace una distinción entre indios originales con tierras e indios forasteros sin tierras. Los primeros tenían que pagar más que los segundos y el tributo se pagaba en dinero. Una parte se destinaba a la retribución de los curas y otra se asignaba al representante del gobierno. Una fracción adicional de este tributo se reservaba para el mantenimiento del hospital donde los naturales se curaban.

En el Perú colonial, los curas estaban a cargo de las doctrinas o demarcaciones eclesiásticas. Al final del siglo XVI, Chinchero pasó a

---

13. La diferencia entre ambos es que el repartimiento era una unidad sociopolítica con tierras propias, mientras que la encomienda estaba básicamente diseñada como un sistema de extracción de tributos y de control indirecto. Los repartimientos fueron habitualmente confiados a los encomenderos (Mumford 2012: 26-29).

14. Desde 1905, el distrito de Chinchero es parte de la provincia de Urubamba.

ser la doctrina de Nuestra Señora de Monserrate, subordinada a la autoridad y jurisdicción del arzobispado de Cusco. Para 1607, se terminó la iglesia colonial que hoy se levanta en el pueblo (Ballesteros 1971: 9). Para 1796, si no antes, el distrito de Cusco se dividía en nueve parroquias, entre ellas la parroquia de San Cristóbal. Fidel y otros amigos del pueblo me contaron que antes de convertirse en la parroquia de Nuestra Señora de Monserrate, Chinchero pertenecía inicialmente a San Cristóbal. La administración eclesiástica parece haber incorporado la organización política indígena existente, pues en un documento de 1786 la parroquia de San Gerónimo en Cusco aparece dividida en *ayllus* y parcialidades o sub-*ayllus*.

Contrariamente a la suposición generalizada de que después de la destrucción de la residencia real de Topa Inca la tierra pasó rápidamente a manos de los españoles, Nair (2015) ha argumentado que la propiedad de la tierra en el pueblo de Chinchero permaneció bajo control indígena de los descendientes de Topa Inca y de otros sujetos indígenas en cambiantes dinámicas de poder. Apoyándose en investigación de archivo, muestra que los documentos del periodo colonial temprano distinguen entre el pueblo de Chinchero y la doctrina de Chinchero. La diócesis cubría aproximadamente la misma área que la residencia de Topa Inca y estaba ocupada por diferentes haciendas. Su investigación indica que para 1722 Chinchero era un pueblo indígena donde los pobladores vivían en estancias y haciendas. Para 1784, solamente existían tres haciendas en la diócesis y Chinchero fue declarado un pueblo indígena cien por cien (Nair 2015). Este cuadro es consistente con el argumento de autores como Mumford y Glave de que las reducciones nunca consiguieron del todo su objetivo de reubicar a los andinos y de alejarlos de otros patrones de asentamiento.

Los propietarios no eran siempre personas individuales. También podían ser órdenes religiosas y las transacciones de bienes eran habituales. En 1598, el convento de la Merced vendió la estancia y las tierras de Guaypón (hoy Huaypo) a los Jesuitas. Otras veces, las haciendas se arrendaban y este hecho alimentaba conflictos legales. Por ejemplo, en 1771 el convento de Santa Clara, que aparece como acreedor, emprendió acciones legales contra Clara Durán Quintanilla por no pagar las deudas generadas por varias de sus haciendas en la doctrina de Chinchero. El documento estipula que una de las haciendas con su ganado incluido fue confiscada. En 1811, el Real Monasterio de El Escorial (en España) figura como encomendero del repartimiento de Chinchero. Este dato, junto con otra información similar que recopilé para el periodo republicano, establece la continuidad del sistema de haciendas en la diócesis de Chinchero.

Durante el siglo XIX (por lo menos hasta 1851), Chinchero sigue estando dividido en pueblo, *ayllus*, estancias y haciendas. Si la estructura de la tierra no parece cambiar mucho, lo que sí cambia en los documentos es el nombre de los arrendatarios, lo que sugiere, como he dicho, que las transacciones de las tierras y otras propiedades (como los molinos) eran moneda común. Asimismo, en 1893 otro documento introduce una distinción entre vecinos principales e indígenas. La distinción era tanto socioeconómica como racial y abordaba el fenómeno del gamonalismo que iba a permear la realidad del Perú rural y de Chinchero hasta la reforma agraria. El gamonalismo era la continuación de formas pasadas de explotación oligárquica y de dominación bajo un nuevo escenario de urbanización de lo rural (Cotler 1967). Según Jesús Contreras (1981), entre 1940 y 1970 una docena de gamonales monopolizaban los puestos de autoridad en Chinchero.

En conclusión, podemos preguntar qué tipos de regímenes de propiedad existían en Chinchero antes de la reforma agraria. Mayer (2002: 280) ha rechazado lo que llama una tipología europea simplista de la propiedad (comunal, feudal, privada, etc.) porque estos conceptos presuponen la imposibilidad de combinar dos o más de ellos. Con ello en mente, será útil recordar el argumento de Araníbar (1979: 58) de que aunque el virrey Toledo pudo establecer las reducciones, los andinos fueron capaces de mantener su propiedad comunal y sus usos tradicionales. Formas de autogobierno indígena y de cooperación comunal han llegado hasta el presente en simbiosis con formas hispánicas. Burga (1979: 78-79) ha argumentado adicionalmente que a pesar de que durante el siglo XVIII la hacienda absorbiera más y más fuerza de trabajo, aun así el grueso del campesinado indígena trabajaba fuera de ella de acuerdo con sus costumbres. Este argumento cuadra bien con las observaciones de Nair, inspiradas en Spalding (1974) y en Stern (1985), de que no era inusual que las élites indígenas fueran durante la Colonia terratenientes y cristianos, dentro de una compleja y estratificada red de interacción entre andinos y europeos irreducible a una visión simplista de permanente confrontación y oposición entre dos grupos siempre bien definidos (Nair 2015).

Todo esto apunta a una coexistencia de formas mixtas de tenencia de tierra, las que variaban diacrónicamente sobre todo en función de quién detentaba el poder o el control de la misma (Mayer 2002: 291). Aun así, un nivel de complicación adicional reside en la dificultad de diferenciar claramente lo comunal de lo privado. Por ejemplo, hasta qué punto las formas indígenas de tenencia de la tierra se pueden describir como puramente "comunales" puede ser un tema de discusión. Ciertamente, la estructura interna del *ayllu* permitía los usos y recursos compartidos pero, como observa Mumford, las personas podían tener lazos profundos con parcelas específicas (2012: 145). Hoy en día en Chinchero la propiedad de la tierra es oficialmente comunal en las comunidades,[15] pero en la práctica se puede argüir que cada unidad familiar es propietaria privada de sus tierras heredadas, y aunque existen restricciones dentro de cada comunidad sobre estas parcelas en relación con su alienabilidad, estas quedan a menudo sin efecto. Mayer refuerza esta idea recalcando que en las comunidades las relaciones de propiedad varían desde el acceso restringido para los comuneros, hasta la propiedad privada estrictamente definida (2002: 324).

Historia popular[16]

Es momento ahora de explorar lo que los historiadores locales y la población en general en Chinchero dicen sobre su pasado inca, colonial y republicano, y cómo se relacionan con estos pasados; qué tipo de

15. Sin embargo, el proyecto del aeropuerto está alterando esta realidad, como se verá en el capítulo 7.

16. Por "historia popular" entiendo la(s) historia(s) tal y como es recordada y narrada por los pobladores y cuyos temas y estructuras narrativas no encajan necesariamente con la disciplina de la historia que se enseña en las instituciones educativas formales.

episodios eligen (o no eligen) recordar, cómo los recuerdan y en qué circunstancias; qué es, en suma, "histórico" para ellos y cómo se hace la historia en Chinchero.

La primera vez que me acerqué a un historiador local en el pueblo recibí, por así decirlo, una bofetada etnográfica. Cuando le pregunté a Gerónimo acerca de la etimología de la palabra "Chinchero", esta fue su respuesta: "No está claro. Los historiadores foráneos se han inventado cosas (Choque Chinchay, Sinchi Roca...). Desafortunadamente no hay historiadores nativos. La gente solo cuenta lo que quiere contar a los forasteros; muchas cosas permanecen sin contar o en secreto". Dos cosas sobresalían en su corta declaración: la primera, que Gerónimo no parecía considerarse a sí mismo un historiador, a pesar de su considerable conocimiento local. Es bastante posible que asociara más que nada la historia a la escritura y al archivo. Él, como otros adultos y ancianos versados del pueblo, se había educado formalmente. Aquellos que habían pasado por la escolarización se habían familiarizado con visiones convencionales y homogeneizadoras de la historia y del conocimiento como prácticas textuales difundidas por la ideología estatal para modernizar a los andinos y hacer de ellos buenos ciudadanos (Ames 2001, Ames et ál. 2011, Salomon y Niño Murcia 2011, Stobart y Howard 2002).

El segundo punto era la mención a las limitaciones impuestas a los forasteros curiosos del pasado local. Existía un sentido muy marcado de lo privado, de aquello que no debería violarse porque su condición iba más allá del reino de lo ordinario. Este detalle, aparte de otras experiencias históricas negativas, podría estar detrás del hecho de que mi petición para consultar el archivo de la comunidad de Cúper fuera rechazada por la Junta Directiva. Había un sentimiento de incomodidad en el aire en cuanto a que un visitante consultara esos documentos. Igual que con Gerónimo y la historia oral, el acceso a la historia escrita de la comunidad parecía percibirse como un acto potencialmente transgresor e incluso dañino. Junto a ello, el pasado escrito parecía ser particularmente apreciado y podría haber algo del aura religiosa y del viejo poder reverencial acordado en los Andes y la Amazonía al documento inscrito desde la llegada de los españoles (Arnold et ál. 2006, Gow 1995, Platt 1992, Salomon y Niño Murcia 2011). O quizás fuera algo más sencillo que todo eso y simplemente no me permitieran consultar el archivo por temor a que hiciera un mal uso de la información allí contenida.

Cuando preguntaba sobre el pasado en Chinchero, la gente hablaba de los incas, pero sus narrativas se centraban más en los *ayllus* y en el tiempo de las haciendas. Los incas eran sin duda considerados como ancestros y se les atribuían poderes sobrenaturales, pero siempre me pareció que, al contrario que con los gentiles, quienes seguían presentes y activos, los incas eran antepasados muy distantes, a pesar del discurso de los agentes turísticos y de los funcionarios estatales interesados en fomentar una línea de continuidad ininterrumpida entre los incas y los habitantes contemporáneos del distrito. Los antepasados que más reconocían y recordaban eran sus padres y abuelos. ¿Acaso podría ser de otro modo? Estas eran las personas que habían conocido de primera mano, aquellas a las que habían tocado y con las que habían hablado y a la que sus vidas estaban emocionalmente vinculadas a través de la experiencia directa. A diferencia de los incas, los recuerdos de sus parientes fallecidos eran mucho más vívidos y se hacía un esfuerzo consciente para mantener estas memorias tal cual, frecuentemente mediante visitas al cementerio, o a través de recordatorios orales que acontecían en escenarios espaciales o temporales no pautados, o también mediante la cultura material con la que los difuntos se asociaban.

Un día me acerqué a Matiaza para ver cómo recordaba ella su versión de la historia:

> Cuando los españoles llegaron y se llevaron a los incas a las minas, los *ayllus* permanecieron, pero principalmente las mujeres. Los yanaconas eran los criados en las haciendas. Les obligaban a trenzarse su cabello para que no cayera e hiciera un desorden. Desde entonces la trenza ha subsistido en Chinchero. Ayllopongo era el primer *ayllu*, el *punku ayllu*, la puerta o acceso al distrito. También está Wila Wila, el *chaski ayllu*, el *ayllu* de los *wilayuq*.[17] Pukamarca era una antigua hacienda colonial. Los

17. Wila Wila es hoy una comunidad autónoma dentro de Ayllopongo. Según la etimología popular, el nombre parecería provenir de *willay*, verbo quechua que

> lugareños tenían prohibido pasar por ella. En aquel tiempo en Chinchero no había iglesia. Estaba esta señora de Cúper, Inés Tucta, que era muy devota y que tenía que ir a Maras[18] para oír misa. Un día, a su regreso de Maras, se le hizo tarde y tuvo que cruzar por la hacienda cuando ya era de noche. Los perros de la familia Loayza le atacaron y le mataron. Una señal roja (*puka marka* en quechua) se colocó en ese punto para advertir a otros del riesgo que corrían. Así es como nació Pukamarca. Entonces los comuneros van a Lima a protestar y se reúnen con el primer gobierno colonial. El gobierno decide trasladar al hacendado a otra parte.

Esta historia, que junto al origen de Pukamarca y los *ayllus* de Chinchero resalta la crueldad y el poder abusivo de los dueños de las haciendas, así como la valiente respuesta y la capacidad de influencia política ejercida por los miembros de la comunidad, me fue constantemente referida por las personas a quienes consulté. Parecería que la Historia para Matiaza consistía en un ensamblaje de acontecimientos y materiales pasados recordados no porque "sucedieron así", sino porque eran importantes o significativos para ella de distintas maneras. En su construcción histórica el tiempo lineal contaba poco. Lo que contaba era aquello que había marcado sus vidas. De esta forma, ni la "claridad de pensamiento" ni la precisión cronológica eran requisitos en particular, de modo análogo al mito de los gentiles relatado por Gerónimo.

Además de esta historia, y normalmente integrada en la misma secuencia narrativa, había otro relato igualmente recurrente. Lo narraré aquí tal y como Fidel me lo contó. Pero primero haré hincapié en lo que Gerónimo me dijo al contarme el mismo episodio. En mitad de una narrativa más amplia acerca del pasado que incluía el relato de la excomunión de Umasbamba después de que el cacique-hacendado local agrediera físicamente al cura, Gerónimo hizo una breve pausa y

---

se traduce como "anunciar", "informar". Ello se une a la palabra *chaski*, que en el pasado prehispánico designaba al sistema inca de posta, un grupo especializado de corredores varones que repartían mensajes oficiales a lo largo del imperio a través de un eficaz sistema de relevos postales. En cuanto a *wilayuq*, una traducción aproximada del quechua sería "los dueños de las noticias". Esto es lo que Matiaza parece sugerir.

18. Pueblo situado en una meseta entre Chinchero y el valle de Urubamba.

enfatizó estas palabras: "Y aquí viene un acontecimiento histórico muy importante...".

> [...] Para entonces ya estaban los nietos y otras personas que buscaban la reivindicación social de la población por los abusos de los hacendados. No recuerdo exactamente el año pero era posiblemente antes de Mateo Pumaccahua. Tres jóvenes líderes, los Sallo-García, se quejan[19] del incidente y en un viaje a pie de tres semanas con sus llamas y sus ojotas llegan a Lima, adonde las máximas autoridades, y consiguen la reivindicación. Se vuelven con una resolución y a la vez traen la titulación de Chinchero. La resolución dice que los hacendados han de ser despojados de Chinchero. Entonces los gendarmes llegan y sacan a los hacendados. Así es cómo desaparecen las haciendas de Chinchero y se vuelven *ayllus*. La parroquia de Nuestra Señora de Monserrate tenía cinco *ayllus*. El primero era Ayllopongo-collana,[20] el segundo Cúper, después Yanacona, Umasbamba (que en realidad fue el primero) y más tarde se añade Coricancha. Esto sucedió hace unos doscientos años. Félix Puma es mucho más tarde. Yo lo he conocido personalmente. Entonces traen el título y Chinchero tenía un límite desde Calca hasta Maras y casi hasta Cachimayo. Y al otro lado hasta Pecacacho, donde han habido conflictos e incluso han andado en juicios. En aquellos tiempos predominaba el catolicismo. Uno de esos líderes se acerca al templo adonde el cura y le dice en quechua que tiene el título y que hay otro título más pequeño para cada una de las tres comunidades. Los curas son astutos y ese título debe existir en algún museo privado en España, Italia, no sé. Pero han empezado a vender estas cosas. Por eso el cura le obliga en la confesión y le dice que es pecado si no trae al templo ese título y que va a ser condenado al infierno. Por ese susto el señor carga el título, lo pone al lado del altar mayor o donde le haya indicado el párroco y ahí se pierde el título. Chinchero se queda sin título. Chinchero tenía el honor de tener un título en cuero. Seguramente después el cura lo habrá llevado, vendido, no sé. Ahí acaba la historia de Chinchero, de la reivindicación social, de los hacendados, del viaje de los Sallo-García a Lima, de la muerte de la abuelita Tucta, de la excomulgación de la comunidad de Umasbamba, de

---

19. Al igual que Matiaza y Gerónimo, Fidel pasa con facilidad del pasado al presente en su narración.

20. *Collana*: primero o principal en quechua.

todo eso. Yo de pequeño siempre escuchaba a mis papás hablar del título: era de tal sitio a tal sitio; yo ya había captado. El tema de la propiedad de la tierra en Chinchero es este episodio del título, uno grande que se cargaba en la espalda. No es solo lo que había escrito; era también la manera de redactar, el mismo material utilizado, todo eso tiene un valor incalculable. Hasta el autor debe estar ahí, y quienes han firmado.

Contada de esta manera por Fidel y por otros, esta historia (o grupo de historias) parecían encapsular bastante bien la Historia que importaba a los chincherinos, una que no se enseñaba en la escuela y que gravitaba sobre los *ayllus*, las haciendas, la iglesia y los documentos. Como tal, esta Historia se preocupaba por los hechos que relacionaban a los campesinos, a los terratenientes y a los curas y proporcionaba el marco para un determinado formato del pasado que abarcaba aquello que resultaba más significativo para los pobladores en el presente. Era una Historia sobre los conflictos y las luchas por la tierra, desplegados en su mayor parte en el ámbito local y compuestos de materiales y nombres familiares que permanecían en la esfera de lo microhistórico y lo reconocible, aunque algunos acontecimientos alcanzaran dimensiones épicas y estuvieran inextricablemente vinculados a la realidad nacional y a la experiencia de Lima como la gran instancia de poder y autoridad donde aquellos asuntos que afectaban a la vida del distrito se decidían (y se deciden todavía). Es también una Historia que busca destacar la situación de abuso de poder y de subordinación para que una identidad local que enfatiza a su vez una resistencia y respuesta activas se pueda construir y consolidar en oposición a ella. Una interpretación así no sería totalmente ajena a una tradición andina más general, que ha conceptualizado la Historia como un conjunto de relaciones personales y grupales construidas jerárquicamente (De Avila 1987). Estas jerarquías también dejan espacio para situar y explicar dinámicas inter-*ayllus* que resultan centrales para las experiencias vividas, pasadas y presentes, de estas comunidades y que se articulan unas veces en función de la cooperación y otras en función de la gran oposición y rivalidad. Se trata, sobre todo, de una narrativa del pasado adscrita al título de la tierra y a sus portentosas cualidades inscritas y materiales, presentadas como elementos constitutivos esenciales del poder y de la agencia ejercida por el documento. Pero aún hay más. El título de propiedad (y toda la narrativa) incorpora un notorio componente geográfico. Gastón Gordillo (2004) ha argumentado que la Historia y la memoria tienen que ver tanto con el lugar como con el tiempo y ha observado la dimensión espacial fundamental de la memoria. Otros autores han subrayado la simbiosis entre historia y paisaje (Abercrombie 2006, Howard-Malverde 1990). La Historia en Chinchero es espacializada porque las memorias que evoca se encuentran firmemente ancladas en cartografías reconocibles y cargadas de significado, a través de las cuáles se comunica y se estructura un sentido de identidad arraigado a un lugar.

Por lo tanto, la memoria social en Chinchero se inserta decididamente en formas espaciales y materiales, así como en prácticas incorporadas (Connerton 1989). La memoria social comienza con la incorporación del pasado inca y colonial en la arquitectura y en la cultura material y continúa con el anclaje de los recuerdos de los parientes fallecidos en los hogares y en las chacras, en las herramientas y en las ropas, en las danzas así como en los festivales, o en los variados paisajes como los cerros o el cementerio. Ciertamente, lo que Fidel y los demás estaban recordando se basaba en una comunidad de intereses y pensamiento (Connerton 1989: 37), en una conciencia colectiva definida e incorporada en un objeto particular —el título— a través del cual el pasado se pensaba y se comprendía en virtud de un puñado de objetivos compartidos. Ello es cierto a tal punto que, para Fidel, en el momento que el título se pierde o es robado la historia de Chinchero, y todo lo que había importado hasta entonces, llega a su final. El interés histórico de Fidel descansa en lo que Salomon (2013: 59) ha llamado las “narrativas seculares” del cambio social, narrativas que, según este autor, debieran ocupar a los estudiosos de la historia indígena americana más que los relatos míticos que habitualmente se pasean por los textos etnográficos. Estas narrativas seculares sitúan el objeto de la historia en el nivel intra-local, en los cruces a pequeña escala que tienen lugar dentro de los confines de las comunidades y que traen a un primer plano el papel de los sujetos locales en la construcción de la historia. Pero ¿de qué manera “hacen historia” hoy los pobladores de Chinchero en ausencia de, como decía Gerónimo, historiadores nativos? ¿Qué es lo que consideran material "histórico" si por "historia" podemos entender, en este caso, aquello que es digno de remembranza pública con fines actuales?

Era el 3 de agosto de 2012. En la pampa de Piuray, junto al lago del mismo nombre, la municipalidad de Chinchero había organizado una gran feria agropecuaria. Junto a una profusa exhibición de ganado y productos agrícolas se sucedían diferentes eventos y juegos. Uno de ellos era un concurso de danzas en el que diferentes grupos que venían de distintas comunidades del distrito competían por un premio. Una multitud se había juntado alrededor del recinto de baile, donde se representaban elaboradas coreografías con abundancia de trajes típicos y de cultura material regional para su exhibición. Cada danza recreaba o narraba un episodio o actividad determinados que adquirían relevancia social en virtud de su reconstrucción pública incorporada. Una breve introducción que explicaba a la audiencia las raíces históricas de las representaciones se leía antes de cada coreografía. La primera danza se presentó como una ocasión para agradecer a la tierra por los frutos producidos en carnaval (febrero). La segunda celebraba la producción de oca, con gran profusión de chicha. La tercera, dirigida por la histórica figura del curaca, era un homenaje a los textiles y a sus orígenes incas y para su puesta en escena se utilizaron ovejas. La cuarta presentación me dejó atónito. Era una nueva danza destinada a conmemorar la llegada de los turistas a Chinchero. Para dicho propósito representaron parcialmente una de las típicas demostraciones de tejidos que tenían lugar cada día en los centros textiles. A través de la danza estaban elevando el turismo y sus "bendiciones" (en sus propias palabras), a la categoría de "acontecimiento histórico".

El ejemplo ilustra una de las varias formas en que los pobladores de Chinchero siguen haciendo la historia hoy "en ausencia de historiadores nativos". Posiblemente como en tiempos inmemoriales, la historia no se escribía, sino que se danzaba; es decir, se inscribía temporalmente a través de su ejecución en el paisaje y se codificaba para futuras reconstrucciones junto con otras historias no escritas. A su vez, otros eventos o procesos contemporáneos se historizaban y se insertaban en los hilos narrativos destinados a preservarse en virtud de una comunidad de pensamiento. Cada vez que se celebraba una reunión comunal, se actualizaba y firmaba el Libro de Actas como testimonio de lo que se había dicho y acordado en relación con los intereses más sentidos de la comunidad. Este acto se repetía cada vez que un grupo social diferenciado y bien identificado, ya fuera la Junta de Regantes, o una asociación de artesanos, o los envarados, se reunía y registraba sus actividades y su contabilidad dejando constancia de su quehacer. Este corpus inscrito de obligaciones e interacciones sociales llenaba los archivos oficiosos con narrativas que tal vez no trasciendan a la historia oficial, pero que son importantes para los comuneros porque la sustancia de sus vidas diarias, así como su posición y estatus dentro de la comunidad, están en gran parte contenidos en ellas. A través de las siguientes palabras Gerónimo articuló una llamada en favor de estas "otras historias" hechas de materiales cotidianos más reconocibles, con más sentido, y pobladas por personas a ras de suelo y más cercanas:

> Hasta ahora no hay libros escritos sobre Chinchero. Hasta hace poco los chincherinos no tenían derecho a ir a la escuela. No podíamos estudiar o no teníamos los medios para hacerlo. No podíamos escribir. Esos hijos de mestizos o de españoles han tenido la oportunidad y han escrito conforme a sus intereses, conforme al color de su piel. Pero nuestra raza, la raza inca, es muy diferente. Si lo miramos desde nuestra perspectiva, es un evento diferente, casos diferentes, otro tipo de historia y acciones que ocurren dentro de nuestros hogares, en nuestras comunidades, en los *ayllus*, en los ritos, en nuestra medicina tradicional, en la agricultura, en todo.

Esto es, a *grosso modo*, lo que Eric Wolf (1987) ha llamado "una historia de los pueblos sin historia". Lo que Gerónimo estaba reclamando era una "historia" que haga justicia a los acontecimientos, lugares y actividades donde las vidas de las personas se desarrollan día tras día y donde las identidades individuales y colectivas están inequívocamente moldeadas por fuerzas como el trabajo, la comida, la vida familiar, la fe o el cuerpo, todo ello inmerso en diferentes formas de socialización que incluyen el conflicto.

Si diversos modos de conciencia histórica suscitan una pluralidad de géneros y prácticas históricas que no se contradicen necesariamente, una historia de Chinchero debe reconocer tanto las narrativas de los gentiles y las derivadas de los archivos y los libros de actas, como reconoce otras narrativas generales y actos no-verbales de reconstrucción o reinvención históricas. Propiamente hablando, no hay tal cosa como "la historia de Chinchero". Ni siquiera estoy seguro de que necesiten una,[21] al menos en términos convencionales.

Hay tantas historias como trazos del pasado esperando a ser recuperados y narrados. Estas historias no están necesariamente relacionadas con las narrativas del contacto con grupos dominantes (Gow 1995: 61, 2001: 16-19). La condición multivocal y parcial de la historia plantea severas restricciones a la ambiciosa tarea de "reconstrucción histórica", la que difícilmente puede dar cuenta de todas las historias personales que ocurren en la intimidad de los hogares y en otros espacios privados, así como en los márgenes de una historia oficial, con sus sesgos ideológicos. Pero dependiendo de cómo queramos mirarlo, los márgenes pueden subvertir la jerarquía establecida, asumir el protagonismo principal y convertirse propiamente en el sujeto histórico, en la fuerza motora de la historia, porque es en el interior de este frecuentemente descuidado territorio de lo íntimo, lo anónimo y lo mundano —donde los silencios y los gestos pueden ser tan elocuentes como las palabras—, que la sustancia vital habita y se concentra. Desde aquí se expande e impregna la multiplicidad de eventos y acciones que, emergiendo desde su fuente original, serán más tarde rescatadas y exaltadas en los textos escritos. Una "verdadera" historia de Chinchero equivaldría entonces a tejer la totalidad de las trayectorias individuales y colectivas en un solo tapiz de la vida social. ¿Quién puede escribir una historia así? Quizás, como en el pasado, las verdaderas historiadoras sean las tejedoras.

---

21. Fausto y Heckenberger (2007: 7) han argumentado que, para calificar como "gente real" en el contexto de luchas políticas con los Estados-nación, a los pueblos indígenas se les requiere tener una historia, una identidad y agencia, de lo que resulta la reescritura de su pasado de acuerdo con narrativas únicas y totalizadoras de fases y hechos pasados para convertirse en última instancia en un instrumento de la lógica del Estado en negociaciones entre las dos partes.

2

Chinchero: ontología del paisaje quechua

Historias del origen

En el capítulo anterior he mostrado cómo las historias de Chinchero están fabricadas con variedad de materiales y admiten múltiples regímenes. En especial, las narrativas desplegadas en la historia popular (incluyendo los mitos) revelaban la centralidad del paisaje en la descripción de los eventos que importaban a los pobladores. Los cuentos de los gentiles, o la historia de Pukamarca y el título de propiedad, la vida social de las chacras, o el épico viaje a Lima, estaban íntimamente insertadas en una geografía regional y local en donde la relación entre la acción humana y el medio físico no es de figura y fondo sino más bien de mezcla y disolución de planos, al extremo de que no hay historia sin paisaje ni paisaje sin historia.

Desde esta perspectiva el paisaje es más sujeto que objeto. Como Marisol de la Cadena ha argumentado, el paisaje es el *ayllu* (2010: 354). Los diferentes niveles de esta intimidad o identidad entre población y paisaje es lo que pretendo explorar en este capítulo. Otros autores han hablado ya de los modos variopintos en que los pueblos indígenas de América del Sur (como otros pueblos originarios en otras partes del mundo) han empleado el paisaje para inscribir su historia, basándose en una muy estrecha relación entre paisaje y memoria (Abercrombie 2006, Gordillo 2004, Howard-Malverde 1990, Rappaport 1989, Santos-Granero 1998). En las líneas siguientes y particularmente a través de ejemplos etnográficos, me ocuparé de un grupo de temas interrelacionados que incluye cómo los habitantes de Chinchero han venido construyendo un sentido de hogar en contacto con la tierra; cómo su mundo ha sido constituido y habitado en el tiempo; las prácticas y experiencias que posibilitan visiones específicas, valores y modos de participación en el paisaje, así como las temporalidades de este último.

Sin embargo, antes de continuar puede resultar pertinente atajar un problema con la terminología que aparecerá a lo largo de este libro y que puede requerir clarificación conceptual. Me refiero a términos que frecuentemente se consideran análogos, como tierra y paisaje, pero que pueden acarrear diferenciaciones sutiles y dignas de notar. Con respecto a este problema, Tim Ingold (1993: 153-156) ha hecho una distinción entre "paisaje" y otros términos cercanos tales como "tierra", "naturaleza" y "espacio". Desde su punto de vista, el concepto de "tierra" es cuantitativo y homogéneo, mientras que el de "paisaje" es cualitativo y heterogéneo. La idea común de naturaleza —nos dice Ingold— como algo que está "ahí afuera", externo al sujeto que lo contempla y que está separado del mundo natural, resulta equivocada. Contrariamente a este concepto de naturaleza, el de "paisaje" emerge como una parte constitutiva de los humanos a través del proceso de habitarlo. Incluso aunque esto ocurra en el "espacio", este último presupone segmentación y representaciones cartográficas, mientras que "paisaje" (como la idea de "lugar") aparece más como un todo relacional que incorpora una cualidad experiencial mediante el involucramiento de los humanos con el mundo, experiencia de la cual se extraen los significados. Para subrayar estas distinciones, Ingold arriba a una definición de paisaje que reza así: "El mundo tal y como es conocido para aquellos que viven en su interior, habitan sus lugares y transitan los caminos que los conectan". Si bien la naturaleza de tales distinciones resulta un tanto problemática (como el propio Ingold reconoce), me atendré a su "perspectiva de residencia" (*dwelling perspective*). Al mismo tiempo, y sin olvidarme de estas sutiles variaciones, los términos discutidos (y otros parecidos) fluirán libremente en el libro adaptándose al contexto en el que sean empleados.

Como en muchas otras tradiciones indígenas, Chinchero conserva narrativas orales que hablan de los orígenes del paisaje. Llamar a estas

El paisaje de Chinchero

narrativas, historias del "origen" podría no obstante transmitir una impresión equivocada, en el sentido de que podría enmarcar la historia de Chinchero en un esquema lineal progresivo que es invalidado por la existencia de los mitos y de otros marcos temporales no-lineales. Propiamente hablando, estas historias no tienen tiempo, o pertenecen al nebuloso "tiempo de los ancestros", o a aquellos días imprecisos "mucho antes de los incas". Son contadas hoy tal y como eran contadas probablemente muchos años atrás, y por el mismo hecho de ser contadas, como ha dicho Rodney Frey, alumbran el pasado dentro del presente y la narrativa "cobra vida", revitalizando el paisaje, porque estas historias no son memorizadas sino recordadas (2001: 192-202).

Dos historias encapsulan el origen mitohistórico del paisaje de Chinchero. La primera me la contó Gerónimo, quien me llevó un día a caminar por el paisaje circundante. La otra surgía recurrentemente cada vez que deambulaba preguntando a los comuneros sobre el origen del pueblo. Tomadas conjuntamente, ambas dan cuenta del paisaje como historia misma materializada en formas naturales y abriéndose como un libro o como un tejido cada vez que un evento era recordado y su contenido se activaba. Estos relatos resaltan la ausencia de límites claros entre mito e historia e infunden al paisaje de un aura "sobrenatural"[1] donde actúan poderosas fuerzas transformadoras. Así, explican por qué el paisaje de Chinchero aparece hoy más o menos como lo que es y de este modo fusionan los mundos humano y natural en uno solo. Más aún, por el hecho de proporcionar una explicación causal, "desnaturalizan" el entorno físico y lo dotan de una intencionalidad oculta detrás de procesos temporales de cambio, capacidad de agencia que impregna las interacciones y nos muestra el paisaje como el impredecible resultado de múltiples relaciones entre seres diferentes con el mundo físico y con ellos mismos.

La primera historia narra cómo el paisaje de Chinchero devino en montaña y no en valle:

Un puma y un amaru (serpiente) se enzarzaron en una carrera subterránea desde el lago Piuray para ver quién podía llegar primero al cañón que queda por debajo de Chinchero. Los dos habían hecho una apuesta: si el amaru ganaba, Chinchero sería valle (yunga) como

---

1. Soy consciente de los problemas que supone el uso de esta palabra y la confusión que puede generar. Esta confusión está presente en la literatura etnográfica, que refleja los problemas para hablar propiamente sobre realidades más allá de la inmediatez empírica de los sentidos y la razón. Términos como "metafísico" o "sobrenatural" empleados para abordar distinciones ontológicas aplicadas a los pueblos indígenas americanos son frecuentemente objetados con el argumento de que las cosmologías indígenas no reconocen una división estricta entre los reinos natural y el sobrenatural, o entre lo humano y lo no-humano, tal y como se entiende normalmente en "occidente", en el sentido de esferas separadas con poca o ninguna interacción (Viveiros de Castro 1996, 2004). Y sin embargo, todavía se utilizan en la literatura (Descola 2012). Por ahora, asumiré una visión de los mundos indígenas poblada por una multitud de "seres" con diferente estatus ontológico, en permanente interacción y (al menos algunos) con la capacidad de transformarse y trascender límites. Preferiblemente me referiré a ellos como "diferentes-a-los-humanos". Sigo de esta manera a Marisol de la Cadena (2010), quien emplea este término (así como el de "seres de la tierra") en su negativa a la dicotomía entre lo humano y lo natural.

Quillabamba, con todas las frutas y las plantas que crecen allí. Si el puma ganaba, sería montaña. Sucedió que ganó el puma, quien emergió de la tierra en un lugar llamado P'uqp'uq, dejando detrás de sí un canal vacío hasta el lago Piuray. El animal fue perseguido por un torrente de agua que todavía borbotea en aquel lugar, haciendo un sonido como "puq... puq... puq", y después cae unos cien metros a la quebrada. El puma corrió en cabeza hacia lo que es hoy el valle (Quillabamba). Allí creó el valle, con todas las plantas de clima cálido. Viendo que había sido derrotado, el amaru se desplomó. Tan solo las puntas de sus bigotes perforaron la superficie de la roca en el lugar que actualmente se conoce como Chaqchaq'illay. Hoy en día pequeñas cantidades de agua emergen a través de esos agujeros haciendo un sonido como de cascabel (*chaqcha*), porque el amaru permanece atrapado en su interior. Entonces Chinchero es sierra pero el agua que viene desde P'uqp'uq y Chaqchaq'illay riega el diminuto sector de tierras cálidas donde se cultiva el maíz en la quebrada del Huerto del Inca (*inkaq mallkin*). Los pobladores añaden que cada vez que se corta la piel de la alpaca el volumen de agua que emerge desde el cerro disminuye un poco. Ello sucede con la suficiente regularidad como para evitar que el lago Piuray se drene y se seque completamente.

La segunda historia se refiere a los orígenes del lago Piuray, situado a unos tres kilómetros al sur del centro poblado y principal fuente de agua para la ciudad de Cusco hoy en día. La primera vez que la oí estaba en compañía de Cirilo, un viejo pastor con el que solía vagar por los campos con sus rebaños buscando pistas para una comprensión más profunda de, y una mayor empatía con, el paisaje local. Su marginación social, debida al alcoholismo severo y al haber pasado muchos años fuera del pueblo, le hacía apreciar mi interés en su mundo. Cirilo solía llevar su ganado por los cerros que se elevaban sobre Piuray. Allí, mientras tomábamos trago y mascábamos coca, me contaba historias asociadas a ciertos lugares. Sobre el lago Piuray circulaban diferentes versiones. En la mayoría, a diferencia de esta, los acontecimientos habían ocurrido "mucho antes de los incas". La historia es como sigue:

Un día, Papá Dios, disfrazado como un mendigo sucio y andrajoso, llegó al sitio de Piuray, donde unos señores incas celebraban un matrimonio. Viéndole en tal lamentable estado, los señores no le recibieron y ordenaron a una de las cocineras que lo sacara de allí. Pero como era mujer compasiva, escondió un poco de comida en sus ropas mientras le despedía amablemente. Agradecido, Papá Dios se dirigió a la cocinera de esta manera: "Tú has sido la única persona buena que he encontrado en este lugar. Ahora vete, coge tus cosas, empieza a caminar cerro arriba y no mires atrás porque voy a destruir este pueblo". Entonces Papá Dios golpeó una roca con su bastón y empezó a brotar agua. Mientras ascendía, y movida por la curiosidad, la mujer se volteó y vio que un lago estaba inundando el poblado. En ese preciso instante la mujer se convirtió en piedra. Hoy se dice que en aquel cerro de Umasbamba hay una piedra con la forma de una figura humana mirando hacia atrás.

Estas historias traen a un primer plano las cualidades transformativas —y por lo tanto temporales— del paisaje quechua, que viene a ser lo que es a través de los hechos y las acciones creativas-destructivas de determinados personajes simbólicos que operan en un tiempo indeterminado. En el primer caso, dos "seres míticos", cada uno representativo de los principales polos ecológicos complementarios de las tierras altas y las tierras bajas, se enredan en una competición a raíz de la cual el paisaje de Chinchero adquiere su forma reconocible en oposición al valle. La carrera subterránea moviliza los poderes telúricos de la tierra y consigue que el agua se abra camino hacia la superficie, delimitando así los diferentes pisos ecológicos. En el segundo caso, el paisaje se transforma como castigo divino por la conducta impropia de los ancestros. Esta segunda historia parece mezclar elementos de las tradiciones andinas y cristianas.[2] En particular, recuerda el relato del castigo de Sodoma y Gomorra y de la esposa de Lot, convertida en

2. Autores como Abercrombie se muestran muy críticos de esta separación entre "lo andino" y "lo cristiano", y argumentan que una "identidad andina" que haga justicia a los desarrollos históricos debe situarse en los cruces entre ambos polos. Ciertamente me atengo a esta opinión, pero si las separo en mi discusión es sobre la base de un método histórico que usan los mismos chincherinos, quienes, como quedará claro más adelante en este capítulo, tienden a separar claramente las dos esferas.

un pilar de sal que su contraparte andina traduce en piedra, con todas las poderosas resonancias que este material posee en los mitos andinos de origen. El relato incorpora de esta manera un componente moral (cristiano) aparentemente inexistente en la primera historia, a menos que tomemos el hecho de competir como parte del código ético de las sociedades andinas. En ambos casos, el agua[3] juega un papel dinámico y fundamental en la permanente reconfiguración del mundo material y recuerda claramente las cosmogonías andinas que explican la circulación subterránea primordial del agua y su afloramiento a la superficie de este mundo a través de aberturas en la corteza de la tierra (Sherbondy 1992). El involucramiento de fuerzas míticas y divinas (Dios-Wiracocha y el binomio puma-amaru) es responsable último de lo que los humanos ven a su alrededor y esto es lo que las historias se proponen explicar. La implicación de los poderes de los seres "diferentes-a los-humanos" en la creación del mundo significa que los humanos deben participar con ellos en relaciones de reciprocidad en compensación por el mundo recibido. Estos episodios pueden tener una vez más un correlato histórico dado que, en aquella esquina del lago donde los hechos parecen haber ocurrido, los pobladores están de acuerdo en que hay restos arqueológicos escondidos bajo las aguas.

Nombrando la tierra: ¿un animismo andino?

Cada vez que salía con Cirilo y sus ovejas, y para mi perplejidad, el pastor me señalaba un rosario de rasgos del paisaje y los nombraba en quechua uno detrás del otro. Casi siempre había alguna historia o anécdota vinculada a estos lugares, algo que yo encontraba abrumador porque al cabo del día tenía muchos más nombres en mi cabeza de los que podía recordar y el quechua de Cirilo en aquellos días tempranos de trabajo de campo me resultaba altamente ininteligible. Literalmente, no había un simple lugar o indicador topográfico sin su nombre o su

3. En un estudio del lenguaje del Manuscrito de Huarochirí, Salomon destaca el papel de Cuni Raya, una huaca-tramposa, transformadora de relieves por medio del agua, elemento que representa, al mismo tiempo, la fecundidad y el peligro.

pequeña biografía añadidos. Recuerdo lo mucho que me intrigaba esta práctica y me daba cuenta que si quería llegar a entender con alguna profundidad la relación entre los pobladores y la tierra tenía que seguir esa pista más lejos. Por esta razón, aproveché cada oportunidad que tuve para acompañar a los comuneros en sus caminatas a través del paisaje. Estos viajes normalmente terminaban en las chacras para atender el trabajo agrícola estacional o en los pastos donde merodeaban los animales. Podían ser también desplazamientos más largos al valle, para intercambiar productos o con ocasión de alguna festividad importante en algún poblado cercano. El calendario cívico-religioso de Chinchero proporcionaba además momentos importantes de peregrinaciones que revelaban pistas elocuentes sobre la naturaleza del paisaje local y de su significado para las personas.

Mi interés en los nombres era doble: no solo sentía curiosidad por lo que decían sobre los lugares que designaban, sino que también me interesaba el acto de nombrar en sí mismo y las revelaciones que esta práctica cultural podía proporcionar. Tal y como lo veía al principio, asignar nombres a formas naturales o a espacios "inertes" me parecía algo muy "humano". Me preguntaba al mismo tiempo si podría relacionarse con alguna forma de "animismo",[4] caracterización que encontraba atractiva y problemática al mismo tiempo. Visiones y construcciones romantizadas de los pueblos indígenas habían tendido a retratarlos como "animistas", en el sentido de estar inmersos en

4. En este libro me interesa el animismo como un modo particular de relación con el mundo natural (incluyendo lo "sobrenatural" que va más allá de meras y estrechas explicaciones empiricistas o científicas). Me doy cuenta, sin embargo, de que este es un territorio resbaladizo, especialmente para los no-andinos. Eduardo Ladrón de Guevara ha expresado el riesgo de describir al *runa* en términos "animistas" porque, como argumenta, los *runas* no transfieren su condición psíquica a la naturaleza ni se ven a sí mismos separados de ella (2012: 202). Otros autores destacados, como Descola (2012), caracterizan una ontología indígena americana animista en función de la continuidad entre la interioridad de los humanos y la de los no-humanos, con diferencias de aspecto físico. Para Descola —y esta es la parte que me interesa más para los propósitos de este capítulo—, el animismo es el reino de las metamorfosis temporales y de las identidades conflictivas.

una relación altamente espiritual y armoniosa con un mundo natural que se consideraba "vivo" y en posesión de un "alma". Esta representación animista había contribuido notablemente a la construcción antropológica del "otro" como objeto de fascinación de un mundo industrializado que había perdido muchos de sus referentes religiosos y que era progresivamente consciente de sus relaciones esquizofrénicas y explotadoras con el entorno. Habiendo sido elaborado en los discursos antropológicos y New Age como un rasgo del "otro" exótico (a menudo pueblos nómadas o los así llamados "cazadores-recolectores"), el animismo como categoría había sido temporalizado y relegado a un estado propio de pueblos supersticiosos y pre-modernos que no habían acabado de evolucionar hacia la racionalidad científica y seguían siendo, por lo tanto, o primitivos o tercamente tradicionales (Bird-David 1999, Fabian 1983).

Mi propósito no era tanto determinar si prácticas "animistas" —y "mágicas"— sobrevivían en el Chinchero contemporáneo o no (y hasta qué punto el animismo era compatible o incompatible con el cristianismo y la modernidad); tampoco me interesaba demostrar continuidades, incluso si estas eran evidentes a veces. Más bien mi objetivo era familiarizarme con las diferentes maneras en las que los pobladores contemporáneos manipulaban el mundo en formas distintas a las que yo estaba acostumbrado y captar algo de las lógicas culturales que guiaban sus transacciones. Mi segundo objetivo era llegar a una comprensión del animismo que pudiera abrir nuevos ángulos de interpretación mediante la exploración del componente temporal presente en las transformaciones que poblaban muchas historias populares andinas.

En esta búsqueda etnográfica el nombrar los lugares (*place-naming*) aparecía como una praxis de múltiples capas donde el lenguaje jugaba un papel esencial hasta el punto, señalado por Weiner (1991: 50) en su estudio de los Foi de Papúa-Nueva Guinea, de que "el lenguaje y el lugar constituyen una unidad" (1991: 50). Los nombres variaban bastante en carácter. Muchos de ellos, como la mayoría de los campesinos opinaba, parecían haber sido inspirados por las características físicas del lugar. Algunos establecían una conexión explícita con el pasado; otros no guardaban parecido aparente con la topografía sino que parecían más bien advertir al caminante de un evento pasado que todavía proyectaba una sombra potencialmente maléfica sobre aquel sitio. La mayoría suscitaba breves historias que no contenían enseñanzas morales o propiedades sanadoras en el sentido descrito por los antropólogos que han trabajado con grupos indígenas de Norteamérica (Basso 1988, Feld y Basso 1996; Frey 2001). Estas historias capturaban, más bien, las fuerzas y presencias ambivalentes y amenazadoras del paisaje, que podían ser al mismo tiempo amistosas y peligrosas, de acuerdo con las cualidades transformativas descritas. Antes que otra cosa, estas narraciones componían una geografía familiar y animada con la que se podía entrar en relaciones "humanas", porque la práctica de dar nombres entre los humanos equivalía, precisamente, a reconocer a otros como a miembros de la misma especie, reconociendo su especificidad y dándoles la bienvenida a un grupo o sociedad determinados.

No obstante, no se me escapaba que el hecho de que nombrar el paisaje tenía una intencionalidad inmediata y pragmática. En una sociedad agraria donde la tenencia de la tierra era dispersa e intercalada y la agricultura se basaba en la rotación comunal de la tierra, y donde buena parte de la actividad social se desarrollaba en el exterior, forzando a los campesinos a navegar a través de un paisaje con frecuencia vertical y visualmente restrictivo con un agudo sentido de la direccionalidad y de la ubicación, el detallado mapeo físico y mental del territorio era una herramienta extremadamente útil. Esto último se hizo absolutamente evidente aquella mañana que fui con Rosa a pastar sus ovejas. Cuando regresaba a casa me topé con Toño, uno de los hijos de Rosa, quien me preguntó dónde estaba su madre porque tenía que llevarle un poco de agua. Como no conocía (o no podía recordar) el nombre del lugar donde había estado con Rosa, mis vagas indicaciones no le sirvieron a Toño para imaginarse la ubicación exacta y finalmente tuvo que suponer por su cuenta dónde podía estar aquel día.

Pero había claramente más que utilitarismo en la práctica de nombrar la tierra y quería averiguar qué otros significados se escondían en ella. Así que un día le pedí a Tomás Huamán —respetado miembro de edad de la comunidad que había trabajado por más de cuarenta años para el Ministerio de Cultura en Chinchero y quien conocía bien el paisaje— que me acompañara a caminar por el territorio de Yanacona, su *ayllu* de origen, y que me hablara de nombres y de lugares. Aquí transcribo un fragmento de la conversación que mantuvimos "en el camino". Partimos desde el sector inferior del centro poblado, cerca de la pista, y comenzamos a caminar en dirección norte hacia las ruinas y los cerros de Yanacona. Y a medida que caminábamos nos volvimos parte del paisaje y de las historias que le daban vida y lo embellecían.

> TOMÁS: Aquel lugar [señalando a una gran roca en el camino de subida hacia el principal puesto de control turístico] se llama *saqra rara* [la bulla del diablo], probablemente porque se escuchaban ruidos extraños por las noches. Ese era un espacio sagrado para los chincherinos. Cuando éramos niños le teníamos miedo. Contaban que, por las noches, la roca se abría, como la chinkana, y uno tenía que tener mucho cuidado y mantenerse lejos de aquel espacio [...]
>
> Este es el sector de Q'erapata. ¿Por qué le habrían puesto un nombre como ese? Porque había una vegetación llamada q'era. Crecía cuando yo era niño y solía llevarla a casa para prender fuego. De aquí, *q'erapata*. *Pata* es algo para sentarse y estar cómodo, como en una mesa. Era una zona como la ves ahora, exactamente igual. Pero estos días están construyendo casas porque la población está creciendo [...]
>
> Esa parte por allí se llama *Mesa Ccaca*. Mesa quiere decir que era una mesa y era un lugar para hacer despachos, ofrendas a los *apus* que todavía se realizan. *Ccaca* significa roca. En general, todo el sector se conoce como *Mesa Ccaca*. Sin embargo, cada lugar específico tiene su nombre. ¿Cuándo habrían puesto estos nombres? ¿Cuán antiguos pueden ser? Porque yo siempre he conocido estos nombres. Estos nombres no han cambiado. Han sobrevivido, especialmente en aquellas áreas donde se practica la agricultura. Pero en esas comunidades con nuevas generaciones están cambiando [...]
>
> PABLO: ¿De qué periodo histórico crees que vienen esos nombres? ¿De épocas sucesivas tal vez?
>
> TOMÁS: Posiblemente daten del periodo colonial o algo así. Pero con seguridad que ya existían antes, porque para entonces ya había gente por aquí [...]
>
> Esta roca delante de nosotros también tiene un nombre. Se llama *Aya Ccaca*. *Aya* significa "muerto" y se han encontrado algunos huesos humanos ahí, posiblemente anteriores a los incas. No sé qué ha sido de esos huesos. No ha habido ninguna intervención oficial [...]

Este cerro se conoce como *Cruz Orqo* [el cerro de la cruz]. Sin embargo todo el lugar se conoce como *Q'erapata*, el turno de *Q'erapata* por el trabajo agrícola rotatorio. La cruz está en la cima y es un mojón para el festival de amojonamiento o marcación de límites. Más allá de aquel cerro ya no es Chinchero. Esa tierra pertenece a Huayllabamba y Urquillos [...]

Esta pequeña quebrada que vemos tiene su nombre: *Llaño huaycco*. Es como si fuera un pasaje. Al otro lado tenemos *Hatun huaycco* [quebrada grande]. *Huaycco* es un sitio cerrado, mientras que *llaño* quiere decir estrecho [...]

PABLO: Jacinto me enseñó un lugar, *machulaq senkka* [la nariz del viejo]. Según él, el nombre podría derivar de algún mal viento o de algo extraño propio de ese lugar, y la gente lo llamó así por esa razón.

TOMÁS: Imagínate que estás caminando solo por allí, o que estamos caminando juntos, y de repente algo raro aparece y te asusta. El nombre habría tenido su origen ahí, en el sentido de que hay algo sospechoso sobre ese lugar y uno tiene que estar alerta. Porque antes —ya no tanto ahora— siempre había ñak'*as* en Chinchero, no *kukuchis* sino esos que degüellan a la gente, los ñak'*achus*[5] [...]

Esta parte se llama *Acco huaycco*. *Acco* es esa arena muy fina que ves. Mi padre tenía tierra por allí. Trabajaba esta tierra y a veces sacaba buena papa y oca grande. Y decía, mira, mi chacra es productiva. A veces echaba mano a su coca y decía "*Apu mama*", "*Apu acco huaycco*". Invocaba a los *apus* con su coca o su chicha. La tierra daba buena papa, arenosa. Al mismo tiempo hacía su *watya*. Y comías rico. Mi padre solía decir, "Esta es la chacra que más recuerdo, porque realmente estoy disfrutando lo que estoy comiendo" [...]

¿Te ha hablado alguien de la pierna del burro o de la vaca al frente de Anta Killka? Se llama *Wakaq chakin* porque realmente parece la huella de una vaca. Desde la primera vez que fui allí a cuidar de mis animales me hablaron de *Wakaq chakin*. Y me decían, "Allí es donde están tus ani-

---

5. Los *kukuchis* eran los condenados o retornados, términos que describen la condición de aquellos difuntos que, debido a las malas acciones cometidas durante su existencia terrenal, habían sido condenados a errar por este mundo en penitencia por sus pecados en una especie de existencia fantasmal o incorpórea. En cuanto a los *ñak'achus* o *pishtacos*, estos eran personas que habían hecho un pacto con el diablo y que en el pasado sacaban el sebo de los caminantes ocasionales, mientras que en tiempos más recientes se decía que extraían su sangre para comercializarla. Ambas figuras acechaban los campos y los caminos imponiendo una seria amenaza a la integridad física y moral de los pobladores.

males", porque siempre andan por esa parte. Había un gran pastizal por allí y los animales crecían bien. Mucha gente tenía animales y el pasto no faltaba. Di vueltas por la punta de aquel cerro, donde cada punta tiene su nombre. Tuve que caminar en busca de mis animales perdidos. No era el único y los que andaban buscando decían, "Este es mío; el tuyo no está aquí. Tienes que ir a aquel otro sitio." Y allí los encontrabas, descansando o comiendo. Caminábamos de muy buen humor porque nos juntábamos hombres y mujeres jóvenes [...]

PABLO: Entonces, *wakaq chakin* venía del hecho de que la gente llevaba a sus animales a esa parte.

TOMÁS: Correcto. O tal vez también del hecho de que en realidad parece un rostro humano, o la huella de una vaca, o la de un burro. La gente hasta cree que el número de animales era tan grande que su huella estaba impresa porque destaca. Hay algunas quebradas por ese lado que se pueden caminar. Allí se dice que los animales solían dormir porque la tierra se ha vuelto más plana y más profunda. Por eso es por lo que le llaman *Wakaq puñuna* [el sitio de la cama de la vaca]. Eso es lo que creen. Pero yo personalmente no puedo imaginarme un número de animales tan enorme como para dejar un rastro. Desde la quebrada hacia este lado es Yanacona. Al frente es Cúper. Este sendero continúa hasta Anta Killka, que es Cúper, y llega hasta el pueblo. En el pasado había muchos eucaliptos pero ya no. Posiblemente hubo un incendio porque se ve un poco ennegrecido [...]

PABLO: ¿Cómo traducirías Anta killka?

TOMÁS: Traduciría *anta* como un cerro alineado con surcos, algo elevado; y *killka* como las nubes errantes [...]

PABLO: Hoy Anta killka es el *apu* local.

TOMÁS: Sí, es incluso internacional. A los turistas les dicen que es Anta Killka, pero no les dicen de dónde viene el nombre. Mi padre solía decirme que a veces, durante la época de lluvias, tenía que esperar hasta que se dispersaran las nubes o hasta que dejara de llover. Cuando escampaba decía que algo como una flor o espuma se dejaba ver ante sus ojos y por eso decía "*killka*", algo que se mueve. Yo mismo le preguntaba, "papá, ¿por qué le llaman *killka*? Y él respondió, "es porque es alto, algo que no podemos ver desde nuestra casa y que se está moviendo. Incluso el cerro se está moviendo porque las quebradas y las puntas están cambiando de lugar. A veces te pueden asustar. Normalmente no tienes miedo porque se trata de una roca estable. Pero cuando llueve o hace frío o algo tú piensas que se está moviendo y te asustas, porque esto no es lo que tú ves normalmente desde tu casa". Así es como me hablaba [...]

Esta fue (aunque abreviada) mi conversación con Tomás mientras nos movíamos por el paisaje. La charla ilustra bien la variada tipología de nombres y su versatilidad en cuanto a las relaciones que mediaban entre los humanos y el mundo. Para Tomás las características del paisaje, los nombres, las historias y los recuerdos estaban claramente entrelazados. Pero Tomás no me estaba mostrando solamente el paisaje de Chinchero; a través de la subjetividad de sus recuerdos y experiencias me estaba guiando por un viaje personal que difería de otros muchos viajes posibles, dejando claro que había tantos paisajes como historias vividas. En cualquier caso, las historias *eran* el paisaje (Frey 2001: 203) y, como Ingold ha sostenido, nuestra orientación era más comparable a una sesión de cuentacuentos que a un ejercicio de lectura de mapas (2000: 219). La narrativa de Tomás tocaba también temas que yo había visto antes al caminar con Cirilo, Jacinto u otros, como el respeto rendido a los *apus* y a la *pachamama* en forma de ofrendas de coca, chicha y trago como retribuciones por los frutos dados o por la protección concedida contra los infortunios. Los *apus* se invocaban soplando las hojas de coca en su dirección, al tiempo que se pronunciaban o murmuraban sus nombres. En estas instancias, como en otras menos ritualizadas en las que los campesinos soplaban las nubes en un intento de alejar la posibilidad de lluvia, la liviandad del aliento parecía investida de una fuerza vital de largo alcance o de una substancia con el poder de dinamizar el mundo circundante.[6]

Con el tiempo me di cuenta de que la memoria social (sea lo que sea esta) no se encontraba tanto en el entorno construido de los restos monumentales de los tiempos de los incas o de la Colonia. Estaba en el paisaje, concentrada en las modestas chacras y en los prados donde

---

6. Catherine Allen (1988) ha escrito con detalle sobre esta fuerza vital o *sami*, mientras que no hay virtualmente ninguna etnografía andina que no dé cuenta de un modo u otro de este ritualismo. Véase, por ejemplo, Abercrombie 2006, Arnold et ál. 1992, Bastien 1996, Dransart 1997, Sallnow 1987, Valderrama y Escalante 2012.

los campesinos habían trabajado duro, habían comido, habían bebido y se habían divertido por generaciones, como los padres de Tomás. Y cuando digo las chacras no puedo obviar los caminos y veredas que las conectaban, una "red donde la actividad de toda una comunidad está sedimentada" (Ingold 1993: 167). De hecho había advertido la relación entre nombrar y caminar, como si el uno necesitara del otro. Respecto de este tema, Feld (1996: 103) ha señalado que cada práctica de nombrar presupone hacer camino (*path-making*), un argumento corroborado por Gordillo (2004: 169), quien ha argumentado que los viajes por el paisaje crean significado a través del diálogo que se establece entre la memoria y el lugar.

Cada chacra tenía un nombre, una historia detrás y recuerdos relacionados.[7] Muchos de los comentarios que recogí al azar sustentaban esta identificación entre tierra y memoria. Un día Augusta me dijo, "hoy fui a caminar por el campo y vi las chacras donde mi abuela solía sembrar papa". Por lo tanto, la memoria estaba firmemente espacializada (Gordillo 2004) y asociada con el trabajo. A través de este y de los trazos y recuerdos dejados por la memoria en el paisaje se establecían lazos afectivos y se cimentaba un sentido de hogar. La narrativa de Tomás deja claras también las condiciones inestables y cambiantes del paisaje quechua, familiar y productivo, pero lejos de ser idílico y plagado de presencias inquietantes, que obligaban a los campesinos a estar en guardia y evitar ciertos lugares. Historias de encuentros con *kukuchis* y *ñak'achus*, seres con un estatus ontológico poco definido que operan entre los muertos y los vivos, abundaban en reuniones sociales y conversaciones familiares. Estos encuentros aterradores ocurrían siempre en un determinado punto del paisaje y frecuentemente implicaban transformaciones de humano a animal y viceversa o de humano a otro humano. Junto con las *huacas*, los *apus* y el resto de los poderes diferentes-a-los-humanos configuraban una geografía liminal caracterizada por fronteras fluidas y constantes interacciones entre mundos diferentes a los que se podía acceder y que podían ser movilizados mediante el ritual.

---

7. Ya en el periodo colonial las chacras eran para los andinos campos con un nombre, una historia y un cúmulo de asociaciones (Mumford 2012: 145).

Caminar con Tomás me ayudó a adquirir una perspectiva que difícilmente podría describir como "desde adentro", porque el paisaje de Chinchero estaba en todas partes, incluso en el centro urbano, desplegándose en una multitud de paisajes domésticos, como una presencia total que lo abarcaba todo. Había sin embargo otras dos instancias en particular que encarnaban y condensaban lo que el paisaje y la praxis de nombrar significaban para los chincherinos: la ceremonia del linderaje en febrero y el festival del *cruzvelakuy* a comienzos de mayo.

Durante nuestra conversación Tomás se había referido al festival de amojonamiento o linderaje, encuentro anual celebrado durante el carnaval, en el que las comunidades renovaban sus límites territoriales por medio de un recorrido por los mojones que puntuaban la línea del horizonte del paisaje y separaban políticamente las comunidades. Junto al festival de la Mamacha Natividad, patrona de Chinchero, el 8 de septiembre, este era el evento más importante del año, uno del que todo el mundo me había hablado desde mi llegada. Como vivía en la comunidad de Cúper, me invitaron a participar en su linderaje. Pero como la escarpada topografía de Cúper era extremadamente ardua y exigente, elegí en cambio la geografía mucho más amable de Yanacona.

En la mañana del 8 de febrero un grupo numeroso de comuneros se congregó en la plaza de Yanacona junto al estadio, liderados por los *varayuq* (envarados) o autoridades tradicionales vestidos con sus ponchos y *ch'ullos* (gorros de lana tejidos a mano) de costumbre y portando sus varas de autoridad. Todos los hombres llevaban palas y picos porque el linderaje, además de un ritual, también es una faena. A una señal dada, los *pututus* (trompetas de concha marina y objetos rituales de origen prehispánico) sonaron y este sonido de largo alcance anunció el comienzo de la marcha. Delante iban las *waylakas*[8] ondeando sus *wiphalas* o banderas blancas y bailando con la música de las flautas y los tambores. Íbamos a peregrinar durante la mayor parte del día por el territorio de Yanacona, honrando y celebrando los mojones que

8. En un contexto de inversión carnavalesca en los Andes asociado con la estación húmeda, el calendario agrícola y la fertilidad de la tierra (Harris 1982), estos son personajes femeninos encarnados por danzantes masculinos que, durante el linderaje, corren por delante del grupo y bailan alrededor de los mojones.

delimitaban los límites de la comunidad. Desde la pampa, marchamos hacia el sur siguiendo la pista y pronto encontramos el primer mojón que separaba Yanacona de Ayllopongo. Se trataba de un montículo de tierra en cuyo alto se clavaron las varas de los *varayuq* y las banderas de las *wiphalas*. Acto seguido los comuneros empezaron a cavar en la base del montículo y sus alrededores con sus herramientas añadiendo la tierra removida al cuerpo principal del hito, agrandándolo ligeramente de esta manera y desplazándolo apenas unos centímetros de su posición original. Luego, uno de los comuneros se subió a la cima y pronunció el nombre del montículo en voz alta, que fue aclamado por la multitud con un ¡qué viva! Por último se desclavaron las varas y las banderas y el grupo continuó su marcha, animado por los *pututus* y las flautas hasta el siguiente mojón de acuerdo con un itinerario preestablecido que podía modificarse de un año para otro.

Ese año el linderaje de Yanacona atravesó el centro urbano para llegar a la plaza inca principal de Capellán Pampa. Allí se juntaron con el contingente de Cúper y ambos bailaron y bebieron juntos en el punto donde ambas comunidades compartían su límite antes de separarse de nuevo, cada uno en su propia dirección. Empezamos a ascender la colina que quedaba frente a las ruinas y al pueblo hacia la cumbre de *Cruz Orqo*. A mitad de subida, mientras rodeábamos el risco que daba al río y al camino de bajada al valle, esperamos a un grupo de comuneros que se habían desviado para bajar a la zona de yunga más cálida y traer algunas plantas de esta región, especialmente maíz. Estas plantas, junto con las varas y las banderas, se agregaron al mojón donde estábamos esperando y el ritual se celebró como de costumbre. Una vez que llegamos a las alturas de *Cruz Orqo* nos detuvimos para almorzar. Desde aquella cumbre nuestros ojos abarcaban todo el territorio de Yanacona. Tomás me invitó a comer con él y me habló de esta manera:

> Las palas y los picos se usan para devolver los mojones a su posición original, en caso de que hubieran sido desplazados por una comunidad vecina, y para añadir más tierra de modo que sea más difícil moverlos. Esta faena es la más importante del año porque está relacionada con las tierras de los pobladores, con sus parcelas personales. Sin tierra no se puede sobrevivir en Chinchero. La comida que estamos comiendo ahora viene de nuestra tierra.

Tras el almuerzo reanudamos la marcha. De ahí en adelante seguimos la cresta de los cerros, donde se alineaba una larga secuencia de mojones intercalados aproximadamente cada doscientos metros, donde el ritual habitual se ejecutaba. Antes de que se pronunciaran sus nombres muchos mojones se reconocían formalmente como *apus* y los comuneros recitaban una versión muy abreviada de su historia. Los nombres se referían a los lugares donde los mojones estaban: *apu icchu... apu pukasaya... apu kanllechayoq...* Además, se los enunciaba inicialmente en términos que introducían al mismo tiempo una distinción y una complementariedad de género, una fusión de lo cristiano y lo andino y un sentido de genealogía: María Santísima... Mamanchis Natividad... Papanchis San Juan de Dios... Adicionalmente estaban jerarquizados de tal modo que su rango correspondía con el rango de las personas que los conmemoraban. Aquellos considerados más importantes eran honrados por el Inca Curaca, por el Inca Alcalde o por el presidente de la comunidad, quien estaba por encima del resto de *varayuq* y de los comuneros. Más de una vez sucedió que la persona designada para un mojón olvidaba su nombre o lo confundía con otro. Lejos de ser una escena humorística la situación generaba considerable inquietud dado que el olvido se consideraba como un asunto grave. En cierto momento Tomás se me acercó para decirme que en aquellos días las cosas no se hacían adecuadamente y que los comuneros tenían menos familiaridad con el paisaje. Agregó que conflictos pasados y juicios con Urquillos habían provocado un cambio de nombres, de ahí la confusión generada. Atendiendo a mi observación sobre la profusión de referencias cristianas en la nomenclatura (un número significativo de mojones tenían nombres de santos o patronos cristianos), dejó clara la influencia del catolicismo en el cambio de nombres originalmente en quechua. Confirmó además que los nombres de los mojones se referían a los lugares donde se encontraban y a determinadas plantas, pájaros, flores y otras características naturales. Seguimos caminando hasta que llegamos al último mojón de la ruta, al que se honró apropiadamente, y después toda la comunidad se reunió por la tarde en torno a una gran comida que marcó el final de un largo día.

El linderaje —reflexioné tras mi participación en él— podría compararse con uno de esos *thakis* o caminos de la memoria descritos por

Abercrombie (2006) en su etnografía de K'ulta, donde los campesinos recordaban eventos pasados y ancestros a través de libaciones y recitaciones orales que se desplegaban en el paisaje como caminos transitados por la memoria social, fundiendo tiempo y espacio en cronotopos o lugares cargados de tiempo. Fernando Santos-Granero (1998: 140) ha hablado en términos similares de "topogramas", o elementos del paisaje Yanesha históricamente configurados como signos que evocan cosas, hechos o ideas y que son, además, actos performativos.

En el linderaje, los mojones eran realmente representaciones de eventos que celebraban el tiempo y el espacio.[9] Como actos performativos, devolvían el pasado a la vida y activaban aquello que estaba latente pero no muerto o desaparecido. Estos actos re-creaban la historia y diluían los límites temporales para que el pasado, con su influencia, pudiera operar y procurar los resultados deseados en un presente siempre espacializado y anclado a lugares específicos. De este modo, la fisionomía del festival, con sus montículos redondeados como nudos unidos por el cordón principal del camino, recordaban la estructura de un *khipu* que podría haber sido "actuado" en narrativas públicas que mantendrían viva la memoria del pasado. Más aún, el linderaje era un peregrinaje que guardaba parecido adicional con el antiguo sistema de *ceques*,[10] que proyectaban sobre el paisaje las relaciones entre las personas que lo habitaban (Abercrombie 2006: 239). Como tal, se trataba principalmente de un asunto de territorialidad (como lo confirmaron Gerónimo, Jacinto, Fidel y otros), de la afirmación de la identidad comunal y del control sobre el espacio, mediante la definición de los propios linderos y la defensa de la tierra frente a comunidades vecinas. La territorialidad no era puramente una representación mental de límites abstractos; estaba por el contrario constituida por la misma

---

9. Edward Casey (1996: 34) ha sancionado la deconstrucción de la dicotomía espacio-tiempo mostrando que ambos confluyen en la idea de lugar.

10. Líneas conceptuales que irradiaban en todas direcciones desde el templo principal de Cusco y que organizaban el espacio y el paisaje jerárquicamente, reflejando la jerarquía social inca. A lo largo de cada *ceque* se ubicaban y adoraban *huacas*. El sistema también servía para organizar los derechos de agua y tierra entre los diferentes grupos sociales.

materialidad de la tierra y por los múltiples contactos que los humanos establecían con ella. El acto de nombrar la tierra era pues una ceremonia política de (re) posesión y renovación de viejos lazos entre los comunerosy el paisaje. Esta renovación se dirigía igualmente hacia la fertilidad de la tierra y su generosidad, de ahí la plantación simbólica de maíz y otros productos en los montículos y las múltiples referencias a las plantas y a las flores en el lenguaje. Otros elementos participantes como la música (Stobart 2006: 40) y las danzas de las *waylakas* se leían también en términos de fertilidad. Los nombres eran los conductos a través de los cuales se posibilitaban estas transacciones, conexiones, actualizaciones y renovaciones. De hecho, era mediante los nombres que el espacio se transformaba en lugar, en el sentido descrito por Casey.[11] En virtud de su naturaleza performativa, los nombres tenían el poder de "animar" (insuflar ánimo o fuerza vital), o quizás de "despertar" aquello que designaban.

Fidel me ayudó a entender mejor todo esto la noche en que estábamos sentados en la capilla de Cúper celebrando el *cruzvelakuy* o festival de las Sagradas Cruces, durante la cosecha, a comienzos de mayo, cuando las cruces en el paisaje volvían a sus capillas después de salir a los campos en febrero, coincidiendo con la estación húmeda y la maduración de los cultivos:

> Los nombres en el paisaje están relacionados con la *pachamama*. Ahora estamos en Soqta Kuchu y muchos de nuestros antepasados han estado aquí antes. Cada lugar tiene su propio espíritu y es masculino o femenino. Esto es animismo. Las cruces tienen sus nombres también, como Arariwa ("el que cuida de las semillas"). Con la Colonia los curas impusieron sus nombres a las cruces, pero los andinos los cambiaron.

Por las palabras de Fidel parecería que un lugar adquiría su espíritu por medio de la presencia habitable de los ancestros, una presencia sentida, activada o renovada por la repetición de las mismas acciones

11. Casey (1991: 32) ha argumentado que, a través del nombrar, los Foi de Papúa-Nueva Guinea transforman el espacio (como mero terreno físico) en lugar, entendido como espacio y tiempo históricamente experimentado y constituido.

y por el hecho de no olvidar su nombre. Por la misma lógica, el olvido y el abandono de las prácticas sociales y rituales equivalían a vaciar un lugar de su significado social y espiritual. Desde esta perspectiva, los paisajes de Chinchero tienen que ver antes que nada con el recuerdo y el olvido (Franquemont 1988: 112, Nair 2015). Asimismo, los comentarios de Fidel sobre el género de los lugares me recordaron etnografías (Isbell 1985, Platt 1978) que habían descrito un universo andino en el que todo era masculino o femenino, en un dualismo de género omnipresente que caracterizaba a toda la región.

Un día, mi vecino Cirilo Pumallali (en aquel entonces administrador del templo y *paqo* o especialista ritual) me explicó lo siguiente con relación al linderaje y al significado del paisaje local:

> Cuando, durante el amojonamiento, invocamos al *apu* San Juan Bautista y a otros santos cristianos estamos invocando a los ancestros, uniendo lo católico con lo andino. Los nombres de los mojones aluden a las características del paisaje en el que están. Estos nombres eran importantes para producir documentos sobre límites y para mantener la precisión documental en los planos. Es por ello que equivocarse en los nombres u olvidarlos, como sucedió en Yanacona en febrero, es un asunto grave. Lo que tenemos en el amojonamiento es la fusión de dos culturas, la católica y la andina (el famoso sincretismo): lo católico en los mojones y lo andino en los nombres quechuas. Somos católicos y vamos a misa, pero en el paisaje están nuestros otros elementos religiosos: los *apus*, la *pachamama*, los manantes, el cóndor, la serpiente, las *huacas*, el arcoíris... El clero obliga a la gente a ir a misa para rezarle a Dios, pero yo puedo conversar con el Cristo aquí mismo o en cualquier lugar porque Dios está en todas partes.

Cirilo estaba mezclando los mojones con los ancestros y subrayaba la importancia de ambos para la identidad del *ayllu*. Además, ponía de relieve la potencia fundadora del lenguaje y su condición performativa. Fue precisamente Cirilo Pumallali quien realizó un despacho a petición mía. Aquella vez me llevó a Anta Sacca, un promontorio rocoso ubicado en el sector superior de Cúper Pueblo, que, según la tradición local, había sido una importante *huaca* desde tiempos incas. Durante el ritual, Cirilo invocó como de costumbre la geografía local de *apus* y *huacas*, introduciendo el poder de las palabras en el ritual. Pero, para mi sorpresa, me preguntó por los nombres de las principales montañas de mi tierra natal y los pronunció en alta voz, incorporando mi propia geografía sagrada a la suya y magnificando el impacto y el alcance de la ceremonia por este medio.

Como otros cerros y peñascos del paisaje, Anta Sacca estaba coronado por una cruz. Como ya se ha hecho notar, durante el festival de *cruzvelakuy* los *varayuq* devolvían las cruces desde los cerros donde protegían los campos y los cultivos durante su periodo de maduración. Como guardianes de los campos habían reemplazado las funciones (y claramente el poder) de las antiguas *huacas* que ocupaban los mismos cerros y peñascos en el tiempo del contacto con los europeos. Así me lo contaron Fidel y otros comuneros. *Cruzvelakuy* era una peregrinación más a través de un territorio íntimo y nombrado, que servía para renovar un sentido de parentesco con la tierra.

El 3 de mayo caminé con los envarados desde la capilla de Cúper Pueblo hasta la cima de Wanakauri, otro cerro cercano a Anta Sacca, conceptualmente relacionado con este en función de lo femenino y lo masculino respectivamente, tal como lo estaban otras características gemelas del paisaje, como la laguna de Piuray y su contraparte, el lago Huaypo. Cuando alcanzamos la cima, con varias paradas para beber chicha, los hombres se congregaron en torno a la cruz. Un segundo grupo de envarados había marchado hacia Anta Sacca, visible en la distancia. Mario, uno de los envarados, visiblemente emocionado, abrazó la cruz, la besó y murmuró estas palabras: "*Papay Anta sacca… Mamay Wanakauri…*". Confieso que me sentí conmovido porque tan abierta muestra de sincera devoción expresada en términos genealógicos[12] provenía de un hombre más reputado en la comunidad por sus problemas con el alcohol y su ociosidad que por otra cosa. A continuación, Mario vertió chicha al pie de la cruz para poco después sacarla

---

12. Salomon ha enfatizado la analogía entre mojones y ancestros. Los dos se toman como marcadores de relaciones entre grupos diferentes, pero Salomon aclara que esta relacionalidad es particularmente intensa dentro de los dominios de la genealogía y de la afiliación política (1998: 15).

de su base y cargársela al hombro. Mientras descendíamos hacia Cúper Pueblo los envarados comenzaron a hacer sonar sus pututus y lo mismo hizo el otro grupo en Anta Sacca, de tal forma que les permitió enredarse en un vibrante diálogo acústico, que saturó el aire y se extendió por todos los confines de la tierra.

Ciertamente el sonido era otro rasgo principal del paisaje quechua.[13] Había reparado tempranamente en las extraordinarias propiedades acústicas de este paisaje. Cuando estaba en los campos o en las ruinas había visto y oído a los hombres trabajando en sus chacras y comunicándose desde distancias lejanas. El eco amplificaba sus voces notablemente. Incluso cuando no podían verse, viajaban sin peso a través del espacio y lo saturaban con su manera específica de habitarlo. En estas instancias me parecía que el paisaje se transformaba en un intenso campo sensorial (véase también Howes 2006, Howes y Classen 2014 para el tema de la multisensorialidad de la materialidad contenida en la existencia humana) del que yo solo era una pequeña parte. El sonido estaba preñado de potencia cósmica[14] y así, cuando los pututus fertilizaban el aire con sus vibraciones, insuflaban en el paisaje el aliento de vida de manera muy parecida a cómo las cruces, en su viaje a través de los campos, derramaban sus bendiciones y su poder generador sobre ellos, como semillas para la nueva estación, cargadas con el *cama* o principio vital generador (Taylor 1974, Duviols 1978) sobreviviente de las antiguas *huacas* destruidas. El *cama* sobrevivía también

13. Feld ha señalado que la voz crea espacio. Además ha llamado la atención sobre el rol de la audición como una forma de captar la realidad con todo el cuerpo y sobre la importancia del sonido en la creación de lugar, en una especie de experiencia sinestética (1996: 96-99).

14. En su contexto etnográfico, Stobart (2006: 7-8, 39-40) muestra que la música es parte de un cuerpo de "energía" (*animu*) que invoca y se comunica con otros cuerpos como el humano, el ciclo vital de la papa o el cosmos y la tierra animados. La música opera en un nivel cosmológico, estimulando los ciclos de producción e influyendo en los fenómenos atmosféricos, como una manera de transformar el tiempo y el espacio. También describe Stobart cómo el tiempo primordial de las *chullpas* se caracteriza como *amu timpu* o tiempo del silencio (*amu* también se traduce como "capullo de las flores").

posiblemente en la concha de la que estaban hechos los pututus y de la cual, en el pasado, se habría pensado que atraía la lluvia.

Cruces, pututus y muchos otros objetos eran parte de una cultura material cargada de ciertas formas de energía que podían movilizarse para inducir algunos resultados esperados o, inversamente, para evitar desarrollos no deseados. Este era el principio básico, creo, detrás de ciertas prácticas "mágicas" que atraparon mi atención y que estaban rodeadas si no de secretismo, sí al menos de un sentido de cauta privacidad.

Un día, cuando estaba en la casa, Augusta me llamó porque quería mostrarme algo que tenía en su habitación. Unos pocos días antes me había hablado de la *muhu papa rumi* (la piedra papa-semilla). Esta era una piedra pequeña, oscura y finamente pulida que había encontrado un día en su patio mientras estaba cavando. Augusta me aseguró que gracias a esta piedra tenía abundantes papas en sus chacras. La guardaba oculta en una cesta envuelta en un manto con motivos religiosos. Dentro de la canasta también había una papa real y una segunda piedra en forma de cabeza de cóndor. La cesta estaba colocada dentro de un gran nicho, en una de las paredes de la habitación, y estaba rodeada de imágenes del Cristo, de la Virgen y de los santos, en lo que parecía un altar improvisado. Me pregunté si Augusta y Jacinto rezarían delante de este santuario durante la siembra para asegurarse una buena cosecha.

En su discusión sobre el animismo en los Andes Bill Sillar (2009) ha criticado los puntos de vista que subordinan la intencionalidad de las cosas a la de los humanos, en virtud de la capacidad de ciertos objetos para despertar emociones, evocar recuerdos, etc. En respuesta a esto, Sillar señala que, en los Andes, ciertos lugares y objetos son entidades sensibles con el poder de actuar y que no se entienden como seres "sobrenaturales" o "dioses", sino como personas con las que uno establece lazos sociales e identidades a través de un intercambio recíproco. Esta dimensión social de los objetos reside en su materialidad y su forma, que les permite conectarse a otros objetos, lugares y a otras entidades animadas e influir sobre ellos de distintos modos (2009: 368-373).

Esta perspectiva ilumina el efecto germinativo de la *muhu papa rumi* proyectándola en términos de "magia empática" (Sillar 2009: 373, citando a Frazer), es decir, como una fuerza que opera sobre la base de la similitud de forma y del contagio. Como las *illas* y las *conopas*[15] usadas por los pastores para aumentar sus ganados, la *muhu papa rumi* era un objeto cargado de *enqa* o fuerza vital (Flores Ochoa 1974, Allen 1990). Todo esto no está lejos de la idea del "doble" o prototipo celestial para cada especie animal que estaba a cargo de su reproducción y con el que el doble mantenía un parecido físico. En suma, se pensaba que las cosas animadas —donde el *animu*, tal y como observa Sillar (2009: 369), no es un alma humana sino la fuerza vital que dinamiza la vida— actuaban unas sobre otras y se respondían mutuamente. Esta receptividad del mundo, sobre la cual se predicaba el animismo andino, me la expuso Rosa de una manera muy simple cuando le pregunté en la chacra si las plantas estaban vivas o no. "Claro que sí", dijo con una sonrisa, "porque cuando les hablo están felices".[16] Tal vez este sentido de "personalidad" atribuido a los objetos sensibles adquiriera su mejor expresión en la forma que los campesinos manipulaban las papas y hablaban sobre ellas. Recuerdo el día que caminaba por Cúper Alto con mi amiga Milagros, una joven de unos veinticinco años. Caminando llegamos a una casa ruinosa que había pertenecido a sus abuelos y donde algunas papas habían quedado abandonadas. Milagros sintió pena por las papas viejas y arrugadas y me contó que cuando los campesinos las pelaban solían decir, "no hagas sufrir a la papa porque te maldecirá". De la misma manera, en casa con Jacinto y Augusta, había notado el cuidado que ambos padres trataban de inculcar en sus hijos a la hora de manipular las "pobres papitas" en la cocina. De hecho, como Stobart ha señalado (2006: 26), el lenguaje afectivo fortalece las

15. Figuritas de barro u otros materiales.

16. Observaciones similares con respecto a lo animado del mundo vegetal se pueden encontrar en la etnografía de Christine Franquemont, quien además nota que ello se debe en parte a que las plantas poseen todos los elementos atribuidos a los seres vivos, tal como partes del cuerpo, conducta y capacidad de crecimiento y cambio. Aún más, esta condición animada se extiende a otros reinos del mundo como las rocas, el agua y la ropa (1988: 110).

relaciones empáticas entre los humanos y los espíritus de los objetos, seres o lugares. El mismo autor ha mostrado cómo los alimentos "lloran" cuando no se les trata adecuadamente y cómo las emociones de las personas se confunden con ellos (2006: 6, 26).

Descripciones populares del "animismo indígena", incluyendo ciertas narrativas turísticas, han generalizado comprensiones a la vez simplistas y romantizadas que han perpetuado al mismo tiempo la imagen de un "otro" andino anclado todavía en tiempos premodernos y guiado por una intrigante lógica irracional y supersticiosa. La investigación académica ha buscado restaurar el equilibrio, situando el animismo dentro del contexto más amplio de las prácticas sociales y de las racionalidades que proporcionan coherencia y estatus ontológico a un sistema cultural. Sin embargo la relación entre el animismo y el tiempo no se ha enfatizado suficientemente. Si, tal y como defiende Descola (2012: 129-132), existe continuidad ontológica en los sistemas animistas, entonces también hay una continuidad temporal. De este modo, el animismo se configura como un modo histórico pragmático, cuyo objetivo sería el control sobre el tiempo y sus potencias. Como los mitos, que solo cobran vida cuando se cuentan, cantan o bailan, el *modus operandi* animista descansa sobre las transformaciones temporales y el colapso de todo límite temporal, para que el mundo de los ancestros y todos los poderes creados "al comienzo de los tiempos", como los arquetipos primordiales, continúen habitando la esfera humana y resulten accesibles y manipulables con fines presentes. Como tal, se trata de una operación de cara a restablecer el contacto perdido entre horizontes temporales separados, contacto que permite aprovechar las fuerzas que crearon el mundo y la diversidad de seres que lo poblaron inicialmente y que se mantienen operativas hoy en día, con intenciones y aspectos diferentes. En cierto sentido, el animismo es un dispositivo sincrónico que asegura la unidad cósmica, garantizando una continuidad sin rupturas entre los diferentes estratos temporales de los que el universo está hecho. Las transformaciones suceden en la zona de contacto del paisaje y son el mecanismo mediante el cual estos viajes de doble dirección entre los estratos son posibles. El animismo, en suma, al establecer la contemporaneidad y unidad del pasado, el presente y el futuro, afirma su modernidad radical a pesar de prejuicios duraderos con origen en concepciones lineales del tiempo y de la historia (véase Latour 1993).

Las temporalidades del paisaje

Los paisajes están siempre en movimiento, en flujo constante, como organismos vivientes (Ingold 1993). Se hacen, deshacen y rehacen. Si bien la tradición occidental los ha entendido en relación con el espacio, su condición es esencialmente temporal. Cargan con el pasado (los distintos pasados) sobre sus hombros. Las vidas de las generaciones anteriores están sedimentadas en múltiples capas y en huellas visibles que añaden consistencia y textura. Esta sedimentación de materiales pasados proporciona el humus que nutre paisajes actuales, enraizados en aquellos que los precedieron. Su temporalidad se parece bastante a la de los humanos, de los que no pueden separarse.

Diferentes autores (Bender 1993a, Fabian 1983, Gordillo 2004, Hirsch y O'Hanlon 1995) han reaccionado contra conceptualizaciones anteriores del paisaje como objetos terminados y pintorescos para la contemplación estética. Estas imágenes sancionaron la primacía de lo visual y provenían principalmente de una tradición artística europea que empezó en el Renacimiento, vinculada a una incipiente expansión mercantil y capitalista que dependía de representaciones cartográficas fijas del mundo para sus objetivos económicos y políticos (Fabian 1983, Olwig 1993). También han rechazado estos autores visiones del paisaje como meros escenarios o fondos para la actividad humana. En cambio, han preferido enfatizar las tensiones procesuales y dinámicas de los paisajes como lugares inacabados, donde las fuerzas de la historia han dejado su impronta y continúan haciéndolo en la permanente remodelación del entorno humano. Esto les ha llevado a cuestionar cualquier imagen neutral y estética de la naturaleza, así como a iluminar a su vez la condición social y política de todo paisaje humano. Esta corriente relativamente reciente ha coexistido con enfoques fenomenológicos, centrados en la experiencia y el sentido de lugar (Basso 1988, Feld y Basso 1996). La diferencia principal entre los dos enfoques puede residir, tal como argumenta Gordillo, en que la perspectiva fenomenológica trata los paisajes como algo culturalmente dado, mientras que desde su punto de vista son el resultado de procesos y luchas históricas (Gordillo 2004: 5).

Uno de los motivos por los que elegí Chinchero para mi trabajo de campo fue la extraordinaria fuerza de su paisaje. Además de la chocante belleza de las formas naturales combinadas con la intensidad de la luz y los colores, su densidad —me resultaba claro— provenía sobre todo de la ubicua presencia del pasado que emergía en múltiples formas y maneras, especialmente en los restos incas y coloniales esparcidos por todo el territorio, con su inmenso poder evocador, un poder accesible a los sentidos y a la imaginación educada mediante la "inquietante condición física de las ruinas" (Lazzari 2011: 176, mi traducción). Pero, más que nada, eran los campesinos que seguían habitando y desplazándose por el paisaje, con prácticas incorporadas y narrativas orales que perpetuaban los modos y la memoria de los abuelos, los que conferían al paisaje su influencia proverbial. En verdad, el paisaje de Chinchero era un palimpsesto de huellas pasadas que hablaban de las sucesivas transformaciones por las que había atravesado a lo largo del tiempo, cual estratos geológicos que evidenciaban la naturaleza dinámica y acumulativa de la historia y de la condición humana. En su calidad de historia materializada, el paisaje era el reflejo de las fuerzas sociales que lo habían moldeado en el tiempo para producir el presente (Gordillo 2004: 10). Las historias de origen ya habían descrito un paisaje en flujo constante, creado y destruido simultáneamente por los antiguos que tenían el poder de hacerlo. El registro de su paso por el mundo era todavía visible, como lo era también la geografía sagrada de *huacas*, *apus* y otros seres sensibles, configurada desde tiempos inmemoriales. Cuando los incas se asentaron en la zona acometieron un importante programa de remodelación de su tierra natal en Chinchero (Nair 2015). Mediante una intervención a gran escala en el paisaje, especialmente a través del acto de construir, afirmaron su control sobre el territorio. Sus huellas, junto con las de otros pueblos prehispánicos, se encontraban por todas partes y me confrontaban con el inalienable carácter de su materialidad.

Si los incas habían dejado su huella sobre suelo chincherino también lo habían hecho los españoles, después de ellos, con la reorganización del territorio que encontraron a su llegada. En Chinchero, el paisaje de *huacas* dio paso a uno de iglesias y cruces; calles estrechas y sinuosas se reconvirtieron en damero. Las piedras incas se reutilizaron para el nuevo asentamiento español y nuevos patrones impuestos de tenencia de tierra y de relaciones de poder alteraron la fisionomía del paisaje existente hasta entonces. Reducciones y haciendas crearon las condiciones para unidades territoriales separadas, mientras que el grado de comunalismo o privatización de la tierra variaba mucho dependiendo de quién estuviera en el poder (Mayer 2002: 35, 291). Esta situación contrastaba con la organización territorial anterior al contacto, más fluida y continua, basada en la estructura flexible del *ayllu* y en la posibilidad de acceder a tierras de otros *ayllus*, así como a una variedad de pisos ecológicos, a través de lazos de parentesco y reciprocidad. Los patrones de asentamiento español se yuxtapusieron a los sistemas indígenas de tenencia comunitaria de tierras y, de este modo, trastocaron el paisaje andino vertical, estructurado mediante redes de pueblos dispersos. Sin embargo, como notan Zuloaga (2012), Glave (1988) y Wernke (2007: 136), la organización de los *ayllus* permaneció básicamente intacta, atestiguando un proceso paralelo de continuidad cultural, fraguado, como se ha visto en el capítulo anterior, a partir de continuas negociaciones y batallas legales entre españoles y andinos (Mumford 2012). Para las primeras décadas del siglo XVIII, sin embargo, gran parte de las tierras de los andinos estaban siendo alienadas y parceladas, una tendencia que se intensificaría durante el periodo republicano (Contreras y Cueto 2007, Thurner 1997).

Más recientemente, nuevos cambios habían modificado el aspecto de Chinchero. La reforma agraria de 1969 señaló el fin de las haciendas e incentivó la formación de cooperativas y de "comunidades campesinas". La llegada de la pista en 1983 abrió el pueblo a intensos intercambios con la ciudad y al desarrollo turístico. Surgieron nuevos patrones de construcción y poblamiento. Movidos por la perspectiva de más actividad económica, los que contaban con los medios para ello habían trasladado sus casas desde la parte alta del pueblo a la pista y habían empleado cemento en lugar de adobe. A su vez, el desarrollo de la industria turística había forzado nuevos cambios espaciales en el paisaje urbano, resultado de la adaptación de los recursos locales a las demandas y expectativas de los visitantes. Entretanto, cambios en las prácticas forestales dictados por el factor temporal y por las limitaciones económicas habían llevado a los campesinos a descuidar la flora nativa en favor del eucalipto, de más rápido crecimiento pero ajeno e invasivo, con el correspondiente impacto visual.

En conclusión, la permanente reconfiguración (y desmantelamiento) del paisaje debía mucho a los pasados políticos y a las luchas por el poder en el pueblo que habían devenido en diferentes geografías, prácticas agrícolas y regímenes de tenencia de tierra. Estos variados patrones de posesión de la tierra, de trabajo y de prácticas constructivas, asociados a cosmovisiones, jerarquías y proyectos políticos específicos que requerían cartografías concretas, se proyectaban en el paisaje en disposiciones espaciales que delataban las ideologías de las que emanaban.

Si el hecho de construir y habitar, junto con el de nombrar y contar historias, resultaban fundamentales para crear un sentido de hogar (*home-making*), esta creación —entendida como el proceso aún en curso por el que los habitantes de Chinchero habían desarrollado un sentido de hogar durante las sucesivas generaciones a partir de la tierra— figuraba como la roca madre de todas las temporalidades. Este sentido de continuidad se había logrado simultáneamente a través de confrontaciones políticas y prácticas sociales que entrañaban un involucramiento profundo con la materialidad de la tierra y con las memorias en ella contenidas. Esta interacción tomaba cuerpo, a menudo, alrededor de lugares como las chacras o las ruinas, donde los abuelos habían trabajado y transformado la tierra con sus manos en un proceso de permanente renovación del paisaje. Muchas veces fui testigo de esta clase de renovación. Cuando colaboré en la construcción de una de las muchas casas de adobe que reemplazaban regularmente a otras más viejas o que ocupaban nuevos espacios, me sorprendió la reconfiguración constante de la tierra en la fabricación de adobes y la intensa participación de pies, manos y otras partes del cuerpo en el manejo, manipulación y rediseño de todos los materiales brutos, así como de las herramientas empleadas en la tarea. Esta intimidad entre el cuerpo y la materialidad de las cosas era intensa, además, por su misma naturaleza, devenía en un conocimiento del entorno y en la fragua de un sentido de identidad[17] y pertenencia.

Por sobre todo, la generación de un sentido de hogar y la temporalidad de la tierra estaban determinadas por el carácter cíclico del año agrícola y por el trabajo estacional a él asociado. *Muyuy*[18] era el concepto quechua clave que encarnaba el patrón rotacional que impregnaba y gobernaba no solo las labores agrícolas y pastorales, sino muchos otros aspectos de la vida social y política en Chinchero. El *muyuy* abarcaba un mundo ya inmerso en otros movimientos cósmicos, generando una multiplicidad de ritmos que acentuaba un fuerte sentido de alternancia y circularidad.[19] Era principalmente a través del trabajo que hombres y mujeres participaban en este movimiento enérgico. Este dinamismo estacional —reflejo de los ciclos naturales— significaba desenvolverse dentro del curso mismo de la vida. *Muyuy* era el tiempo fecundo que se extendía sobre la tierra y la envolvía con una fuerza germinal implícita en su campo semántico.[20] La rotación y la alternancia eran una manera de estar en el mundo similar a la de la semilla, del mismo modo que el sudor del trabajo era el elemento humectante que le permitía a esta despertar y crecer.

---

17. "Identidad" es probablemente uno de los conceptos más difíciles, contestados y controvertidos en la antropología. Por ahora, y dentro del contexto discutido, la uso en el sentido de "consustancialidad".

18. En el diccionario de Lira (1941) *muyuy* se traduce como "girar", "moverse en círculos", "rotar", "dar la vuelta", "dar vueltas en círculo alrededor de un eje".

19. Jorge Ladrón de Guevara ha subrayado el sentido colectivo del tiempo andino incluido en el concepto de *pachamuyuy*, el cual toma *pacha* como la realidad y *muyuy* como su tiempo. *Muyuy* no es un tiempo uniforme sino múltiple y diverso. Hay diferentes *muyuys* en la naturaleza y tienen que ser armonizados: la sucesión del día y la noche, el tiempo de la papa y el del maíz, el tiempo del *ayllu*, el tiempo del trabajo de la tierra, el de la celebración de pagos y despachos, etc. (2012: 204-205).

20. González Holguín 1901 [1608] traduce *muyuy* como "semilla", y también como "círculo" y "cosa redonda".

3

Las etnografías de Chinchero: un registro crítico de investigaciones anteriores

No se me escapaba, en mis caminatas por Chinchero, que otros investigadores antes de mí habían sido parte de la historia local, aunque fuera por un corto lapso de tiempo, y habían añadido su parte al denso pasado del pueblo. Algunos, como los Franquemont, incluso se habían establecido allí y habían ejercido como comuneros. Todas estas personas pertenecían a la historia de Chinchero y en algún momento habían sido parte de, y en algunos casos habían ayudado a transformar, su paisaje. Lo que escribieron estaba informado por sus contextos personales e históricos, así como por sus modos específicos de involucrarse en la realidad que encontraron. Con diferentes agendas de investigación en la mente, todos tuvieron que lidiar con el problema del cambio y ser parte de él. La forma en que abordaron este problema y se situaron con respecto a él varió y sus textos, que permiten una cierta perspectiva diacrónica para la relativamente reciente evolución de Chinchero, son importantes contribuciones no solo para la historia del distrito y los estudios andinos en general, sino también para los temas generales de este trabajo, como el cambio social, la formación étnica y la representación, o el paisaje. Sus visiones del cambio estaban coloreadas por la rígida oposición entre lo "tradicional" y lo "moderno", planteada en términos antagónicos. Muchos de sus argumentos y conclusiones se expresarían, precisamente, contra este telón de fondo. No está de más decir para acabar esta introducción que mi propia investigación encajaba en —y pertenecía a— esta serie de narrativas etnohistóricas en curso.

Oscar Núñez del Prado

Nadie recordaba personalmente a Oscar Núñez del Prado, el primer etnógrafo de Chinchero junto a Abraham Valencia, ambos profesores de la Universidad Nacional de San Antonio Abad del Cusco (UNSAAC), a finales de la década de 1940 y comienzos de los cincuenta. Pero algunos residentes instruidos habían leído sus textos y de esta manera había sobrevivido en sus respectivas memorias. En el caso de Valencia, quien nunca publicó su trabajo, el día que regresó a Chinchero muchos años después de su trabajo de campo como estudiante, nadie le reconoció, como me confesó en Cusco el día que le entrevisté. Valencia no guardaba buen recuerdo de Núñez del Prado. Sus relaciones académicas nunca funcionaron bien. Los dos estaban interesados en recoger datos sobre aspectos culturales. Valencia evocó una situación sociopolítica dominada por la influencia de las haciendas y de los *mistis* o mestizos, quienes ejercían control político sobre los campesinos en un tiempo en que la memoria de Félix Puma y de su viaje a Lima en la década de 1920 estaba muy fresca entre estos últimos.

En 1949, Núñez del Prado publicó "Chinchero, un pueblo andino del Sur".[1] Para entonces, se hallaba inmerso en proyectos de antropología aplicada en la región Cusco (Kuyo Chico). Como una continuación de estas preocupaciones, su investigación en Chinchero estaba motivada por su implicación activa en el —como se conocía entonces— "problema indígena". Este, dentro de un contexto nacional de indigenismo, se percibía como la necesidad de modernizar el campo, convertirlo en una fuerza productiva y rescatar al campesinado indígena de su condición histórica de pobreza y atraso a través de la educación. Como ha mostrado Marisol de la Cadena (2004), el indigenismo como doctrina política e intelectual resultó de un intenso debate iniciado a finales del siglo XIX acerca de la identidad de la nación peruana, donde convivían "razas" diferentes. También estaba en juego la superioridad y el dominio de la costa (Lima), construida sobre todo

---

1. En 1952, también publicó "La vida y la muerte en Chinchero", un texto etnográfico muy breve que documentaba aspectos religiosos relacionados con ideas locales sobre la vida después de la muerte.

como una región blanca y modernizada, frente a la sierra, donde vivían los indios brutos. El cusqueñismo era la variante regional del indigenismo. Los intelectuales y las élites cusqueñas asumieron la tarea de proteger a los campesinos indígenas frente a los abusos de los gamonales (vistos como terratenientes espurios y agentes de Lima, que ponían en peligro el regionalismo y la autonomía cusqueños) mientras se definían, al mismo tiempo, como "individuos con rasgos indios pero que no son indios" (Luis Valcárcel, citado en De la Cadena 2004: 47). Para 1921, el presidente Leguía había reconciliado el indigenismo con una agenda liberal capitalista modernizadora a través del reconocimiento de las "comunidades indígenas" y de la propiedad comunal de la tierra (De la Cadena 2004: 87).

Núñez del Prado abrió su artículo con las siguientes palabras: "Todo lo que encontramos en la cultura indígena es digno de ser recogido cuidadosamente para informarnos acerca de las verdaderas causas de las distorsiones que generan sus problemas" (1949: 177). Para solucionar el problema indígena proponía integrar la cultura nativa en la cultura nacional mestiza, entendiendo este giro como algo más que una simple aculturación (teniendo en cuenta las diversas posiciones existentes dentro del indigenismo). En sus propias palabras:

> No creemos que la integración sea meramente una simple transferencia de elementos. La integración nacional será el resultado de tomar los mejores aspectos de ambas culturas y formar una especie homogénea de un tercer orden. La validez de instituciones tan tradicionales como el *ayni* y la familia en la vida agrícola rural no se puede negar; pero, para igualar la participación del indio en la vida nacional, estos aspectos de la cultura india deben unirse con los recursos tecnológicos de la cultura mestiza. (Núñez del Prado 1973: 8-9)

La etnografía de Núñez del Prado se ocupa principalmente de la economía política de Chinchero en aquellos años, así como de temas de etnicidad y clase además de observaciones más generales sobre la vida cultural, incluyendo un mito de origen que los pobladores parecían no recordar en 2012.[2] Desde el comienzo Núñez del Prado identifica tres clases sociales

2. Según una tradición local, un niño llamado Manko Qapaq nació para ser el Inca del Cusco. Manko pasó largo tiempo buscando a una hermosa mujer llamada

claramente diferenciadas: mestizos, indios o naturales y cholos.[3] En aquel entonces "mestizo" era una categoría inmoral, asimilada al poder y a los gamonales (De la Cadena 2004: 80-84). Monopolizaban los puestos políticos de autoridad más altos, aunque representaban solamente el 1% de la población. Indios y cholos ocupaban a su vez los otros puestos dentro del gobierno municipal y en las jerarquías del tradicional sistema de cargos o puestos de responsabilidad en la administración interna de los *ayllus*, la organización de los festivales cívico-religiosos, la ejecución de trabajos comunales, etc. Los mestizos y los cholos llevaban sombreros, mientras que los indios eran visiblemente identificables por sus chullos o gorros de lana con orejeras.

Núñez del Prado observó una triple división similar con referencia a la propiedad de la tierra. Esta se dividía en tierras de la Iglesia, tierras municipales y tierras de los *ayllus*. Las de la Iglesia se dividían a su vez en aquellas pertenecientes al cura residente —que eran trabajadas por los mayordomos— y las tierras de los santos. Las de los *ayllus* se dividían en *laymis* o parcelas cultivadas en rotación. Núñez del Prado advirtió que, si bien la propiedad era, en teoría, comunal y por lo tanto inalienable (desde la Ley de Comunidades Indígenas de 1921), en realidad los campesinos eran propietarios con facultad para vender la tierra, transmitirla en herencia, donarla, etc., independientemente del hecho de que estas transacciones eran ilegales bajo la ley peruana. Núñez del Prado atribuía estas ventas a la excesiva fragmentación de

---

Pitusilla que vivía en una roca cerca de Chinchero. Cuando abrió la roca, el Inca encontró a Pitusilla y juntos fueron a fundar Cusco. Poco después regresaron a Chinchero y construyeron el pueblo. Cuando los españoles llegaron tomaron preso al Inca, quien pidió a sus captores que le permitieran cantar un rato. Habiéndole concedido su deseo, se esfumó. Pero Manko no ha muerto. Está en el cielo y brilla todos los días para dar luz y calor a los campesinos como siempre. Después de la fuga de Manko, Pitusilla quedó muy triste y se escondió de nuevo en una roca que puede verse ahora en las alturas de Pisaq.

3. Núñez del Prado describía al cholo como un indio que había dejado la comunidad o la hacienda para vivir en la ciudad y vivir de algún oficio o del comercio menor. Era bilingüe y había adquirido cierto nivel educativo que le permitía participar activamente en la vida nacional. Miraba con desprecio al indio y trataba constantemente de ocultar su extracción india (1973: 12)

la tierra incentivada por las costumbres relacionadas con la herencia. Estas reglas establecían la preeminencia del hijo mayor, pero al mismo tiempo garantizaban el acceso a la herencia a los hijos e hijas. Si bien Núñez del Prado observó que las transacciones eran muy comunes (ya que para ser reconocido como comunero se necesitaba tener tierra), advirtió que esta partición de la tierra había llevado a muchas familias a vender sus terrenos y migrar al valle de La Convención, más cálido.[4] Confrontados con la imposibilidad de rentabilizar estas propiedades tan pequeñas, los campesinos habían tenido que buscar tierra en las haciendas, incrementando así su condición de servidumbre. Sin embargo, otros habían conseguido acumular propiedades a partir de varias compras, proceso facilitado por el precio barato de la tierra ya que su venta era ilegal. Entre estos actores estaban los mestizos, extraños a la comunidad, quienes no tenían restricciones para adquirir propiedades.

A continuación, Núñez del Prado dirigió su mirada hacia algunas prácticas agrícolas, llamando la atención sobre su fuerte base tradicional y la continuidad en el tiempo de la organización del año agrícola, conforme a los dos principales periodos de siembra (*maway* y *hatun tarpuy*), atendidos a partir de las clásicas fórmulas andinas de trabajo cooperativo, como el *ayni*, la *mink'a* o el *raymi*, así como otras menos conocidas en la literatura, tales como compañía (o aparcería) y arensa, en las que se empleaban herramientas tradicionales. También proporcionó el autor información relevante con respecto al tejido y a los materiales necesarios, observando, por ejemplo, el incremento en el costo de la anilina y el consiguiente retorno al arte de tejer.

Basándose en estas observaciones y preocupaciones, Núñez del Prado llegó a varias conclusiones, de las cuales extraigo las siguientes:

- El mito del sol era probablemente una racionalización del conformismo de los pobladores, tal vez inventado y difundido por

4. Por ello, durante mi trabajo de campo me explicaron que si alguien compraba una pequeña parcela la tierra se vendía sin obligaciones. Pero si la cantidad de tierra adquirida era considerable, el nuevo propietario se convertía automáticamente en comunero y tenía que asumir, por lo tanto, las obligaciones que venían con el nuevo estatus de miembro de pleno derecho de la comunidad.

los españoles durante la Colonia para calmar a la población indígena tras la muerte del gobernante inca Atawallpa.

- Las fluctuaciones en el mercado de Cusco modificaban las rutinas y las costumbres. Por ejemplo, la técnica de la bayeta fue reintroducida como resultado del aumento en el precio de la anilina, cuya compra era común antes del incremento en su coste.
- La discrepancia entre las leyes consuetudinarias (derivadas de la necesidad creada por el desmembramiento de la comunidad) y las leyes estatales (que prescribían la inalienabilidad de la tierra comunal) solo desorientaban y perjudicaban al indio.

Como continuación a estas conclusiones generales, y urgido por su interés en la antropología aplicada, Núñez del Prado terminaba su artículo con unas observaciones específicas de "aplicación inmediata" (1973: 230):

- Como consecuencia de la mestización de los patrones indígenas, el *ayllu* había entrado en un periodo de clara desintegración, que se reflejaba en el individualismo que rodeaba la propiedad de la tierra.
- Preservar la inalienabilidad de la tierra equivalía a mantener al campesino encerrado en reducciones de las cuales no podía escapar.
- La cooperativa parecía la forma asociativa más conveniente para obtener un mínimo de propiedad privada.

Como hombre de su tiempo (tan determinista como esto pueda sonar) y miembro de la Sociedad Científica del Cusco, Núñez del Prado estaba imbuido de una mentalidad positivista e incluso paternalista, con la que abordó el "problema indio". En referencia a este punto, y consciente de las críticas que el término "paternalismo" ya despertaba en aquella época, declaró que, "un periodo inicial de protección y ayuda, o 'paternalismo' si quieren, es necesario hasta que poco a poco el indio aprenda a caminar solo" (1973: 54). Pero acercarse a la cultura indígena y a la realidad de Chinchero principalmente como si se tratara de un problema que había que resolver entrañaba un tipo de análisis orientado por algunas distorsiones fundamentales. Significaba, para empezar, una cierta predisposición a juzgar el mundo indígena no tanto por lo que era sino por lo que podría o debería ser. Los indigenistas reclamaban para sí el papel de redentores de las culturas andinas, que percibían como la raíz y la roca madre de la identidad nacional, pero al mismo tiempo sin comprometer su estatus social y de clase.[5] Sin embargo no supieron reconocer que el verdadero problema en Perú, a riesgo de simplificar una realidad muy compleja y con múltiples matices, no era la "integración" (en cualquiera de las versiones que podamos especificar) de los pueblos originarios en la vida nacional, sino más bien las profundas contradicciones y tensiones derivadas de la colusión forzosa dentro del moderno Estado-nación de dos mundos muy diferentes: el blanco-mestizo dominante y el indígena, que se mezclaban generalmente como agua y aceite a pesar de todas las interacciones, intercambios y los (limitados) procesos de movilidad que tuvieron lugar dentro de la sociedad peruana.[6]

Otro sesgo resultante del análisis científico de Núñez del Prado descansaba sobre la caracterización de las culturas indígenas en términos de atraso en la carrera por el progreso, no tanto por asuntos biológicos sino más bien por sus (deficientes) capacidades morales e intelectuales. La negativa caracterización del indio provenía de la inserción de este último dentro del paradigma del tiempo evolutivo y linear. Desde esta perspectiva, la perpetuación de la vida cultural en Chinchero era "tradicional", digna de estima y continuidad, pero ineficiente a la vez que atrasada en lo tocante al dominio de la producción económica y la integración al mercado nacional. En consecuencia, el cambio cultural debía ser inducido desde afuera, como en Kuyo Chico,

---

5. Hoy en día en Cusco es común oír a personas que trabajan con organizaciones indígenas una queja sobre "aquellos (en referencia a los incanistas o la versión más actualizada de los indigenistas) que quieren ser incas pero no indios".

6. Silvia Rivera (2012) ha descrito la situación con la voz aymara *ch'ixi* (aquello que es y no es al mismo tiempo), que combina el mundo indígena con su opuesto sin llegar a mezclarse nunca.

para posibilitar el progreso económico y la distribución equitativa del poder en relación con los mestizos.

La posición de Núñez del Prado respecto de la cultura indígena y el cambio quedó clara especialmente en sus conclusiones. Por ejemplo, su análisis del mito del Sol en relación con una "racionalización" del conformismo revelaba probablemente más acerca de él que del mito. Racionalizar algo implica pasarlo a través del filtro de la razón, de manera que se haga inteligible desde un punto de vista lógico, lo que resulta ser la única visión de la realidad. Las racionalizaciones son, como Huon Wardle ha escrito (2014), parte de ese lenguaje teórico intermedio en la antropología entre la realidad y la "ideología", lenguaje que obstaculiza nuestras compresiones del mundo. En este caso presupone la irracionalidad del mito. Este proceso de racionalización deslegitimaba otros modos de relacionarse con el pasado. Su talante científico no podía concebir una explicación alternativa, ver el mito, por ejemplo, como una elaboración local de una experiencia histórica asentada sobre las relaciones entre las personas y las fuerzas diferentes-a-los-humanos existentes en el paisaje. El mito pertenecía al reino de la mente primitiva, una mente que podía ser redimida mediante la educación formal, tal como sostenía una de las premisas fundamentales del indigenismo. Más aún, su interpretación del mito como una invención para apaciguar a los indios tras la ejecución de Atawallpa pasaba por alto el hecho de que muchos grupos étnicos saludaron la toma del poder por parte de los españoles como una oportunidad de liberarse de sus señores incas, aunque en el tiempo en que el autor escribía la investigación histórica sobre los incas no se había aclarado este punto todavía.

Sin embargo otras observaciones traían acertadamente a un primer plano la importancia del mercado y las condiciones económicas en la evolución de las costumbres. Sus comentarios sobre la bayeta y la anilina demostraban, quizás inadvertidamente, que el cambio toma direcciones inesperadas y se produce a través de múltiples canales que no implican necesariamente el abandono de la tradición o la intervención de actores "externos". Más bien al contrario: cambios en el mercado y en el precio de las mercancías habían tenido el efecto de hacer a los pobladores volver a prácticas que estaban siendo abandonadas, como el tejido, como una respuesta racional y espontánea, una adaptación a las cambiantes circunstancias de sus vidas. Por lo tanto, el cambio podía ocurrir "hacia atrás", mostrando que la involución no estaba reñida con el hecho de ir con los tiempos.

Como quedaba claro en sus conclusiones, el interés de Núñez del Prado se concentraba en la situación de los campesinos andinos y le preocupaba su explotación a manos de los mestizos. Como hemos visto, los indigenistas eran pro-indígenas, si bien, como argumenta De la Cadena (2004: 299), la suya era una versión desindianizada de la indigeneidad, según la cual los andinos tenían que desprenderse de todos los estigmas atribuidos a la "indianidad" para calificar como gente decente. La posición de Núñez del Prado estaba determinada por su vocación por la reforma social. Dado el dificultoso encaje entre el *ayllu* y el Estado, y el progresivo debilitamiento del primero en un contexto de cambios socioeconómicos, abogaba por la transformación de las estructuras que impedían a los campesinos prosperar. Es interesante que los gamonales y los hacendados también persiguieran la modernización del campo, pero en este caso era una modernización impuesta con violencia y que no amenazara su posición económica (López 1979: 260). Los remedios propuestos por el autor incluían la eliminación de la propiedad privada y del carácter inalienable de la tierra, así como la reorganización de los campesinos en cooperativas que garantizaban la pequeña propiedad privada. Eran propuestas enraizadas en los programas liberales puestos en marcha desde la independencia y anticipaban la "revolucionaria" reforma agraria. Sin embargo, por otra parte, se basaban en la importante observación de que la propiedad privada —o al menos una variante— ya existía *de facto* en las comunidades, siguiendo un patrón histórico discutido en el capítulo 1. Su conclusión planteaba que, mientras que el *ayllu* y la cultura indígena evolucionaban por necesidad, el Estado no estaba a la altura de los cambios. Esta disyunción fundamental estaba, a su manera de ver, condenando a los andinos a la pobreza y al atraso. Esta opinión puede hacer saltar por los aires la imagen de lo que se supone que una "verdadera" cultura indígena debe ser, de acuerdo con un punto de vista occidental contemporáneo (véase capítulo 7). En realidad, su evaluación estaba anticipando lo que más de cuarenta años después Jacinto me diría una noche en la casa:

> El Estado y otros forasteros quieren que conservemos nuestras costumbres, nuestros sistemas de organización política y social, etc. Para ese fin promulgaron la Ley de Comunidades Indígenas que reconoce nuestra diferente realidad y nuestros derechos. De este modo parece que nos están apoyando, pero en realidad nos mantienen pobres y neutralizan nuestra rebeldía.

Jesús Contreras y la Misión Española

Como he señalado antes, entre 1970 y 1973 el equipo multidisciplinario de la misión arqueológica española llevó a cabo trabajos de investigación en Chinchero. Entre sus integrantes se encontraba un grupo de antropólogos encargado de realizar trabajo etnográfico. Jesús Contreras era uno de ellos. Después de 1973 y de la culminación de su doctorado, Contreras regresó a Chinchero en 1977, 1978 y 1982 para periodos cortos de trabajo de campo adicional. La agenda investigadora de Contreras se orientaba hacia el estudio de la ideología tradicional y de las estructuras de poder en los Andes rurales tal y como se reflejaban en instituciones como el compadrazgo (1979) o en prácticas como el trabajo (1980) en un contexto de cambio social. El tiempo durante el que Contreras realizó su investigación (1970-1973) era particularmente importante para la historia moderna de Perú. En 1968, el general Juan Velasco Alvarado, mediante un golpe de Estado militar, había tomado el poder en el país y había declarado el carácter "revolucionario" de su gobierno. Uno de los cambios principales implementados fue la reforma agraria, iniciada en 1969. Dicha reforma tenía por objetivo reducir el poder de los hacendados en las áreas rurales mediante un programa a gran escala de expropiaciones y redistribución de la tierra expropiada entre los campesinos. La modernización y la transformación de formas viejas e improductivas a través de la organización del campesinado en cooperativas agrarias era una parte de la reforma, como lo era también la transición oficial de "comunidades indígenas" a "comunidades campesinas". Este era el panorama político que Contreras encontró en Chinchero y que proporcionó un telón de fondo sustancial para su trabajo (véase también Contreras 1981).

Como antes lo había hecho Núñez del Prado, Contreras contextualizó su etnografía de 1976 mencionando los cambios importantes que habían ocurrido en el país desde su independencia en 1823. Uno de los cambios principales, escribió Contreras, había sido el reconocimiento de la propiedad privada y la modificación de la Ley de Herencia, que obligaba al cabeza de familia a distribuir equitativamente sus posesiones entre sus hijos e hijas. En la sierra, este cambio alteró el equilibrio anterior entre el tamaño del hogar y el número de personas que vivían en él. La fragmentación resultante había facilitado el proceso de acumulación de tierra por parte de hacendados y gamonales. En Chinchero, una de las respuestas a la situación había sido la emigración y, con ella, un creciente declive en las prácticas agropecuarias y la consiguiente erosión de las bases tradicionales en favor de una subsistencia precaria caracterizada por la inseguridad ante un entorno hostil e impredecible, así como por la realidad cotidiana del robo de ganado. Contreras se concentró en la extendida práctica de la adivinación mediante las hojas de coca y en el rol del *paqo* o especialista ritual en el aplacamiento de las fuerzas naturales y sobrenaturales que amenazaban la existencia de muchas familias. Además de controlar estas fuerzas de otro modo incontrolables, el *paqo*, mediante la lectura de la coca, era capaz de decir a aquellos que requerían sus servicios dónde estaban los animales perdidos y quién había sido el ladrón. El hecho de poner la adivinación en el centro de un sistema de seguridad local diseñado para contrarrestar la ansiedad generada por la precariedad de las condiciones de vida, las malas cosechas, las heladas, el robo de ganado, etc., le permitía al autor analizar el tema general del cambio social mediante la exploración de los factores y circunstancias involucradas en el progresivo declive de la institución de la adivinación que se desplegaba ante sus ojos (1976).

Contreras dio cuenta de varios agentes de cambio. La escolarización ocupaba el primer lugar en su lista. Plenamente consciente de las implicaciones ideológicas del proceso de escolarización como mecanismo de control estatal y de "civilización" de la población indígena, concurría, a pesar de ello, con Núñez del Prado en la importancia de la literacidad para superar una situación de dominio y explotación a la vez de abrir nuevas oportunidades para los campesinos. Dentro de la escuela, la oposición entre lo urbano y lo rural o entre la cultura nacional y la indígena se veía reforzada por la figura de los maestros, quienes procedían de un entorno urbano y creían en la superioridad de la cultura nacional y urbana sobre el campo atrasado. La radio, que emitía programas "educativos" en quechua, era otro medio para la introducción y la difusión entre los residentes de nuevos hábitos adoptados de la ciudad y se consideraba otro agente de cambio. También lo era la posta de salud, que resaltaba la aparente contradicción entre la medicina "tradicional" y la "moderna" y estigmatizaba la primera con su confianza en hierbas y plantas para tratar muchas dolencias y enfermedades, por anacrónica y no-científica. Muchos de los programas de salud impulsados desde la posta trataban de fomentar la higiene entre los pobladores rurales, quienes se sentían coaccionados y presionados para usar sus instalaciones. A su vez, el servicio militar exponía a los jóvenes reclutados a valores e ideologías de la sociedad dominante. Una vez allí, adquirían un estatus y un prestigio superior, rubricado por la educación formal. Otro representante de la autoridad nacional, la Guardia Civil, era reputado por su alianza con otros poderes del Estado y por su corrupción. Finalmente, la emigración revelaba una conciencia de la crisis de la cultura tradicional como resultado de la modernización e incentivaba procesos de diferenciación social y de cholificación. Contreras se preguntó cómo percibían los chincherinos todos estos cambios. Para muchos era un giro hacia "el progreso y la civilización", vinculado a la desaparición de las costumbres tradicionales (1976: 330-395).

Por su parte, en 1972 Claudio Esteva Fabregat estudió otros sistemas de reciprocidad en Chinchero además del compadrazgo, tales como el *ayni*, la *minka* y la faena. Al igual que Contreras, Esteva era miembro de la misión arqueológica española. Su trabajo estaba informado por postulados teóricos y enfoques analíticos cercanos a los de Contreras, con un interés común en la fábrica social de Chinchero tal y como estaba siendo influenciada por las condiciones económicas y productivas. El *ayni*, explicado por Esteva, se refería (como en el presente) a la reciprocidad (normalmente en el trabajo, pero a veces también en los productos) existente en un intercambio diádico caracterizado por su naturaleza simétrica y equilibrada. *Minka*, por su parte, entrañaba un intercambio asimétrico dentro de una estructura jerárquica de relaciones de poder impuestas por las arbitrarias condiciones del intercambio. Esteva consideraba la *minka* como una evolución del *ayni* en circunstancias relativamente recientes. Por último, la faena era el trabajo colectivo emprendido para beneficio de la comunidad. Esteva comentó los cambios y la evolución de estos sistemas de reciprocidad y documentó la restricción en sus esferas de operación, una restricción paralela a la transición de una sociedad agraria basada en el trueque y el intercambio a otra más capitalista basada en el dinero y el valor monetario.

Además de este trabajo, Esteva publicó en 1971 un artículo acerca de los usos de la hoja de coca en Chinchero, en el que daba cuenta de los cambios en la actitud hacia esta vieja costumbre a medida que la ideología del progreso y la creciente influencia de la sociedad urbana difundía hostilidad y una propaganda negativa en relación con su consumo.

Volviendo a Contreras, este leía la realidad de Chinchero desde un punto de vista materialista.[7] Políticamente informado y de gran relevancia para el estudio del distrito, su detallado análisis se desplegaba en función de la lucha de clases y en un contexto de confrontación directa con el Estado. Este análisis tenía sentido en un momento histórico dominado por los conflictos por la tierra entre terratenientes y campesinos, situación que ameritó la atención del antropólogo, pero eliminaba cuestiones de etnicidad e ignoraba realidades más allá de las condiciones económicas y materiales de la tradición andina, como por ejemplo la integración de lo religioso y lo ecológico dentro de lo político. Además, al definir la adivinación como una institución y describirla (como otras antiguas prácticas) en términos de una respuesta a

7. Mi evaluación del trabajo de Contreras es también aplicable en términos generales al de Esteva.

la ansiedad creada por el entorno económico, se inspiraba en un tipo de análisis predominantemente funcionalista-estructuralista que resultaba paradigmático en los estudios antropológicos de aquellos tiempos. El funcionalismo puede ayudar a entender cómo una práctica cultural como la adivinación encaja dentro de una estructura social dada, pero no nos dice mucho acerca de las personas que participan en ella ni de su contexto social ni tampoco revela su lógica interna. En esta visión utilitaria y estática de la sociedad, la adivinación aparecía sobre todo como una "invención útil" para mantener el equilibrio social.

Uno de los riesgos de este tipo de interpretación es la reducción de todas, o casi todas, las prácticas religiosas nativas a simple "ideología", despojándolas de capas de significación más allá del enfoque funcionalista. En esta misma línea, las "creencias animistas" atribuibles a la adivinación eran vistas como "racionalizaciones" (Contreras 1976: 277), negando una vez más, como lo había hecho antes Núñez del Prado, la autonomía ontológica de estas prácticas socio-religiosas. Bien podría ser que, como lo ha señalado Wardle (2014), el momento álgido del racionalismo en la antropología se alcanzó a finales de la década de 1970 y en los años ochenta, cuando los antropólogos se preocupaban menos de comprender cómo las personas veían su mundo en escenarios específicos que en encajar estos en ciertos formatos teóricos, fuera el estructuralismo, el marxismo o cualquier otro. Asimismo, al anclar su análisis social en categorías analíticas derivadas de la moderna teoría económica y política occidental (como "clase", "campesino" o "relaciones de producción"), Contreras pasaba por alto el peso de la historia y tradición andinas, así como sus modos específicos de afrontar los cambios. Dicho de otro modo, este tipo de análisis tiende a separar el presente del pasado, o al menos a mostrar indiferencia hacia este último. De hecho, se puede argüir que una de las debilidades de su trabajo es el no haber percibido ciertas continuidades entre los tiempos prehispánicos o coloniales y la situación que encontró sobre el terreno. Esto puede ayudar a entender por qué Contreras predijo la desaparición de la adivinación una vez que las condiciones materiales que impedían su completo ocaso ya no estuvieran ahí, en referencia al estilo de vida campesino (curiosamente observó que el sustrato material estaba de hecho alterándose, pero el ritmo de esta modificación no era todavía lo suficientemente rápido [1976: 343]). Sin embargo, es difícil aceptar que instituciones que han resistido y evolucionado por milenios bajo diferentes circunstancias hayan dependido solamente de las condiciones materiales para sobrevivir, y esto es lo que Contreras puede haber omitido en su interpretación de una realidad andina en la cual el pasado y el presente continúan entretejidos en formas diversas y generativas.

Por último, Contreras percibía un cierto fatalismo y resignación entre los chincherinos, ilustrado en su comentario de que culpaban a su propia cultura de su fracaso. El lamento de Contreras respecto de la ausencia de "solidaridad horizontal" (1976: 407) provenía probablemente de la expectativa poco realista de que una conciencia de clase traería modos de organización nuevos y más solidarios. En este caso, la ideología de clase, con su énfasis en la dominación estructural, oscurecía algunos hechos elementales como las dinámicas de la vida en una pequeña comunidad fragmentada o debilitada, donde las oportunidades para el conflicto abundaban, como muchas otras en cualquier rincón del mundo, por las rencillas internas, la envidia, la preferencia por uno u otro partido, los antagonismos personales, etc. "Pueblo chico, infierno grande", decían los pobladores durante mi trabajo de campo, recordándome la necesidad de considerar la escala local y sus sutiles entresijos, incluyendo el controvertido asunto de la "naturaleza humana", en el análisis sociológico, más allá de rígidos principios estructurales o de la teoría social.

Christine Franquemont

En 1977, Christine y Edward Franquemont se mudaron con sus dos hijos desde los Estados Unidos a Chinchero para una relación con el pueblo que duró hasta 1986. Los dos eran investigadores, quechuahablantes y tejedores competentes, que aprendieron a manejar muchas otras tareas y cargos, como se esperaba de su estatus de comuneros. Además, se involucraron con la comunidad en proyectos de desarrollo relacionados con la rica herencia textil del pueblo. Mientras Edward publicaba textos bien conocidos y de alta calidad sobre la práctica del tejido en Chinchero y sus múltiples ramificaciones socioculturales, Christine escribió una etnografía para su tesis doctoral que giraba en torno a las percepciones locales del mundo natural. A diferencia de Núñez del Prado, de Contreras y de Esteva, su trabajo no estaba tan politizado (o, tal vez, ideologizado). Ciertamente, tratar con las plantas y el paisaje tenía implicaciones diferentes a estudiar las instituciones sociales, el trabajo o el problema de la tierra como campo de disputa entre grupos sociales o clases. Pero si Contreras no había considerado lo ecológico dentro de lo político, de manera inversa Franquemont nunca exploró el papel potencial de algunos acontecimientos políticos (como la reciente reforma agraria) en las percepciones del entorno natural. Su enfoque —para usar una palabra de moda hoy en día— era más ecológico o, incluso, "ontológico" (sin pretender de ningún modo que estas sean necesariamente categorías no-políticas).

Para la década de 1980, la mística de la reforma agraria se había esfumado notablemente de Chinchero. Los hacendados y los *mistis* se habían ido y los tiempos no eran tan políticamente trascendentales en ese sentido. Chinchero y la región Cusco estaban empezando a experimentar un auge del turismo internacional interesado en las "artesanías indígenas". Este interés era paralelo a un interés emergente en Estados Unidos y en Europa por la "conservación cultural", que había crecido por la percepción, expresada por Christine Franquemont (1988: 3), de la urgencia por documentar lo que quedaba del conocimiento local en una era de rápido cambio tecnológico desventajoso para los chincherinos.

La tesis doctoral de Christine Franquemont abordaba la vida social de las plantas. A partir de sus observaciones a largo plazo y de su experiencia práctica con los pobladores, desarrolló un argumento básico: las relaciones entre los humanos y el mundo natural estaban permeadas por diferentes formas de asociación. Estas formas se servían de una nomenclatura botánica en lengua quechua que incorporaba el paisaje local. Los nombres de las plantas se relacionaban con entornos específicos, así como con lugares y eventos igualmente específicos dentro de la geografía del *ayllu*, en un gran sistema de clasificación mnemónico que posibilitaba un extenso conocimiento del paisaje. Las plantas se clasificaban según sus propiedades de forma, color, olor, textura y demás, para integrarse a continuación en analogías con animales y con las partes del cuerpo humano. Las plantas se percibían como masculinas, femeninas, o, en su mayoría, como bisexuales. Su estructura formal compartía atributos de los esqueletos humanos y sus cuerpos tenían las mismas partes que los animales. Esta cualidad orgánica venía acompañada de una lógica de utilidad añadida. Las plantas eran bien conocidas y extensamente utilizadas por sus propiedades medicinales. Un rango de asociaciones adicional ubicaba a las plantas dentro de una geografía sagrada animada por fuerzas y entidades espirituales activas, donde los humanos coexistían con los animales, con los "sobrehumanos" y con los antepasados muertos. Franquemont concluyó en primer lugar que la ontología quechua del medio ambiente tenía más que ver con las relaciones entre los distintos componentes que con el establecimiento de "tipos"; y en segundo lugar que esta taxonomía del mundo natural no reproducía una estructura taxonómica vertical occidental, sino que más bien se extendía horizontalmente para desdoblarse en una variedad de dominios por fuera del reino de las plantas.

El estudio de Franquemont no se puede separar de su preocupación más general por el cambio cultural y por la desaparición del arte textil en Chinchero. Sus ojos de tejedora percibían lógicas de asociación y de relación que todavía se encuentran en el meollo de la práctica del tejido y que reflejan el orden social (Desrosiers 1992, Franquemont et ál. 1992). De hecho, hizo hincapié en la conexión entre la manera en que los pobladores aprendían sobre las plantas y el modo en que aprendían sobre el tejido, notando que las estructuras geométricas básicas que los niños aprendían en el mundo natural se encontraban a veces en las estructuras textiles (1988: 56-59). Como Contreras había hecho aproximadamente una década antes, Franquemont señaló que los cambios en las tendencias regionales y nacionales estaban llevando a la extinción del estilo de vida pastoril. A diferencia de Contreras, mencionó el turismo como un agente de cambio, en la medida en que, para entonces, ya estaba contribuyendo a la inmersión en la economía monetaria. Favorecida por un creciente control sobre los beneficios de sus productos y su trabajo, la economía monetaria estaba promoviendo cambios en las pautas agrícolas. Las estrategias tradicionales de rotación de los cultivos y de los periodos de barbecho se reemplazaban por un enfoque más intensivo basado en pesticidas. Los bajos precios de los productos agrícolas más el reclamo de la ciudad para encontrar trabajo, habían disuadido a muchos trabajadores de seguir con la agricultura. Por si fuera poco, en 1983 se había terminado la nueva pista entre Chinchero y Cusco, con lo que se habían incrementado notablemente los intercambios con la ciudad. A la luz de todas estas circunstancias, Franquemont predijo el final de la vida social de las plantas, habida cuenta de los siguientes factores: i) la escolaridad obligatoria impedía a los niños vagar libremente por los campos; ii) los rebaños se veían severamente afectados por el mal del hígado; iii) el descenso en la producción doméstica de prendas tejidas estaba haciendo innecesaria la lana de oveja; iv) los jóvenes seguían migrando a la costa en busca de trabajo.

Todas estas consideraciones llevaron a Franquemont hacia una declaración sumaria: "Desafortunadamente, el acto final de clasificación de las plantas entre los chincherinos es cada vez más el acto de olvidar, antes que el del recordar" (1988: 112).

Tanto Franquemont como Contreras habían identificado el pastoreo como la base de las formas culturales tradicionales y habían interpretado el cambio en función de la erosión de esa base. Más específicamente, Franquemont leía las transformaciones a su alrededor en términos de "pérdida cultural", algo que lamentaba profundamente. En esta visión de cultura se escondía una identificación fuerte y directa entre los campesinos y un grupo de pautas definidas de comportamiento. Desde dicha perspectiva era natural sentir una urgencia por la documentación y la conservación cultural, tendencia bien intencionada pero ideológica, con una visión estrecha de las culturas como sistemas cerrados o cajas llenas de ciertos rasgos recurrentes y de características identificables (véase el capítulo 7). Esta visión contrastaba con la de Núñez del Prado, quien también estaba interesado en recoger datos, pero para una intervención aplicada que debería promover el cambio, el progreso y la modernización. Para el antropólogo peruano, los andinos eran menores de edad necesitados de ayuda; para la antropóloga estadounidense eran "otros culturales" al borde de la extinción.

De esta esencializada y despolitizada noción de "cultura" se derivaba necesariamente una visión negativa de los cambios que afectaban a sus principios básicos (incluso en el supuesto de que estos no fueran percibidos así por los pobladores). La legítima preocupación de Franquemont por la desaparición de formas culturales le impedía identificar nuevas oportunidades en términos de autodefinición, reingeniería social y reinvención cultural. Donde Contreras y Núñez del Prado habían reconocido los beneficios de la escolaridad y de la literacidad, ella solo veía destrucción; donde Contreras había avizorado el potencial de la organización política, Franquemont nunca se ocupó de esta parte de la realidad. Su acto final fue la entonación de un canto de cisne para Chinchero en la medida en que el pueblo aparecía subsumido por las fuerzas irrefrenables de la modernización. La idea de las "culturas moribundas" ignoraba la resistencia histórica y la capacidad de adaptación de los pueblos andinos.

Hasta cierto punto esta idea de las culturas en desaparición también estaba implícita en las visiones de Contreras y de Esteva. Ambos entendían el contacto y la interacción entre la ciudad y el campo en términos de transición y aculturación. La aculturación lleva implícita la noción de "muerte cultural", o la sustitución de un sistema cultural por otro, hasta el punto de la absorción o desintegración. Además, opera con problemáticas nociones de las culturas (y de comprensiones del mundo) como entidades fijas y definidas, una activa y dominante y la otra oprimida y pasiva. Ninguna de estas etnografías cuestionó abiertamente esta noción de aculturación,[8] como tampoco consideraron sus autores un desenlace alternativo a la luz de la larga cadena de cambios, irrupciones, intervenciones y rupturas que atraviesan la historia de la cordillera. Ninguno de estos autores intentó insertar el cambio en esta trayectoria histórica para obtener una mejor apreciación de su naturaleza y lugar dentro de ella. No se exploraron procesos anteriores de

---

8. Este enfoque asimilacionista ha sido contestado más recientemente sobre la base de que existen otras posibilidades relacionadas con los resultados culturales y psicológicos derivados de contactos intergrupales, tales como la integración, la separación y la marginalización (véase Berry 2008 para una discusión acerca del tema).

reacomodo que tuvieron lugar siglos atrás y que han sido de hecho un hito recurrente en esta parte del mundo, a menudo obligada a transformaciones no deseadas. Quizás más importante aún, no se hizo ningún intento por considerar lo que estaba pasando en Chinchero con respecto a la reconstitución étnico-social en tiempos de desintegración y de cómo ello se manifestaba en la vida diaria. Al menos Contreras había imaginado un futuro que era necesariamente político, y Núñez del Prado había creído en un indio nuevo y educado, mientras que ningún futuro viable podía vislumbrarse en la etnografía de Franquemont que no fuera otro que la preservación de modos de vida ancestrales, lo cual alimentaba, como ha escrito Silvia Rivera (2012: 99), el estereotipo de los pueblos indígenas como invariablemente rurales y confinados a su tierra comunal original.

En relación con estas ideas, cada vez que estos autores hablaban de los agentes de cambio raramente o nunca mencionaban a los habitantes del lugar. Más al contrario, Núñez del Prado se veía a sí mismo (el antropólogo) como un agente necesario para hacer posible el cambio, mientras que Franquemont se sentía igualmente impelida a involucrarse y a hacer algo para (y con) la población. Hasta cierto punto parecería que ambos veían a los chincherinos más que nada como recipientes pasivos (cuando no víctimas) de las transformaciones que sucedían a su alrededor. Si Contreras había atribuido la inacción de los campesinos a la ausencia de una conciencia política, Núñez del Prado, por su parte, había objetado el "mito" de la supuesta pasividad campesina sobre la base de su activa participación en rebeliones pasadas y de su esperanza en los cambios por venir, incluso aunque estos tuvieran que estar sometidos a la tutela del antropólogo (1973: xix).

Por mi parte, y contrariamente a esta comprensión general del cambio como algo exógeno a las culturas, prefiero invocar otras corrientes de la antropología que han resaltado el dinamismo interno de las culturas entendidas como sistemas orgánicos (Kroeber 1917) y, añadiría yo, su capacidad para generar cambios "desde adentro". Con esta idea en la cabeza, el siguiente acápite pretende mostrar y comentar algo de lo que encontré en Chinchero en relación con las situaciones sobre las cuales los otros etnógrafos habían informado anteriormente y que habían sido objeto de su evaluación.

Notas del turista-antropólogo

"¿Qué pasó con los *mistis* que vivían en Chinchero?", le pregunté a Tomás un día mientras platicábamos en su casa. "Ya no queda ninguno", dijo él; "todos se murieron y sus hijos, que nunca se dedicaron a la agricultura, migraron a la ciudad a buscar trabajo.[9] Antes estábamos explotados por los terratenientes. Esto continúa hoy en día y ahora son los políticos los que nos explotan". "Entonces —inquirí— ¿quién presiona para el nombramiento de los puestos políticos?". "La asamblea", respondió Tomás. "Parecería como que es la comunidad la que está tomando una decisión, pero en realidad son los pequeños grupos que hacen una bulla y presionan en el momento de votar cuando está en juego algún tema importante. Cada uno de estos grupos está conformado alrededor de un político, de partidos rivales". Mi colega antropólogo Carlos Quispe compartía esta opinión: "La asamblea de Yanacona es un espacio políticamente faccionalizado".

Ya no quedaban *mistis* en Chinchero, ni gamonales abusivos que monopolizaran el poder político y despojaran a los campesinos de su tierra y de su propiedad, pero otras cosas no parecían haber cambiado. Tomás me confirmó que los "favores" seguían siendo la norma en un sistema corrupto que había transferido los mecanismos del poder para reconvertir a unas élites locales y regionales enredadas en el juego político dentro de la municipalidad y del gobierno regional. La municipalidad distrital y el gobierno regional habían asumido la vanguardia de un cambio entendido como modernización. El alcalde de Chinchero, un hombre joven oriundo del pueblo, pero por largo tiempo residente en Lima, sostenía el discurso de una modernización anclada en la tradición y se centraba también en el futuro de los jóvenes, mediante la educación. Todas las mañanas, al despertarme, prendía la radio para escuchar las noticias en Radio Inti Raymi, una de las emisoras más populares tanto en Chinchero como en Cusco, que entre noticia y noticia, propagaba sistemáticamente mensajes de progreso y desarrollo

9. Según Augusta, antiguos hacendados de Chinchero dirigían hoteles en Cusco por entonces y eran dueños de valiosos edificios.

para la región. La municipalidad estaba poniendo en marcha programas de seguridad alimentaria y de saneamiento básico. El primero de ellos, mediante el apoyo a pequeños huertos y el obsequio de pollos a los pobladores, se proponía incrementar los niveles de autosuficiencia de las familias; el segundo tenía como objetivo los hábitos de higiene considerados insalubres, además de financiar la construcción de nuevos aseos en cada hogar del distrito, así como fomentar la adopción de cocinas mejoradas y hornos en las cocinas. ¿Cómo respondían los comuneros a estos programas? Ciertamente las respuestas variaban y, en general, los pobladores del centro poblado, cada vez más expuestos al turismo y a la vida urbana, eran quizás algo más receptivos que los de las comunidades. Un día, en una feria organizada por la municipalidad, conversé con uno de los funcionarios a cargo de los proyectos en su caseta. Era un hombre bilingüe y amable que vivía en Cusco y que me habló de la tenaz resistencia que encontraba en las comunidades:

> Los campesinos siguen viviendo conforme a sus costumbres ancestrales, en la suciedad con sus animales, en el lodo durante las lluvias. Cuando empecé a visitar las comunidades nadie me abría la puerta de su casa. Al principio pensaba que era porque eran agarrados; más tarde descubrí que les daba vergüenza que viera las condiciones en las que vivían. Los pobladores no responden a nuestras capacitaciones. En parte porque no tienen tiempo, pero sobre todo por el paternalismo. Si les damos algo, digamos huertos o gallinas, acudirán al taller; pero si este es meramente informativo no aparecerán. El campesino se resiste a los cambios.

Las palabras del funcionario podrían estar diciendo más de él que de los campesinos y de la importancia que se daba desde su posición de promotor. Podría, además, estar distanciándose conscientemente de un modelo paternalista propio de programas de desarrollo rural de los años ochenta y noventa (Asensio, comunicación personal). Sin embargo, muchos otros miembros de la comunidad suscribían esta idea de paternalismo. Una promotora de salud que participaba también en la misma feria expresaba una opinión similar. "La gente del campo no observa hábitos higiénicos. Les enseñamos a lavarse las manos y les construimos baños nuevos sin costo alguno". Estas opiniones me recordaron lo que una vez le oí decir a Hilaria, la hermana de Augusta, un día que la familia extensa se había reunido en el cementerio para conmemorar el fallecimiento del marido de Hilaria en un accidente de carro un año antes. Allí, mientras toda la familia se regocijaba y se divertía después de rezar y derramar abundantes lágrimas por un difunto a quien se le había ofrecido comida y bebida en su nicho, se sirvió comida y se compartió. En ese momento, en mitad de la conversación sobre su preparación y sobre la presión de las promotoras en cuanto a la observación de hábitos limpios, Hilaria proclamó: "¡Cuanto más higiénica la comida, peor!"

Desde mi llegada al pueblo me había quedado claro que los chincherinos no eran necesariamente "conservadores". Por el contrario, estaban siempre atentos a lo que pasaba en el mundo "exterior" y muchas veces abrazaban rápidamente las novedades que llegaban de la ciudad. Augusta estaba siempre al tanto de las últimas tendencias en Cusco, mientras que a Jacinto le gustaba leer los periódicos y escuchar las noticias para mantenerse al día de los asuntos nacionales e internacionales. Sus relaciones con la posta de salud, por ejemplo, indicaban su apertura y su habilidad para ocupar simultáneamente diferentes "mundos" sin conflicto. El día que Augusta y el pequeño César se enfermaron, ella se trató con hierbas y llevó a César a la posta para que le dieran alguna medicina. La idea de que los pobladores "se resistían al cambio" venía sobre todo de los funcionarios de la municipalidad, pertenecientes a la clase media urbana, quienes en muchos casos no conocían bien, o no tenían un interés real, en el mundo de los campesinos. Esta paradoja sugería que la verdadera fractura no residía en ser "conservador" o "progresista" sino que, como habían señalado anteriormente Franquemont y Contreras, se dibujaba en la oposición entre un ámbito rural y otro urbano que despreciaba al primero, lo consideraba inferior y trataba de "convertirlo". Cuando le pregunté a Augusta si se sentía discriminada en Cusco por ser mujer, su respuesta fue: "No, no por ser mujer, pero sí por ser del campo". Por su parte los chincherinos, aunque muchas veces expresaban su disgusto y su desconfianza hacia la vida urbana, miraban a la ciudad de diferente manera. Augusta y Jacinto habían enviado a todos sus hijos a Cusco a estudiar. Jacinto trabajaba en la construcción allí y Augusta rondaba sus calles casi a diario vendiendo artesanías. Como ellos, muchas otras familias del pueblo. Diálogos, contactos y negociaciones entre la ciudad y el campo tenían lugar todos los días a diferentes escalas, dejando claro que la ciudad (o lo urbano) no era necesariamente un lugar de aculturación para los andinos, sino más bien un espacio de oportunidades profesionales, de desarrollo personal y de decisiones a tomar en función de la autodefinición (como se verá en el capítulo 7).

Mientras que muchos hombres encontraban trabajo en Cusco y los jóvenes estudiaban allí y la mayor parte de las mujeres se empleaban en los centros textiles abiertos al turismo, las tareas agropecuarias habían asumido ciertamente un papel secundario en la economía doméstica y ya casi nadie vivía exclusivamente de ellas. Los bajos precios de los productos agrícolas en el mercado hacían del trabajo agrario una inversión en tiempo y dinero que no merecía la pena, incentivando un enfoque más intensivo hacia el cultivo relacionado con el uso de pesticidas y fertilizantes químicos, tal y como había apuntado Franquemont en su etnografía. De todas maneras me aseguraron que si a los campesinos les pagaran un buen precio por sus productos volverían a trabajar la tierra de nuevo. No obstante, aunque la agricultura estaba claramente en retroceso, de ningún modo se había abandonado. Los chincherinos sabían muy bien que, debido a lo impredecible del turismo y a la inseguridad del empleo en Cusco, todavía dependían de la tierra para comer todo el año. Obligados a reprogramar sus actividades en vista de las cambiantes condiciones de sus vidas, Jacinto y Augusta trabajaban sus chacras los fines de semana con la ayuda de sus hijos. Estos tenían diferentes ideas con respecto al estilo de vida campesino. A Amílcar, el mayor, no le gustaba y le parecía atrasado. Le gustaba la ciudad y se veía a sí mismo instalado en un ambiente urbano, con un trabajo. Lenin compartía estas ideas, mientras que a Washington y Rober la ciudad les desagradaba y preferían la tranquilidad del campo. Antes de dar comienzo a la siembra, sus padres todavía realizaban la *tink'aska* ritual, formando una cruz en la tierra con semillas de papa que rociaban con chicha mientras musitaban una oración a los *apus* y todos se santiguaban. Augusta se quejaba de que con el ritmo cada vez más ajetreado de vida, estos rituales ya no se realizaban correctamente, tal y como se hacía en el tiempo de los abuelos.

Durante la semana, además de encargarse de otras faenas domésticas, los hijos se turnaban para llevar los animales a los pastos, temprano en la mañana, antes de ir a la universidad o al colegio en Cusco, y después los traían de vuelta a la casa por la tarde. Una noche encontré a Augusta con Rober, Washington y Lenin en la cocina. Uno de los chanchos se había perdido. Augusta había arrojado un puñado de hojas de coca sobre un paño de cocina en el piso y declaraba que, de acuerdo con lo que la coca decía, el animal estaba con un grupo de ovejas. No estando del todo satisfecha con la coca, pues las hojas estaban demasiado secas, esparció al azar una variedad distinta de hojas sobre el paño y las interpretó: las hojas más pequeñas (que representaban al pequeño chancho) se hallaban demasiado lejos del grupo principal, indicando que el chancho estaba lejos de la casa. Aparentemente las lógicas de asociación y parecido formal descritas por Franquemont entraban en juego en este caso de "magia simpática". El episodio también revelaba que la práctica de la adivinación no era prerrogativa del *paqo*. Más adelante supe que otras personas practicaban la adivinación en las comunidades, a requerimiento de individuos preocupados por todo tipo de asuntos, más allá de encontrar sus animales perdidos o robados. La celebración de despachos constituía otra instancia adivinadora en la que los pobladores podían averiguar su buena o mala fortuna en dominios varios, sugiriendo que la adivinación no estaba necesariamente sujeta a las bases materiales de la ganadería. Además, no vi mucha ansiedad asociada a los cultivos o a los animales; las preocupaciones de Augusta eran normalmente causadas por la incertidumbre económica de un año bajo en turismo y por las dificultades de la pareja para proveer a la familia de sus necesidades más básicas.

Con bastante frecuencia la familia trabajaba mancomunadamente con parientes cercanos como Felipa (una de las hermanas de Jacinto) y su esposo Julián, quienes además eran nuestros vecinos. En teoría, todo el mundo trabajaba las chacras contiguas de los demás; en la realidad este no era siempre el caso y Jacinto y Augusta se solían molestar con las hermanas de Jacinto y sus familias porque no siempre cumplían con las expectativas de reciprocidad. En cuanto al trabajo agrícola, el *ayni* todavía era relativamente común pero se hallaba cada vez más confinado a la reciprocidad entre parientes cercanos, como había reportado Esteva en 1972. Cuando se necesitaban trabajadores extra para trabajar en una chacra, el jornal era cada vez más común. Los comuneros explicaban y justificaban la transición de un sistema a otro por el hecho de que las familias estaban cada vez más necesitadas de dinero en efectivo para pagar la educación de sus hijos. El *ayni* ha ocupado tradicionalmente una posición central en la literatura etnográfica de los Andes, como uno de los rasgos definitorios de estas sociedades.[10] Las etnografías de Chinchero no son una excepción. Aun así me pareció que el *muyuy* (véase capítulo 2) era un principio de organización espacio-temporal todavía mayor, un principio que lo abarcaba todo y que iba desde el patrón tradicional de rotación de cultivos y terrenos, a la alternancia anual de cargos y autoridades de los *ayllus*, pasando por la organización rotatoria de las mujeres en las variadas responsabilidades dentro de los grupos textiles, o por la periódica circulación de los hijos de Augusta y Jacinto por las distintas tareas domésticas, por citar unos pocos ejemplos. Durante una de las asambleas de Cúper un comunero que abogaba por la oportuna renovación de los líderes del *ayllu* fue muy claro al respecto: "¡Todo es rotación!" La omnipresencia de una estructuración circular del ciclo de vida diario es lo que pudo haber llevado a Jacinto a enfatizar lo siguiente, una noche en el curso de una conversación sobre el *ayni*: "El *ayni* puede desaparecer algún día, ¡pero el *muyuy* jamás!". No obstante, en otra conversación casual con Augusta esta me dijo que "todo es *ayni*", en el sentido de "retorno",[11] sugiriendo no solo la obligación recíproca consuetudinaria dentro de un intercambio sino también un movimiento adelante y atrás en el tiempo, el cual, como insistía Jesús, otro comunero, entrañaba continuidad temporal. Esta continuidad era al mismo tiempo constitutiva de (y estaba subsumida por) la trayectoria total y más amplia del *muyuy*.

---

10. Bruce Mannheim (1986: 270) ha señalado el peso del *ayni* y de la reciprocidad en general en el lenguaje cotidiano de los quechuahablantes y la manera en que ambos permean las minucias de la vida cotidiana.

11. Tanto Holguín como Lira recalcan este significado en sus diccionarios.

Si en las etnografías anteriores de Chinchero la escolarización había sido objeto de gran preocupación por sus efectos sobre la cultura local, los chincherinos no parecían, sin embargo, verla como una instancia de aculturación y de pérdida de su conocimiento cultural, sino más bien como una puerta de acceso a un muy deseado éxito profesional para sus hijos e hijas. Con la intención de conocer mejor la perspectiva de los profesores, conversé un día con Vicky, una profesora de primaria natural de Yanacona, quien me recibió en el salón durante un receso.

> Los profesores trabajamos a tiempo parcial y la mayoría vienen de Urubamba o de Cusco. No hay clases en las tardes. No recibimos apoyo de la municipalidad para ampliar la instrucción y nuestros sueldos son bajos. La educación no se imparte como debería porque los contenidos no se completan y son pocos los padres que se preocupan por la educación de sus hijos. El verdadero problema es el alcoholismo, muy común en el pueblo. Con el alcoholismo viene el machismo. Solo las mujeres vienen a las asambleas. Además está el problema de la violencia doméstica. Por si fuera poco, los niños tienen que trabajar en la chacra y no pueden hacer sus tareas. El internet los está malogrando. En lugar de usarlo para su trabajo, pierden el tiempo con los videojuegos. En el locutorio aprenden a robar y esto se refleja después en el salón. La educación debería ser bilingüe, no solo en español. No es lo mismo enseñar a un niño de Lima que a uno de Chinchero. Hay que adaptar los contenidos a la realidad local.

Vicky apuntaba a una serie de temas relevantes, empezando por el reconocimiento de que la mayoría de los maestros todavía eran de extracción urbana. Pero, a continuación, revirtió la perspectiva de Christine Franquemont al señalar a la agricultura, al pastoreo y a la crianza tradicional como un factor obstaculizador en la adecuada educación de los escolares. Además la profesora enfatizó el papel de las nuevas tecnologías y de su efecto pernicioso sobre los niños. Ello coincidía con mi propia experiencia de ingresar a la cabina de internet en el pueblo y entrar en *shock* a causa de una multitud de escolares hiperactivos y desordenados, absortos en videojuegos extremadamente violentos y alienantes. Más aún, la educación primaria se impartía solamente en español y, como advertí en mi visita, varios afiches didácticos en las paredes del salón resaltaban la importancia de aprender a leer y escribir, sin ninguna otra alusión a otras literacidades, como el tejido. Este abandono hubiera posiblemente horrorizado tanto a Christine como a Edward Franquemont (1992, 2004), quienes habían sostenido que la cultura se reproducía a través de la práctica del tejido. Adicionalmente, estos afiches exaltaban los "valores urbanos" que se suponía que los jóvenes debían cultivar, extendiendo la ideología urbana de la que habían hablado los otros etnógrafos. La profesora también tocó el tema de la "etnoeducación", en un país donde la diversidad étnica y cultural complicaba notablemente las cosas en este campo. Por último, Vicky planteó el tema del alcoholismo (ligado a la violencia doméstica) y en su amarga queja sobre las costumbres locales no se encontraba sola.

Ninguno de los etnógrafos de Chinchero había mencionado la Iglesia como agente de cambio, a pesar del papel histórico de esta institución en el continente. Claramente, cuando ellos vivieron en el pueblo Lumen Dei no estaba todavía a cargo de la parroquia de Nuestra Señora de Monserrate. Lumen Dei era en origen una orden religiosa española ultraconservadora, ideológicamente afín al más conocido Opus Dei. Recuerdo el primer día que asistí a la misa en el templo colonial, muy poco después de mi llegada a Chinchero para el trabajo de campo. Tras escuchar el sermón paternalista del cura y observar la liturgia de la celebración, sentí la tentación de salir corriendo del recinto y no volver nunca más. Para mi desgracia tuve que regresar cada vez que los *varayuq* auspiciaban una fiesta y me invitaban a ir. Todos los sermones, como en la Colonia, estaban sistemáticamente dirigidos a censurar severamente los hábitos de los parroquianos —en particular aquellos relacionados con la bebida, la fornicación y el tomarse a la ligera las estrictas normas y conducta prescritas por la Santa Madre Iglesia de Roma— y amenazaban a los pobladores con ir al infierno y con el castigo divino por priorizar sus ocupaciones mundanas antes que las de Dios. Así, trabajar la chacra un domingo sin un pretexto inexcusable era un pecado grave; como lo era el uso de contraconceptivos dentro del matrimonio. Los convivientes no podían tomar la comunión; tampoco podían las chicas llegar inmodestamente vestidas. La confesión era el único camino seguro hacia la otra vida, no como la participación en rituales y festivales nativos. Y así... En cuanto a la liturgia, había una desconsideración absoluta por las formas locales. La misa era oficiada íntegramente en español por curas españoles o extranjeros y resultaba aburrida e interminable a más no poder. Los símbolos religiosos eran ajenos. Los sermones nunca tocaban las preocupaciones prácticas de la vida diaria. Los residentes se dormían porque muchos, especialmente los más mayores, no entendían o no les interesaba nada el contenido. Los sentimientos negativos hacia Lumen Dei fueron expresados elocuentemente por Tomás:

> Lumen Dei empezó a ganarse la antipatía de la gente desde el momento en que empezaron a criticar sus borracheras y costumbres y a decirles que todo era pecado. Nunca han hablado de la realidad de los pobladores; nunca han compartido su trabajo en las chacras, sus reuniones sociales, sus matrimonios, nada... Han permanecido distantes y como creyéndose superiores.

¿Habían tenido estos intentos forzosos por cambiar la vida de los campesinos algún efecto? Aparentemente, no. Los intentos por forzar una "conversión" religiosa y su contraparte secular —la modernización— tal y como la implementaban por ejemplo los programas municipales y la propaganda radial, habían servido solamente, al menos en parte, para reafirmar las pautas tradicionales. Por otro lado, dentro del contexto más amplio de la cultura nacional y de la globalización en el cual se insertaba Chinchero, eran los mismos pobladores los que tomaban un rol activo en abrazar los cambios en la medida en que estos beneficiaran sus intereses estratégicos. En este caso, el intenso contacto y la interacción con la sociedad dominante no desembocaban necesariamente en desintegración. Parecía más una reconstitución consciente, por la cual algunos elementos se abandonaban y otros se incorporaban en la medida en que las circunstancias sociales y económicas invitaban a continuos reajustes. La economía monetaria y las cambiantes condiciones del mercado podían tener consecuencias inesperadas en cuanto a hacer a los pobladores regresar, como en un *muyuy*, a prácticas culturales que languidecían, como en el caso reportado por Núñez del Prado de la anilina y del tejido, o con la posibilidad de revitalizar la agricultura si los precios subían. Y aun así, para un observador que regresara a Chinchero después de diez o quince años de ausencia, los cambios más grandes en el pueblo se habrían asociado claramente con el extraordinario crecimiento del turismo y con el tema relacionado de la gestión del patrimonio cultural. Estas realidades, incluidos el activo involucramiento y respuesta de los pobladores en su implementación, constituyen el tema central de los tres capítulos que siguen.

4

El turismo en Chinchero y en la región Cusco

La antropología del turismo

En las últimas décadas, el estudio del turismo ha ido ganando credenciales académicas, proceso atestiguado por la incesante y voluminosa cantidad de publicaciones sobre el tema. Para llegar a este punto, los estudios sobre turismo, conducidos inicialmente por sociólogos, filósofos y antropólogos, tuvieron que superar un prejuicio muy enraizado que veía la actividad como un tema trivial e insustancial, indigno de la investigación académica (Hall 1994). A medida que pasaban los años y el mundo entraba en complejos procesos económicos y políticos de globalización y transnacionalización, de los que el turismo era solo una parte,[1] quedó claro que el tema merecía estudiarse por sí mismo. Hacerse la vista gorda no era la respuesta adecuada a un fenómeno que simplemente estaba en todas partes, afectando las vidas de muchas personas de maneras múltiples e interconectadas. Como ha dejado claro

1. Sigo la definición de globalización de Ted Levellen, la cual reza así: "[...] El creciente flujo del comercio, las finanzas, la cultura, las ideas y las personas generado por la sofisticada tecnología de las comunicaciones y del viaje y por la extensión del capitalismo a escala mundial, y es las adaptaciones locales y regionales a estos flujos así como la resistencia a ellos" (2002: 7). Además, para Norma Fuller el turismo sería la expresión de esta globalización económica que divide el mundo en centros y periferias, así como de las desigualdades resultantes entre el Primer y el Tercer Mundo (2009: 14-19).

Linda Richter, hoy día el turismo es la mayor industria del mundo. Su magnitud significa que las ramificaciones de las políticas internacionales respecto del turismo necesitan una atención inmediata (1989: 3).

Según Nash y Smith (1991), la antropología del turismo emergió de la preocupación de la disciplina por el contacto cultural y el cambio social, preocupaciones entretejidas, a su vez, con temas de desarrollo y colonialismo, una vez que la promesa inicial y optimista de que el turismo auspiciaría la prosperidad general y el entendimiento mutuo entre los pueblos del mundo fue rápidamente desacreditada por los primeros estudios de caso que empezaron a reportar desde el campo. Al turista se le percibía como a un nuevo agente de cambio, especialmente en los países menos desarrollados. El enfoque antropológico era holístico y convirtió los procesos turísticos en un sistema imbricado en un contexto social e internacional más amplio que requería la consideración de todos los aspectos del mismo. Así, los antropólogos empezaron a prestar atención a los impactos del turismo sobre las poblaciones anfitrionas y a las implicaciones para los gobiernos receptores y para las agencias de desarrollo internacional (Burns 1999: 14-15, 26; Nash y Smith 1991: 13-15).

La publicación de *Hosts and Guests* (Smith 1989 [1978]) sentó un precedente importante en la literatura. A partir de estudios de caso en diferentes regiones del mundo, la mayor parte de los contribuyentes a la primera edición de este libro expresaron una visión crítica del turismo y de sus efectos económicos y culturales sobre las poblaciones locales. Para la segunda edición hubo una reevaluación general de los estudios de caso y una visión más matizada. Sin embargo, los problemas y preocupaciones principales seguían en pie. Una de las preguntas centrales se dirigía a especificar a quién estaba beneficiando el turismo, así como a iluminar las desigualdades presentes en las interacciones entre los turistas y las poblaciones locales (Smith 1989 [1978]: 8). Otros autores dirigieron la atención hacia los efectos positivos que el turismo había tenido en la revitalización de las artes y las tradiciones locales. Muchos de los debates principales y de las perspectivas teóricas que más tarde informarían el estudio del turismo fueron formulados ya en este trabajo. Por ejemplo, Graburn (1989 [1977]) se concentró en el significado simbólico del mismo y de sus cualidades transformativas para los turistas, comparados con peregrinos modernos tras los pasos de lo sagrado y lo extraordinario a través de la búsqueda turística. Por su parte, Nash (1989 [1977]) estudió los aspectos económicos y políticos del turismo, considerado como una forma más de imperialismo, donde el turista era un agente de cambio, como el conquistador o los misioneros lo habían sido antes. Otra pregunta importante, planteada por Núñez (1989 [1978]: 267), era si el advenimiento del turismo ocurría en tiempos de cambios rápidos o por el contrario precipitaba este tipo de cambio. Esta pregunta se relacionaba, en último término, con el punto de vista de Smith (1989 [1978]: 9), para quien el turista no era un agente de cambio y el cambio se debía más probablemente a la modernización en general. Otros comentaristas del tema han incidido desde entonces en la dificultad de diferenciar los cambios específicamente inducidos por el turismo, de aquellos atribuibles a procesos más generales de modernización (Bruner 2005, Burns 1999, Fuller 2009). Más aún, estos estudiosos han señalado que las culturas cambian con o sin turismo y que hay otros factores en juego, si bien han reconocido el papel del turismo en la aceleración del ritmo del cambio (Burns 1999: 89). De este modo, Burns ha remarcado un punto ya discutido en el capítulo 4: que las culturas no son entidades inertes y pasivas y que, por lo tanto, el cambio es tanto externo como interno (1999: 97-98). Por este motivo, la aculturación y la asimilación cultural no pueden simplemente darse por supuestas, ni siquiera en un contexto de relaciones asimétricas entre las culturas.

Después de *Hosts and Guests*, los comentaristas en general empezaron a mirar y a ponderar en sus estudios los aspectos tanto negativos como positivos del turismo. Para entonces, los debates estaban desplazándose y tomando forma en torno a la naturaleza del turismo y la autenticidad o inautenticidad de la experiencia turística. Otros temas eran la comercialización cultural, especialmente en relación con el turismo "étnico" en los llamados "tercer" y "cuarto mundo", y la producción de arte étnico (véase Cohen 1998, Graburn 1976, Greenwood 1989 [1977]). También se hicieron algunas distinciones pertinentes entre tipos de turismo, incluyendo la diferencia entre turismo doméstico e internacional y sus impactos varios. Ya en 1962, Boorstin había definido la naturaleza de la experiencia turística como algo prefabricado, lleno de "pseudoeventos" que escondían la realidad a los turistas, como las danzas escenificadas, las representaciones espirituales o las comidas con familias. Para Boorstin, estos pseudoeventos no eran más que rituales travestidos para consumo turístico (1992 [1962]: 79, 103). En una línea parecida, Baudrillard empleó el término "simulación" (y simulacros) para dar cuenta de representaciones turísticas, definidas por el autor como verdades de segunda mano o modelos sin su original, presentadas como reales —o hiperreales— en un mundo ideológico de ilusión y fantasmas, cuyo ejemplo por excelencia era Disneylandia (1988: 166-172).

La noción de pseudoevento (así como la de pseudocomunidad) fue aplicada igualmente por MacCannell, para quien el turismo reflejaba la estructura social (1999 [1976]: 11). Este autor ha criticado el análisis de Boorstin por su incapacidad para explicar el cambio social. Por el contrario, su teoría considera el turismo como una operación conducida por una sociedad moderna, donde el ocio ha desplazado al trabajo del centro de las disposiciones para preservarse a sí misma. Lo que mueve al turismo, según MacCannell, es una búsqueda de la autenticidad que emana de una nostalgia moderna de un mundo no-moderno donde persisten tradiciones antiguas. Pero en vez de una experiencia auténtica —nos dice este autor—, lo que los turistas reciben es una "autenticidad representada" en la que la realidad queda dividida en una "zona frontal", ocupada por el turista, donde el *show* tiene lugar, y una "zona trasera" o espacio íntimo y real, adonde los anfitriones se retiran después de su actuación. Sin embargo, como el propio autor reconoce (1999: 91-96), esta distinción entre zona frontal y trasera puede no ser tan clara.

Por su parte, E. Bruner (2005) ha repudiado conceptos binarios, tales como auténtico/inauténtico, verdadero/falso, real/irreal o frontal/trasero, que aparecen en los trabajos de Boorstin, Baudrillard y MacCannell. Bruner sostiene que el turismo genera nuevos productos culturales para una audiencia turística, productos que han de ser estudiados por sí mismos y que son dignos de atención antropológica. Los simulacros no son posibles, argumenta el autor, porque no hay originales a los que referirse. Las representaciones turísticas nacen de una matriz cultural, pero son "nuevas" dentro de ese contexto específico, con audiencias y tiempos cambiantes. Bruner (2005: 5-7) concluye que la representación es un aspecto constitutivo del turismo y que las producciones turísticas deben estudiarse como práctica social de pleno derecho y no como representaciones, simulacros, textos o lo que sea. En la misma línea, otros autores como E. Cohen y J. Urry han expresado su rechazo a la idea de versiones auténticas o reales que el turismo pondría en peligro (Fuller 2009: 30). Asimismo, Cohen (1979), en una crítica al análisis totalizador y estructuralista de MacCannell, ha señalado la multiplicidad de las experiencias turísticas así como los distintos tipos de turistas y de motivaciones, mientras que otros autores (Urry 2002a [1990]: 74-90, Ritzer y Liska 2003 [1997]: 102) han subrayado el carácter lúdico del turismo posmoderno, con su negación de lograr una experiencia 'auténtica' y su énfasis en la *performance*, el espectáculo y la representación para complacer la mirada turística. El turista posmoderno, argumenta Fuller (2009: 30), sabe que la autenticidad es prefabricada; lo que importa es la calidad de la representación. Otros críticos han objetado la mayoría de las teorías sobre el turismo sobre la base de que son etnocéntricas, excesivamente generalizadoras o funcionalistas e insuficientes a la hora de investigar las prácticas de los turistas y sus comprensiones (Edensor 1998: 1-6).

Consecuentemente, el debate en la literatura del turismo se está desplazando actualmente desde temas de autenticidad hacia procesos de autenticación, un enfoque que revela el problema de quién tiene el poder y la autoridad para "autenticar la autenticidad" (Cohen 1998). Adicionalmente otras teorías y temas de análisis contemporáneo van emergiendo en el contexto de la globalización y de la creciente internacionalización del turismo. Estas teorías proponen un cambio desde perspectivas sincrónicas hacia otras más diacrónicas, que sitúan el turismo en un complejo global de movilidades que incluiría la emigración, el transnacionalismo, las diásporas y otras formas forzosas y voluntarias de viaje. Al mismo tiempo que el turismo ve reducida su diferencia respecto de otras movilidades, otros conceptos binarios empiezan a difuminarse, tales como las distinciones entre estar en casa o fuera de casa, entre huéspedes y anfitriones, entre la vida diaria y el asueto, etc. El giro desde lo sincrónico hacia lo diacrónico entraña una transición del ser al hacer, así como de la estructura a la agencia y al flujo, un movimiento que trae a primer plano el papel constitutivo de los actos performativos sobre la realidad, más que su papel de mero reflejo de la estructura social. Esto implica que las identidades personales no son estables y que una persona es capaz de representar diferentes identidades, las cuales tienen un efecto sobre el público. Igualmente los lugares ya no pueden considerarse algo fijo sino que más bien están integrados en redes más grandes (Cohen y Cohen 2012b: 2181-2183).

Junto a paradigmas de movilidad y *performance*, Cohen señala un tercer desarrollo basado en la reciente teoría de Actor-Red (*Actor-Network theory*), que plantea la participación de objetos y de otras entidades no-humanas en sistemas de redes. El autor critica estos tres enfoques por su incapacidad para seducir a los investigadores (2012b: 2184). Esto no resulta sorprendente ya que, nuevos y originales como puedan ser estos métodos, no llegan, sin embargo, a abordar del todo las preocupaciones socioculturales y ambientales más urgentes que el turismo internacional de masas —y no solo el de masas— suscita principalmente en destinos no-occidentales y vulnerables. Por lo tanto, me siento más inclinado en mi caso hacia otras metodologías y marcos teóricos capaces de dar cuenta de estos temas clave y de llevarnos más allá, hacia otras ideas y preocupaciones.

Estudiosos poscoloniales como Hall y Tucker (2004) han insistido en que el estudio del turismo no debe considerarse aislado del contexto dinámico en el que opera. Estos autores examinan el turismo desde una perspectiva poscolonial,[2] sin perder de vista las limitaciones del método. Siguiendo la premisa mencionada de que el colonialismo no terminó con la independencia de los países colonizados, estos autores sitúan

---

2. Ella Shoat define el poscolonialismo como "una designación para los discursos críticos que tematizan cuestiones que emergen de las relaciones coloniales y sus consecuencias y que cubren un largo lapso histórico (incluyendo el presente)" (citado en Hoogvelt 2001: 167).

el turismo dentro del marco de la globalización y de otros fenómenos transnacionales controlados y orquestados por poderes económicos en su mayor parte asentados en Occidente. Su argumento es que la globalización es un fenómeno más complejo que una simple actualización del imperialismo, pero que retiene, sin embargo, buena parte del legado de este último. En otras palabras, el turismo tiene el potencial de convertirse en una nueva "economía de plantación", caracterizada por ser parte estructural de una economía de ultramar, por estar dirigida por las élites locales y también por la dificultad para calcular el flujo de valores (2004: 4-6).

Hall y Tucker destacan el papel del turismo, así como el del idioma y los textos (en inglés), en la construcción de lugares e identidades y la consiguiente mercantilización de valores colectivos e individuales. Estas representaciones construidas facilitan la transición desde los "textos culturales" a los "productos culturales" mediante los cuales se inventan las tradiciones y el patrimonio (2004: 6, 12). Sin embargo, los autores, haciéndose eco de las críticas a la teoría poscolonialista realizada por Finnström (1997), indican correctamente que sería equivocado asumir simplemente un rol pasivo de las poblaciones locales en la permanente construcción y representación de sus identidades (2004: 12-13). Esta crítica, además de refutar la dicotomía entre un colonizador activo y un colonizado pasivo, que es corriente en la teoría poscolonial, resalta que los estudios poscoloniales a menudo ignoran la realidad del mundo en desarrollo dada la ausencia de trabajo de campo, originando una posición binaria esencialista entre el colonizador y el colonizado. Más aún, se ha enfatizado que otras dicotomías poscolonialistas, como hegemonía versus resistencia, deben complementarse con las estrategias de adaptación, colaboración y acomodo desplegadas a escala local (De Boeck 1996: 94, citado en Hall y Tucker 2004: 17).

Si bien, en línea con esta crítica, podemos considerar algunas de las premisas poscoloniales reductivas o por lo menos parciales (y los autores son conscientes de ello cuando reconocen, por ejemplo, que el colonialismo no es la única fuente de poder y de construcción cultural (2004: 8-17), aun así, mis propias simpatías se alinean con buena parte de la crítica poscolonial, ya que amalgama realidades económicas, políticas y culturales en un sistema integrado e historizado que puede interrogarse fructíferamente acerca de problemas como la relación entre lo global y lo local, la redefinición de identidades étnicas en un contexto de asimetrías de poder o las consideraciones ideológicas y políticas que subyacen a las prácticas de conservación, preservación y desarrollo en el así llamado "turismo de patrimonio" (véase Cohen y Cohen 2012b: 2186-2191), del que Chinchero es un ejemplo.

El sistema turístico en Cusco: economía política

Visité Cusco por primera vez en 2005, cuando viajaba con mi mochila al hombro por Bolivia y Perú. Aquella vez me chocaron dos cosas en particular: la primera, la asombrosa belleza de la ciudad, realzada por sus construcciones incas y coloniales, así como la sensación de energía y vitalidad que emanaba de las populosas calles donde los cusqueños de toda clase y condición manejaban sus asuntos cotidianos. La segunda fue la abrumadora presencia de la industria turística en el centro de la ciudad, donde los extranjeros parecían haber tomado posesión de los espacios públicos en detrimento de la vida vernácula. El turismo reflejaba lo que para un observador externo podía parecer una ciudad globalizada y cosmopolita, una ilusión que se desintegraba a medida que uno iba más allá del perímetro de este centro histórico restringido y relativamente pequeño. Entonces aparecía una ciudad diferente, una ciudad sin turistas en la que el dinero bombeado en grandes cantidades por las industrias extractivas (gas y minería) coexistía con estándares de vida por debajo de la impresión inicial. Y sin embargo la actividad de la industria turística en el centro era frenética, con masiva presencia de agencias, hoteles y restaurantes por todas partes, *tours* guiados de la ciudad, minivanes privadas y autobuses turísticos de dos pisos, que llevaban a los pasajeros de una atracción a otra. Abundaban los jaladores en la plaza de Armas que vendían paquetes a Machu Picchu y al Valle Sagrado desde primera hora de la mañana hasta bien entrada la noche, vendedores ambulantes que vagaban por las calles, tiendas de artesanías, anuncios de sesiones de ayahuasca dirigidas por chamanes nativos y promesas de inefables experiencias trascendentes en la tierra de los incas, vía un turismo místico que, junto a otras formas de turismo, producían una visión de la cultura andina altamente "orientalizada" (Vich 2006: 94), destacando las distorsiones así como las peculiares dinámicas y las patologías de tan reconcentrado microcosmos.

En esta burbuja altamente comercializada, todo, particularmente aquello que tenía que ver con un pasado prehispánico mistificado, parecía susceptible de ser comprado y vendido en una creciente mercantilización del espacio, característica del sistema turístico (ver Hall y Page 2002 [1999]). Junto a esto, el gran número de turistas que caminaban por las calles y plazas informando un espacio urbano crecientemente moldeado por su presencia, evidenciaba la ironía descrita por Jaackson (2004: 176) en el sentido de que, al buscar el contraste, los turistas eliminan ese mismo contraste que muchos de ellos persiguen. Y sí, lo diré claramente: yo era uno de ellos...

¿Cuál era el motor del sistema turístico? ¿Cómo estaba organizado y quién manejaba sus hilos? La propaganda estatal vendía internamente el turismo como una "industria sin chimeneas", ecológica y próspera, un mundo de oportunidades económicas para todos y el mayor catalizador de progreso en la región, dando por supuesta una relación directa entre crecimiento turístico y desarrollo económico, ecuación cuestionada por cierto por la antropología del turismo (Fuller 2009: 34, 74; Hall y Page 2002 [1999]: 192-194,).[3] Al mismo tiempo que el turismo se asociaba dentro del país a la modernización y al desarrollo, las narrativas oficiales tenían la capacidad de producir otro discurso sobre el Perú —en particular sobre la sierra sur y dirigido a los mercados internacionales— como la tierra de la autenticidad y de las tradiciones, operación que para Vich solo demuestra la falta de correspondencia entre la realidad y el discurso que se elabora sobre ella (2006: 95). Fuller ha sintetizado la situación describiendo el turismo en Perú como una gran máquina discursiva que genera representaciones sobre la nación

---

3. Si bien no puedo ignorar la cuestión de los impactos económicos del turismo y de la distribución del dinero que genera en la región Cusco, un detallado análisis económico y una evaluación de estos impactos queda fuera del alcance de este libro.

y sobre los distintos grupos que la componen (2009: 14). Aunque hoy día en Perú la mayor parte de los turistas vienen a ver los sitios arqueológicos, los *tours* incorporan normalmente visitas a sitios patrimoniales "vivos", como Chinchero o el más conocido ejemplo de los Urus, en el lago Titicaca. Además de hacer los *tours* convenientemente más largos para las agencias, se puede argüir que este movimiento estratégico es impulsado por el creciente reconocimiento de los pueblos indígenas a nivel internacional. Al promover este tipo de turismo, el Estado peruano puede presentarse fuera del país como protector y custodio de los grupos originarios (protección negada a través de otras políticas menos visibles) y puede capitalizar, adicionalmente, una "diversidad" muy de moda, que puede convertirse exitosamente en una marca explotada comercialmente. Pero antes de sumergirse en los entresijos de la economía política del turismo, puede ser útil trazar brevemente la historia del turismo en Perú y en Cusco, para comprender mejor los orígenes de la situación que encontré en 2012, al inicio de mi trabajo de campo.

El "descubrimiento científico" de Machu Picchu por Hiram Bingham en 1911 inspiró las frecuentes visitas de extranjeros. En la década de 1920, Cusco experimentó un auge del turismo como actividad económica y cultural (De la Cadena 2004: 139). Como ha mostrado Mark Rice en su disertación doctoral (2014), durante los años veinte y con el fin de contestar estereotipos del serrano atrasado que venían de Lima, las élites cusqueñas y los neoindigenistas saludaron la perspectiva del turismo internacional. Siguiendo la reconstrucción que Rice hace del advenimiento del turismo a Cusco, estas élites complementaron el trabajo de los indigenistas mediante la promoción de la imagen de un nuevo indio y de una visión folclórica del pasado, en un momento en que no había mucho apoyo por parte del Gobierno peruano, interesado más bien en promover la imagen de una Lima blanca, costeña y moderna en el extranjero. Durante las décadas de 1930 y 1940, diferentes instituciones vinculadas con la política exterior estadounidense del "buen vecino" manifestaron un creciente interés en los Andes del Sur. Aprovechando estos nuevos nexos transnacionales y económicos, los cusqueños aprovecharon la mirada exterior para argumentar que su tierra representaba la verdadera peruanidad. También promovieron Machu Picchu y Cusco como destinos turísticos, zonas de contacto cultural y, especialmente, como símbolos nacionales.

En la década de 1930 los grupos folclóricos y los artistas apoyaron el proyecto indigenista de promoción del turismo y en 1933, Cusco fue declarada "Capital Arqueológica de Sudamérica" mediante ley nacional. La estrecha conexión entre la promoción del folclore local y el desarrollo turístico en la región ha sido analizada por De la Cadena,[4] para quien el proyecto neoindianista descansaba sobre la representación del indio como "otro" para atraer el turismo (2004: 277-291). Esta autora ha sostenido que, con su énfasis en el folclore, los intelectuales querían difundir la imagen de un "indio festivo" en lugar del retrato de una raza rural pergeñado por los primeros indigenistas o del indio rudo e introvertido pintado por artistas y escritores. Esta imagen de un "indio festivo" funcionó como un imán en un momento en el que el turismo cobraba ímpetu (2004: 277). Los folcloristas se dedicaron a recoger danzas y expresiones culturales en las comunidades. Como argumenta De la Cadena, podían haberlo hecho en la ciudad, donde se representaban los mismos bailes, pero para lograr la distancia temporal y espacial deseable para convertir al andino en un auténtico "otro" era más efectivo y autorizado ir a buscar la esencia indígena en el campo (2004: 278). En este proceso dirigido de revitalización del folclore, el camino quedaba expedito para la invención de las tradiciones. En 1944, el primer festival del *Inti Raymi*[5] se celebró en Cusco, evento que De la Cadena ha descrito como "un proceso consciente de utilización del pasado para crear un ritual público con fines políticos" (2004: 157). Este enfoque folclorista no era simplemente un fenómeno nacional. Ya en el siglo XIX en Europa, un movimiento folclórico fuerte estaba en

4. Véase también el trabajo de Zoila Mendoza (2006) sobre la revitalización del folclore en Cusco.

5. Festival del sol, en quechua. Fue una recreación arbitraria de un supuesto festival inca relacionado con el solsticio de invierno y el año agrícola. Puede ser relevante decir que Núñez del Prado participó en el guion. Hoy en día el *Inti Raymi* es un acontecimiento turístico de primer orden, que congrega a miles de turistas nacionales e internacionales en la plaza Mayor de Cusco en el mes de junio.

curso e iba a irradiar hacia otros continentes donde se adoptarían las teorías y los métodos europeos (Dundes 1999).

En 1946, se creó la Corporación Nacional del Turismo (CNT), la primera institución estatal para el desarrollo del turismo, y al año siguiente se celebró la primera Conferencia Nacional del Turismo. En los años cincuenta, Perú atravesó un proceso de industrialización, urbanización y modernización (Fuller 2009: 112). En la década de 1960 el turismo mundial experimentó un *boom* y se convirtió en una industria de masas. La accesibilidad de los precios de la aviación comercial y el crecimiento de las clases medias explican una situación que, como ha señalado Rice (2014: 71), era propicia después de la Segunda Guerra Mundial. En la esfera internacional, el turismo se percibió entusiastamente como una alternativa de desarrollo, enfatizándose su potencial económico (Fuller 2009: 113). Bajo el gobierno de Belaunde (1963-1968) se delinearon las primeras políticas públicas para la promoción del turismo nacional e internacional, junto con una expansión de las infraestructuras y una mayor integración del territorio nacional. En 1968, la CNT puso en marcha el Proyecto Especial Regional Plan COPESCO para la promoción del desarrollo turístico en el sur peruano, por el cual el Estado asumía un papel activo en la implantación de una infraestructura hotelera. Con Velasco Alvarado (1968-1975), el Estado asumió un control más firme de la economía y el turismo se convirtió en uno de sus sectores, mientras que se estimulaba al mismo tiempo la inversión privada (Fuller 2009: 113-114). En congruencia con lo que Rice y De la Cadena han sostenido para las décadas previas, Fuller hace hincapié en la ideología oficial de los orígenes indígenas de la nación peruana que guió las políticas turísticas en los años sesenta y setenta, políticas basadas en el rescate y exaltación del rico patrimonio cultural (material e inmaterial) y del folclore, así como en un énfasis en la naturaleza y en las poblaciones nativas y campesinas. Con Morales Bermúdez (1975-1980), se revirtió el modelo velasquista y la iniciativa privada tomó el mando. Durante su mandato se creó el Ministerio de Industria y Turismo y las inversiones en el sector continuaron (Fuller 2009: 114-116).

La década de 1980 trajo una recesión económica interna e internacional. La violencia política en Perú y el clima de inseguridad subsiguiente redujeron el número de turistas. Fujimori (1990-2000) reestableció la seguridad interna e implantó un régimen neoliberal que desmanteló el aparato del Estado y favoreció las inversiones privadas. Desde 1993 en adelante el sector no ha dejado de crecer. El foco se ha puesto en las "culturas vivas", en la ecología, en las expresiones artísticas y en la gastronomía. Se ha creado Promperu para promocionar los productos turísticos peruanos y su imagen en el mercado internacional y se ha puesto en marcha el primer Plan Maestro para el desarrollo turístico con el objetivo de ampliar y mejorar la oferta turística. Con Toledo en la presidencia (2002-2006), la tendencia ha continuado hacia el *marketing* del producto "Perú" como marca turística. Como afirma Fuller, desafortunadamente, la mejora de la oferta turística se ha dirigido más hacia la satisfacción de las necesidades de los turistas que de las poblaciones locales (2009: 117-119).

Este resumen revela algunas de las coyunturas históricas que han moldeado el advenimiento del turismo a Perú, un proceso saturado de profundos componentes políticos e ideológicos. Uno de los puntos que esta trayectoria destaca es que, desde sus comienzos, la historia del turismo en Perú y en Cusco ha estado inextricablemente unida a la construcción del "otro" indio y a la "folclorización" de las culturas locales para atraer al turismo internacional. Si en las etapas iniciales esta operación había sido liderada por las élites intelectuales y el Estado, es cada vez más evidente que la última implicación del Estado en el desarrollo turístico de la región ha tomado la forma de una alianza o sociedad con los inversores y promotores privados, lejos en cualquier caso de un rol regulador o de una genuina preocupación por la distribución equitativa de los ingresos. Esta situación se alinea con las conclusiones de Burns (1999: 111-113) respecto del sistema turístico internacional en el sentido de que es probable que los beneficios financieros vayan a enriquecer a compañías extranjeras y élites locales, y que el control sea externo a los destinos y sea ejercido por corporaciones turísticas transnacionales (véase también Hall y Page 2006 [1999]: 193-194).

Con el objeto de aprender más acerca de los entresijos del sistema turístico en Cusco fui a hablar con mi amigo Liborio, guía experimentado y dueño de una pequeña agencia turística en la ciudad. Merece la pena reproducir parte de la entrevista:

PABLO: Estoy tratando de entender mejor el mundo del turismo en Cusco. Creo que la mayoría de las agencias trabajan con turoperadores.

LIBORIO: Bien, en nuestro mundo económicamente globalizado tenemos diferentes tipos de agentes: turoperadores directos y turoperadores nacionales. Dentro de ellos tienes a las agencias de viaje mayoristas y a las minoristas, que ofrecen diferentes clases de turismo y pueden ser locales o nacionales. Teniendo en cuenta que Cusco es una parte extremadamente importante dentro del sistema turístico peruano, pasa a ser el eje a escala regional, nacional y sudamericana. Eso explica toda la gama de turoperadores, agencias y agentes turísticos.

PABLO: ¿Cuál es la diferencia entre el turoperador y la agencia de viajes?

LIBORIO: Hay pequeñas diferencias. En la legislación turística peruana hay diferencias. Por ejemplo, una agencia de viaje mayorista es aquella que coloca clientes en mercados fijos en los lugares del extranjero donde ofrecen el producto. Estas agencias segmentan el mercado, por ejemplo los Estados Unidos, Europa o Europa del Este. Y estos mayoristas proveen de grupos al Perú. Pero, siendo mayoristas en sus países, pueden al mismo tiempo tener sus operadores aquí.

PABLO: Por ejemplo, Viajes Pacífico, Cóndor Travel... Estas grandes agencias nacionales, ¿son turoperadores?

LIBORIO: Estas son agencias de viaje, agentes que venden sus paquetes de viaje vía internet, vía otros proveedores internacionales que pueden competir con Meliá, Thomas Cook o con otras compañías en el extranjero, pero todas ellas contratan trabajo con Cóndor Travel o Viajes Pacífico en Perú o Viajes Pacífico vía internet. Venden Perú, Sudamérica. Ellos, mediante sus turoperadores en Lima, o en el resto del país, operan directamente estos grupos. Esos son los turoperadores. Por otro lado, nosotros somos un ejemplo de agencia de viaje minorista. Ofrecemos paquetes turísticos locales. Nosotros los diseñamos y se los podemos ofrecer a los mayoristas. Podemos convertirnos así en sus turoperadores aquí en Cusco; esto es, el que opera o ejecuta el servicio que ofrecemos.

PABLO: ¿Quién controla el turismo en Cusco?

LIBORIO: La Dirección Regional de Turismo maneja el aspecto legal. Pero si hablamos del volumen de turistas, de tomar las decisiones en cuanto a dónde van, dónde los coloco, los precios y todo eso, los mayoristas están a cargo, esas que llamamos transnacionales. Pongamos, por ejemplo, Cóndor Travel, una compañía nacional; en razón del enorme flujo de turistas que manejan pueden gestionar tarifas de hotel y ofrecer mejores servicios a mejores precios en mejores hoteles porque su flujo de reservas es continuo. Y pueden también manejar el tema del transporte en vuelos domésticos porque están usando la aerolínea, porque manejan flujos.

PABLO: Parece como que los que mueven la mayor parte del capital son compañías extranjeras transnacionales.

LIBORIO: Sin lugar a dudas. La mayor parte del capital implicado en las transacciones turísticas es extranjero: las cadenas hoteleras y las agencias mayoristas internacionales, muchas de las cuales ya tienen sus ramas nacionales en Lima y algunas en los puntos más importantes del país como Lima, Cusco, Arequipa y Puno.

PABLO: ¿Y qué tipo de lazos hay entre estas transnacionales y el Consejo Regional de Turismo?

LIBORIO: Políticamente hay alianzas, en este caso entre CANATUR [Cámara Nacional de Turismo] y los managers de estas compañías quienes, de hecho, presiden el Consejo. Pasa lo mismo con APAVID [Asociación Peruana de Agencias Turísticas]. La Cámara Nacional de Turismo es un conglomerado de operadores o agentes de viaje y empresarios de la hostelería, así como algunos transportistas en unos pocos casos. Y también son parte del Ministerio de Turismo. Hay una Dirección General de Turismo, ente regulador que maneja toda la actividad turística en el país, donde también igualmente tienen un representante. Lamentablemente, el turismo no es una cuestión de Estado en el Perú, sino un tema privado.

Las palabras de Liborio sugerían que el sistema turístico en Cusco y en Perú está controlado por élites políticas y económicas transnacionales. El sector público, representado por el Estado, se habría rendido a los poderes globales del capitalismo, se habría fundido con ellos. Si la dimensión económica del turismo estaba determinada por la integración vertical del sistema y la concentración de las infraestructuras, de las compañías aéreas y de los hoteles en unas pocas manos (Fuller 2009: 20), la agenda política de la industria se dirigía hacia la recreación de una identidad regional fuerte, que pudiera fácilmente comercializarse y venderse en el mercado. Dos conversaciones cortas que mantuve, una con el académico cusqueño Jorge Flores Ochoa en el Café Ayllu del Cusco, y otra con mi amigo y antropólogo peruano Carlos Velaochaga, revelaron aún más claramente la poderosa simbiosis entre la economía y la política en el sistema turístico, contribuyendo a definir la fotografía. Transcribo en primer lugar las opiniones de Flores Ochoa:

> El turismo es un poder político en Cusco. Muy probablemente el próximo alcalde sea un hombre de negocios del sector. Además tienen el control sobre los medios. Los que, como yo, hablamos en contra del turismo somos señalados y nos dificultan el acceso a la información. El turismo genera muchos ingresos en Cusco pero su distribución es muy desigual. Existe la ilusión de que el turismo es pan para todos. Y sin embargo el recurso turístico no está bien tratado. El turista no está bien tratado. Cusco se halla todavía bajo el encanto del incanismo y de la recreación de la identidad. La misma situación se da en el norte del país con la identidad Moche. Ahora hablan "mochica", ¡pero ni siquiera saben cómo se pronunciaba! Mientras el incanismo sigue su curso, se están destruyendo restos incas y de otras épocas. El caso del hotel Marriott es flagrante.[6] Allí no solo había evidencias incas y preincas, sino también coloniales y republicanas.

En cuanto a Velaochaga, quien había trabajado anteriormente como consultor turístico y guía, le pregunté sobre el turismo en Cusco. Mientras se tomaba su segundo pisco en el bar donde estábamos, sus observaciones, al mismo tiempo azarosas y perspicaces como de costumbre, subvirtieron la idea extendida de los "efectos" del turismo sobre la población local y apuntaron a la agencia y a las estrategias de la población local para manipular las condiciones creadas por el turismo a su favor:

> Tenemos que empezar con la admiración que el peruano medio siente por lo que es extranjero y con lo que Cusco ha elaborado con relación

---

6. El recientemente inaugurado, ostentoso y lujoso Hotel Marriott en el centro de Cusco se vio envuelto en una gran polémica cuando se hizo público que durante su construcción numerosos e importantes restos arqueológicos incas fueron secretamente sacados de la obra, con la connivencia del entonces Instituto Nacional de Cultura (INC). El episodio ilustra bien cómo las lógicas económicas de la ganancia contradicen regularmente discursos culturales de protección del patrimonio en el país.

al rol del turismo: el turista gringo siempre tiene plata, podrían mejorar la raza... Algo típicamente andino, practicado por igual por quechuas y collas, es ocultar el dinero que uno tiene, mostrar pobreza para explotar al turista.

Pero no todo el mundo era crítico con el turismo, ni mucho menos. Aquellos que se ganaban bien la vida con él tenían otra opinión. Uno de mis más antiguos y mejores amigos en Cusco, José, estaba en la industria turística desde hace muchos años. Nacido y criado casualmente en Chinchero, era dueño de un hotel muy cercano al centro de la ciudad y era también un exitoso hombre de negocios y emprendedor. De origen social, mestizo de clase media/alta acomodada, sus perspectivas diferían considerablemente de las de otros y bien podrían tomarse como representativas de su grupo social. También ilustran el acentuado conflicto de intereses que rodea el mundo del turismo y la marcada polarización existente entre los que ocupan diferentes posiciones dentro de las jerarquías del sistema:

PABLO: Como cusqueño, has sido testigo de la evolución de la ciudad en los últimos años con el turismo. A tu manera de ver, ¿cómo está cambiando las cosas el turismo? ¿Qué está generando?

JOSÉ: Creo que tenemos que dividir Cusco en dos partes: los lugares turísticos y los no turísticos. En los turísticos ha habido mucho progreso durante todo este tiempo, porque donde hay turismo hay dinero. Cuando el país estaba en su peor momento, durante los tiempos del cólera, del terrorismo y de los problemas sociales, Cusco no se hundió como otras ciudades porque el turismo proveía recursos. Pero este fenómeno solo ha sucedido en la parte turística. En la parte no turística había mucha pobreza, pero esto recién está cambiando, y no gracias al turismo sino a la minería. Un impacto "negativo" del turismo podría ser el incremento en el precio de las propiedades, que son muy caras en comparación con el resto del Perú. Pero también hay beneficios y obviamente tienes pros y contras, como en todo. También están llegando muchos extranjeros y para muchos de mis paisanos cusqueños eso es malo. Consideran negativo que chilenos, argentinos, españoles, gringos, compren propiedades en el Valle Sagrado. Yo creo que no se puede evitar. Estamos en un mundo globalizado, donde tenemos que adaptarnos a las circunstancias y sacar lo mejor de ellas.

PABLO: Veo un fenómeno de "expropiación" del centro histórico, de absorción turística y de retirada forzosa de los residentes locales hacia la periferia. ¿Me equivoco?

JOSÉ: Para ser honesto, no estoy seguro. Pero si se han ido, ha debido ser porque han querido. Nadie los ha sacado. Ni la municipalidad los ha expulsado, ni el gobierno regional los ha expropiado para beneficiar a un extranjero. Es porque han estimado conveniente vender o alquilar su propiedad y en consecuencia se han mudado a otro sitio, donde tal vez estén más cómodos. Pero esto es parte del crecimiento económico, del desarrollo.

PABLO: Ahora que mencionas los beneficios, ¿quién se beneficia de ellos? ¿Es un segmento amplio de la población o solo una minoría que controla el turismo?

JOSÉ: Se dice que los beneficios del turismo son amplios en cualquier parte del mundo. De nuevo, desde mi punto de vista, en Cusco tienes los que se benefician, al vivir en las zonas turísticas, y los que no se benefician porque no viven en las zonas turísticas. Si un extranjero o un limeño viene, compra una casa y la convierte en un hotel, bueno, está claro que está dando trabajo a sus empleados. Al mismo tiempo está beneficiando a los taxistas, a las agencias que cobran comisiones, a los agricultores que producen la papa y el maíz que el hotel va a necesitar para alimentar a sus huéspedes. Pasa lo mismo con un restaurante: muchos productores se beneficiarán indirectamente porque habrá más demanda y los extranjeros consumirán. En mi opinión, el beneficio es amplio.

El caso de Chinchero

"Este pueblo vive del turismo", me recordaban los pobladores una y otra vez en Chinchero. De hecho, la mayoría, si no todos los chincherinos, estaban de acuerdo en que el turismo había cambiado notablemente el pueblo, o por lo menos el centro poblado, durante los últimos años y que ese cambio había sido generalmente para bien, en cuanto a estándares de vida y de infraestructuras básicas. El dinero del turismo estaba llegando a muchas familias —aunque fuera de manera significativamente asimétrica— a través de las ventas directas de textiles y artesanías a los visitantes, así como mediante los ingresos provenientes del boleto turístico, que todos los visitantes no cusqueños tenían que pagar para visitar el sitio arqueológico y el pueblo inca y colonial. Estos ingresos eran recaudados por el Estado y la municipalidad recibía un porcentaje, supuestamente destinado a reinvertirse en el pueblo. La verdad era que muchos residentes se preguntaban acerca del uso (o del mal uso) de ese dinero y no veían claramente los beneficios. Para el visitante, la condición turística del pueblo y los cambios introducidos eran evidentes desde el momento en que el acceso al centro urbano estaba restringido por varios puestos de control, que el movimiento por dentro estaba dirigido, que las relaciones con los pobladores estaban muy comercializadas y alteradas, que el espacio se había transformado de acuerdo con los criterios de manejo del patrimonio y de la multiplicación de centros textiles para brindar servicios a la industria turística. Si bien los residentes tendían a atribuir semejante visible transformación de Chinchero principalmente al turismo, estaba claro para algunos que los cambios no podían deslindarse de procesos de modernización y desarrollo más amplios que habían ocurrido en la región. En cuanto a los ingresos generados, no faltaban de ningún modo las voces críticas.

Una noche, poco después de mi llegada a Chinchero en julio, escuché una conversación entre Rober y Washington en la casa. Hablaban sobre cómo el pueblo estaba cambiando con respecto a tiempos anteriores. Para mi sorpresa, culpaban al turismo del abandono de muchas costumbres. Aunque apenas eran unos adolescentes, hablaban como adultos, tal vez dando fe del gran cambio que había ocurrido en relativamente poco tiempo. Su acusación principal se dirigía al hecho de que todo el mundo en el pueblo estaba pensando en el turismo para ganarse la vida, olvidando al mismo tiempo otras prácticas y actividades económicas. Los padres —decían Rober y Washington— querían que sus hijos fueran guías turísticos. “Económicamente el turismo no te permite prosperar; algo se gana, pero no mucho”, decía Washington.

Esta especie de obsesión con el negocio turístico era evidente a muchos niveles diferentes. Como subrayaban los dos hermanos, la mayoría de los jóvenes estudiaban carreras relacionadas con el turismo, como administración hotelera, gastronomía o gestión empresarial. Por su parte, sus madres pasaban la mayor parte del día, bien en los centros textiles inaugurados en los últimos años o bien recorriendo las calles de Cusco, tras los pasos de los turistas, para persuadirles de que compraran alguna artesanía. Este era el caso de Augusta, quien, consciente de la dependencia que el turismo había traído a su vida, había disuadido a sus hijos de seguir un camino similar y les había empujado hacia otro tipo de trabajos.

Pero incluso aunque Augusta era una excepción en este sentido, su vida estaba igualmente moldeada por los condicionamientos, así como por las oportunidades que imponían el negocio turístico y sus esquemas temporales. Su dedicación al turismo implicaba, por lo tanto, una profunda reorganización de su tiempo personal y del del resto de su familia también. Al verse obligada a pasar la mayor parte de su tiempo fuera de casa durante el día, el grueso del trabajo doméstico recaía sobre los hijos. Dado que Jacinto, como otros muchos hombres, estaba empleado en la construcción en Cusco, se mantenía alejado de la casa desde muy temprano hasta muy entrada la noche. Cuando sus hijos eran pequeños y Augusta tenía que dejar la casa para ir a vender sus artesanías, era Jacinto quien se quedaba en la casa, cuidando de ellos y asumiendo la mayoría de las tareas domésticas. Pero bajo las nuevas circunstancias, tanto Augusta como sus hijos tenían que compatibilizar sus respectivos horarios para responder a los retos de las nuevas temporalidades introducidas por el turismo. En este escenario, la estacionalidad y la dependencia del turismo cusqueño de Machu Picchu planteaban problemas adicionales que se exacerbaban cuando todos los huevos se ponían en la misma cesta. Poco a poco, a través de la experiencia personal, cada vez más mujeres eran conscientes de los riesgos del negocio. La siguiente entrada extraída de mis notas de campo arroja alguna luz sobre la situación:

> Febrero. No hay turismo. Augusta no tiene plata y no es la única. Este mes le toca pagar el colegio de sus hijos y pasa por serias dificultades. Los hijos tienen que buscar trabajo. Amílcar ya ha encontrado uno y los demás pueden ir detrás. Esto además de sus obligaciones en la casa y de sus estudios. Vivir del turismo introduce estas nuevas dinámicas en la casa.

Nuevas temporalidades significaban que el pueblo se movía al ritmo del turismo extranjero y que la vida social tenía que organizarse de acuerdo con ello. Como Chinchero se insertaba en el circuito del Valle Sagrado, su posición geográfica y su jerarquía dentro de este popular itinerario, que incluía la visita en el mismo día a otros famosos sitios incas, como Pisaq y Ollantaytambo, marcaba el ritmo del flujo turístico al pueblo. Normalmente la mayoría de los itinerarios turísticos terminaban en Chinchero a última hora de la tarde, antes de que a los turistas los llevaran de vuelta a sus cuarteles generales en Cusco. Esto significaba que la actividad en el pueblo llegaba a su clímax en aquellas horas tardías, cuando el parqueadero se llenaba de autobuses y vehículos turísticos de muchas agencias diferentes. Para muchos pobladores, particularmente para las mujeres de los centros textiles así como para los artesanos y los ambulantes, estas eran las horas de mayor actividad. Durante el día, por el contrario, el centro poblado permanecía silencioso y casi desierto. Mientras la mayoría de los hombres trabajaba en la ciudad y los niños estaban en las aulas, el resto de los pobladores aprovechaba para trabajar las chacras, cocinar en las casas y pastear sus animales. Las mujeres que vendían artesanías en Cusco tenían que compaginar sus trabajos con otras múltiples ocupaciones. Normalmente se tomaban algunas mañanas o tardes libres durante la semana, o incluso días enteros en ocasiones, para atender otras obligaciones en la casa o fuera de ella. De una forma u otra el turismo era parte de la cotidianidad de la mayoría de las familias y les obligaba a introducir cambios. Una ilustración contundente de ello me la ofreció Mandy, una canadiense con quien conversé en Cusco, que se autodefinía como trabajadora de la industria turística con larga experiencia en el sector:

> En relación con el rescate textil en que estamos trabajando ahora, es un proceso súper complicado. Entraña todo un cambio ideológico para las mujeres. Por ejemplo, en una pequeña comunidad cerca de Ollantaytambo están haciendo ahora demostraciones de textilería. La ONG les está ofreciendo la oportunidad de participar en talleres pagados y las mujeres solo muestran indiferencia. Por mucho tiempo han estado viviendo sus vidas alrededor de sus hijos, de sus hogares y de sus chacras. Todos ellos son trabajos muy nobles que se ajustan a su propio ritmo, a su propio

tiempo que viene de muy lejos. El rescate textil solo tiene veinte años en comparación y supone una tremenda reorganización de su tiempo.

Para explorar más en profundidad la cuestión de cómo se había recibido el turismo en Chinchero y el nuevo cúmulo de circunstancias que había introducido, me serviré de la entrevista que le hice a Pabel, director del Departamento de Turismo del Centro Bartolomé de Las Casas en Cusco (CBC), una prestigiosa institución de investigación embarcada en proyectos colaborativos con comunidades campesinas a escala regional. Pabel y su equipo trabajan bajo la premisa del "turismo solidario", en oposición a otras corrientes de turismo. Según Pabel, la diferencia principal es que mientras estas últimas buscan el beneficio de los intermediarios, el enfoque del CBC pretende beneficiar a las comunidades incentivando prácticas asociativas y reduciendo la dependencia económica del turismo. La entrevista no se centró específicamente en Chinchero, pero aun así su contenido es iluminador y relevante para las realidades que encontré en mi lugar de trabajo.

> PABLO: Me interesan los impactos sociales y ambientales del turismo.
>
> PABEL: No tenemos mucha actividad en Chinchero, pero hay cierta familiaridad porque a veces vienen de allá y nos piden apoyo para el sector turismo, así como para otros subsectores, como las artesanías y el turismo rural comunitario, actividades complementarias al turismo. Respecto de algunos aspectos sociales negativos, primero, tú sabes que el turismo ha sido promovido por diferentes actores. En este caso por las ONG, algunos gobiernos locales y otras empresas privadas. Pero no todos ellos trabajan con el mismo enfoque o toman en cuenta el concepto de sostenibilidad. Normalmente priorizan el aspecto económico. Este es el enfoque más convencional en la promoción del turismo en las comunidades, pero se descuida la dimensión social, cultural y ambiental. Hay una debilidad evidente hoy en día. En lo social, el individualismo está ganando terreno en las comunidades. A veces el turismo no beneficia a toda la comunidad, sino que más bien induce a la segmentación, a la estratificación dentro de la comunidad. Además, aquellos que se han beneficiado del turismo han tendido a adoptar otros patrones. Se ha introducido un sentido de discriminación desde dentro. Algunas personas disfrutan de más oportunidades y dinero que otras. Esto es lo que ha creado el

turismo. Aparte de esto, en Cusco no ha habido una estrategia que haya incentivado la cohesión social de la comunidad; antes, al contrario, ha llevado a la desintegración. Se pensaba también que la promoción del turismo en las comunidades limitaría la emigración. Al contrario, el flujo migratorio de los jóvenes a la ciudad se ha incrementado. Porque cuando el turismo no está bien planificado y organizado lo que se genera es un gran desorden en la comunidad. Se crean nuevos patrones, nuevas costumbres. Cuando la gente de las comunidades ve llegar a los visitantes con sus propias costumbres, esto les llama la atención. Piensan que estas costumbres son superiores. Y así se crean nuevas necesidades. Esto lleva a la gente a emigrar a la ciudad y a buscar sus beneficios.

En cuanto a Chinchero no conozco la situación suficientemente bien. Cuando hemos hecho investigación en el Valle Sagrado hemos visto un cambio. Han virado hacia un modelo de organización occidental y han descuidado el más tradicional. Esto es, por ejemplo, un impacto a nivel social. En el ámbito ambiental, ciertas cosas no pasan desapercibidas. Primero, los residuos sólidos se han incrementado en las comunidades porque ahora consumen más cosas. Además, el volumen de producción en actividades tradicionales como la agricultura y la ganadería ha decrecido. Supuestamente el turismo debería ser una actividad complementaria coordinada con las demás, pero ese no ha sido el enfoque. En muchas comunidades, el turismo se ha considerado en su mayor parte como la actividad principal. Han descuidado la agricultura y la ganadería y han sido incapaces de integrar estos sectores. Entonces, la preocupación existe por el aumento de los residuos sólidos y por el declive de otras actividades. Lo otro es que no existe un control en las comunidades sobre las propiedades. Antes había ríos y pastos, pero ahora hay una depredación incipiente y un uso incontrolado. Donde una vez había ríos, ahora se están construyendo casas. Estas casas no se integran bien con el entorno. Más bien al contrario, se construyen con materiales nobles que distorsionan la estética de la comunidad. Estos son algunos de los aspectos negativos.

Lo que Pabel me contó me resultaba bastante familiar. El individualismo y la segmentación que describía también eran rasgos discernibles en Chinchero, aunque no eran en absoluto nuevos en el pueblo. Bajo una aparente sociabilidad y convivialidad todo el mundo mantenía sus negocios en privado, para que otros no se enteraran y se aprovecharan. Augusta solía urgirme a no revelar ninguna información sobre sus actividades y las de Jacinto en mis conversaciones con otros vecinos. Del mismo modo, no debía hablar con nadie acerca de mis arreglos personales con ellos o sobre lo que sucedía en la casa:

> En este pueblo no puedes confiar en nadie. Si averiguan acerca de lo que hago, tratarán de bajarme. Esto es lo que pasa cuando a alguien le va bien económicamente; le bajarán porque aquí la gente no aguanta que a otros les vaya bien. Por esto no tengo amigos en el pueblo; hablo con todos pero no soy amiga de nadie.

En efecto, no me llevó mucho tiempo darme cuenta de que los residentes controlaban mutuamente sus movimientos. Como el grueso de la actividad económica se relacionaba con el turismo, las familias y los centros textiles se esforzaban por mantener sus iniciativas comerciales fuera del alcance de ojos ajenos, en lugar de intentar un esfuerzo concertado. Los chincherinos entraba así en una competición en la que quienes estaban mejor vinculados con los agentes turísticos, gracias a su situación económica, redes sociales, cantidad de tierra, influencia política, etc., tomaban rápidamente la delantera en la carrera. En otras palabras, se trataba de una réplica a escala local de jerarquías más amplias que se encontraban en el sistema a escala regional. En consecuencia de esto, un proceso de estratificación social estaba en curso y resultaba relativamente fácil, una vez que se había adquirido cierta familiaridad con el pueblo, distinguir a qué individuos, familias o grupos les iba mejor que a otros. Podría haberse esperado algún tipo de papel regulador y organizador por parte de la municipalidad para intentar distribuir las oportunidades y los beneficios de forma más equitativa. Pero del mismo modo que en el ámbito nacional el turismo era un tema privado, también lo era en Chinchero, donde la municipalidad tenía muy poco control sobre la actividad turística.

Dicho esto, sería obviamente equivocado e ingenuo culpar al turismo por todos los males sociales de Chinchero o pretender que antes del turismo no había segmentación de ningún tipo. Pero claramente la manera en que funcionaba el sistema en el pueblo no favorecía la cohesión social, sino que tendía, más bien, a exacerbar diferencias ya existentes, así como tensiones propias de la vida comunal. La situación me recordaba bastante a la investigación realizada en las islas de Taquile (Healy y Zorn 1982, Ypeij y Zorn 2007) y Amantaní (Gascón 2005), en lago Titicaca, donde a pesar de algunos años iniciales prometedores de desarrollo turístico donde las comunidades habían logrado mantener el control sobre esta actividad económica, con el tiempo y la implementación de políticas neoliberales en los años noventa, que terminaron con el monopolio de los isleños sobre el sistema de transporte de botes, el control había pasado a manos de agentes externos. Adicionalmente, se habían intensificado problemas relacionados con fragmentación interna, individualismo creciente, consumismo y un declive general en los beneficios (Gascón 2005, Ypeij y Zorn 2007). Cabe señalar, sin embargo, que, a pesar de las narrativas de "fracaso" que encontramos en estos autores, particularmente la experiencia de Taquile ha sido exitosa durante casi veinte años, antes de perder su posición dominante en el mercado con la emergencia de nuevos competidores mejor posicionados en el sector.

Pabel había tocado también temas de migración y de organización social. En cuanto a la migración, no parecía que el desarrollo del turismo en Chinchero estuviera persuadiendo a muchos jóvenes de quedarse en el pueblo, si bien patrones andinos de migración que venían ya de lejos (véase capítulo 1; también Asensio 2016) tendían a un permanente ir y venir entre el pueblo y la ciudad. Sin embargo, el intenso contacto con la vida urbana y los patrones encarnados por el turismo (a la hora de dar ideas a los pobladores para adoptar ropas nuevas, usar nuevas tecnologías como los celulares, etc.), junto con los años pasados en Cusco como estudiantes, funcionaban para muchos como un imán, considerando también las oportunidades que Cusco y otras ciudades podían proporcionar en comparación con un pequeño pueblo del campo como Chinchero. Con respecto a la organización social anterior al turismo, me hizo pensar en lo que Shirley, una agente turística y guía, me dijo en Cusco cuando la entrevisté:

> Estudié turismo y preparé un proyecto de turismo participativo en Chinchero hace quince años, cuando casi ni había turismo. Lo que has encontrado empezó solo hace cinco años. En muchos pueblos, el turismo

> ha tenido un impacto económico positivo, pero el impacto sobre la organización social ha sido considerable. No puedo decir que la organización social que tenían en Chinchero fuera óptima. Hay problemas que vienen del pasado.

Probablemente el cambio más visible en la organización social debido al turismo en Chinchero estaba representado por los grupos textiles que puntuaban las calles del centro poblado. Estos grupos, así como todos los problemas y temas que venían con ellos serán examinados en detalle en el capítulo 6. Igualmente, el tema del impacto del turismo sobre el paisaje y el entorno será tratado en el capítulo 8, dedicado a la construcción del nuevo aeropuerto internacional del Cusco en Chinchero.

En otro aspecto, Pabel había mencionado la adopción de nuevos patrones y costumbres en una situación de contacto cultural propiciada por el turismo, que sugería algo que en la literatura se conoce como el "efecto demostración". Autores como Burns y Fuller han reconocido este efecto, especialmente entre los jóvenes de sociedades llamadas tradicionales, pero al mismo tiempo no creen que el mismo tenga un gran impacto sobre el cambio social. Mientras Burns (1999: 95) sostiene que la evidencia empírica es débil y que con la globalización no es posible diferenciar los cambios que introduce el turismo de aquellos que trae la modernización, Fuller aclara que estas sociedades ya han estado en contacto con Occidente durante mucho tiempo (2009: 90-91). Una mañana me topé con Gerónimo en su jardín y compartió conmigo su punto de vista sobre el asunto:

> En treinta años, el ritmo del cambio y la desaparición de las tradiciones se ha acelerado como nunca antes en Chinchero. Por ejemplo, yo ya no uso ojotas para trabajar; uso mis botas de agua y en los viejos tiempos trabajaba descalzo. No llevaba estas ropas. En el futuro todos tendrán su carro, solo unos pocos trabajarán la tierra, la mayoría serán constructores, artesanos, profesionales y empleados en instituciones públicas. Los hijos estudiarán. ¿Las causas? Las nuevas tecnologías de la comunicación (en particular los celulares), la globalización, el turismo. Cuando yo era chico no había plástico; las casas tenían su techo de paja, las cocinas usaban

> leña, la comida llegaba directamente de la chacra al estómago. Ahora todos vamos a la tienda a comprar cualquier cosa, incluso pescado y pollo. Ahora la gente quiere vestirse como los turistas, escuchar música en inglés y cosas por el estilo. Todo está cambiando muy rápidamente. Me preocupa que en poco tiempo Chinchero se convierta en un lugar muy diferente, especialmente con el aeropuerto. Parecerá un país muy diferente.

Aunque las palabras de Gerónimo me agradaron, porque reconocía en ellas lo que probablemente quería oír como investigador no completamente liberado del romance antropológico, experimenté también cierta resistencia. En la comunidad, Gerónimo tenía reputación de hombre muy tradicional, una visión que no era necesariamente halagadora. Jacinto, por ejemplo, estaba en franco desacuerdo con él y pensaba que posiciones como las de Gerónimo solo impedían el progreso del pueblo. En cualquier caso me pareció que, si bien Gerónimo expresaba algunas opiniones muy válidas, también estaba "representando" un papel para mí, perfectamente consciente de la nostalgia y la preocupación que muchos gringos (y especialmente los antropólogos gringos) sentían respecto de la desaparición de las tradiciones. Como he señalado antes, Gerónimo había colaborado con otros etnógrafos e investigadores en el pueblo antes de mí, así que indudablemente conocía bien el terreno en el que se movía.

Los comentarios de Gerónimo me recordaron, sin embargo, otras perspectivas actuales que han comparado el cambio social promovido por la modernización y la subsiguiente adopción de otros patrones culturales con decadencia cultural (Washington Rozas y Delmia Valencia Blanco 2012). Si bien simpatizo con la preocupación generada por las condiciones en las que el contacto cultural y el cambio social se están dando en muchos rincones de los Andes, resulta muy difícil suscribir simplemente puntos de vista tajantes que oponen rígidamente "la vida y los valores tradicionales" a los de la ciudad y la modernidad. No podemos perder de vista tampoco que, como ha dicho Levellen, "la dicotomía tradición/modernidad está directamente asociada con la teoría de la modernización, una forma de desarrollismo que ha sido desacreditada" (2002: 100). El tema del cambio social lo elaboraré en más detalle en el capítulo 7.

El hecho es que buena parte del turismo (especialmente, aunque no solo, el turismo étnico/cultural y el turismo místico), se ha predicado sobre esta separación, descansa sobre ella y la explota para su propia supervivencia. La disyunción es tanto temporal —el tiempo del turista es el presente/la modernidad, mientras que el tiempo de las personas visitadas es el pasado/lo tradicional— como espacial, con itinerarios y lugares específicamente diseñados para proporcionar esa experiencia del pasado, y presupone la construcción del otro de múltiples modos. Hall y Tucker recalcan que la "otredad" es esencial en el turismo porque es lo que hace a un destino digno de consumo, alimentando mitos y un lenguaje mítico (2004: 8). Anteriormente, en su *Time and the Other,* J. Fabian (1983) había argumentado que la antropología ha construido su objeto colonial de investigación a través de un distanciamiento temporal con respecto a este objeto mediante varios dispositivos. Según Fabian, la expansión colonialista/capitalista (en la que la antropología jugó su papel) necesitaba espacio para ocupar y tiempo para acomodar tanto los esquemas de una historia unilineal (progreso, desarrollo, modernidad) como los de sus imágenes inversas (estancamiento, subdesarrollo, tradición). En otras palabras, la *geopolítica* tenía sus fundamentos ideológicos en la *cronopolítica* (1983: 144-145).

Considerando la centralidad del argumento de Fabian para mi estudio, este libro bien podría haberse titulado "El turismo y el otro: la política del tiempo en Chinchero". Ciertamente, el argumento que expondré en los capítulos que siguen abordará el turismo como una forma extrema de temporalización (capitalista) y explorará los modos en que la industria turística coloniza el tiempo (y sus concreciones espaciales) en Chinchero por medio de artefactos ideológicos destinados a fabricar su "otro". Estos dispositivos de distanciamiento están convenientemente ocultos bajo el paradigma actual de la "preservación cultural" e incluyen, entre otros, la política del patrimonio arqueológico y cultural, el uso del lenguaje, los *tours* guiados y las transformaciones espaciales. El argumento considerará el papel de los residentes en este proceso, las tensiones, los conflictos que nacen de él y las diferentes respuestas dadas a poderosas y sugerentes presiones externas para ajustar las vidas de los chincherinos a ciertos estándares y expectativas.

5

Ruinas en el paisaje: el turismo y el patrimonio arqueológico de Chinchero

Cuando las ruinas se transforman en sitios arqueológicos

Durante la celebración de la Mamacha Natividad del 8 de septiembre —la festividad religiosa y cívica principal de Chinchero donde distintos grupos levantaban grandes altares en la plaza inca que servían como estaciones en las procesiones de las imágenes que se sacaban de la iglesia—, las tensiones afloraron entre el grupo de los *varayuq* y mayordomos por un lado, y el personal del Ministerio de Cultura (Mincu) por el otro. El primer grupo se disponía a celebrar la fiesta de acuerdo con la costumbre: usando el espacio del sitio arqueológico y los recintos incas dentro de él. Estas ruinas se ubican al norte del centro poblado y comprenden los restos de las estructuras y los andenes pertenecientes al palacio de Topa Inca Yupanqui, más varias formaciones rocosas que eran (y aún son) importantes *huacas*, como la llamada *chinkana*. Por su parte, los trabajadores del Mincu habían recibido instrucciones de no permitir a los *varayuq* y a los mayordomos desarrollar sus actividades. Estas actividades incluían, entre otras cosas, comer y beber, además de bailar y cocinar, dentro de las ruinas. En 2012, y por primera vez en la historia de la fiesta, el acceso a los recintos principales había sido cercado y los trabajadores, que ese día doblaban su número habitual, vigilaban y patrullaban el sitio bajo la premisa de su conservación como monumento que traía turistas y dinero al pueblo y que, por lo tanto, tenía que mantenerse siempre limpio y ordenado. Después de la misa, la muchedumbre que había llegado desde todos los rincones del distrito empezó a llenar la plaza inca. Las fricciones comenzaron cuando los *varayuq* y los mayordomos de las diferentes comunidades de Chinchero intentaron saltar los cercos y acceder a las estructuras para continuar la fiesta dentro. Al intentar el personal del Mincu evitar el asalto, se produjeron tensos intercambios verbales entre ambos grupos. Uno de estos intercambios sucedió de esta manera:

> MINCU: Chinchero vive del turismo. El pueblo tiene que estar limpio. Ustedes ensucian el parque, botan basura, orinan y vierten chicha sobre las piedras.
>
> MAYORDOMOS: Ustedes no entienden. Esta costumbre viene de los incas.
>
> MINCU: Estas costumbres tienen que cambiar. El parque se va a cercar cada vez más para su conservación. ¡Ustedes toman demasiado!
>
> MAYORDOMOS: ¡No es verdad!
>
> MINCU: ¡Os vamos a despojar de vuestras costumbres!

Tras una negociación, los comuneros recibieron permiso para ingresar a las estructuras incas. Por la tarde, el conflicto se prendió de nuevo y subió de temperatura cuando los *varayuq* trataron de hacer fuego en la plaza, usando leña para cocinar y para mantener el frío bajo control durante toda la noche. Los trabajadores del Mincu, que temían por los posibles daños que podía sufrir el empedrado de la plaza, se acercaron rápidamente hacia la pila de leña y la recogieron. En ese momento, Jacinto corrió hacia los trabajadores y les arrebató la leña, mientras el resto de *varayuq* increpaba a los empleados, quienes, frustrados y resentidos, tuvieron que retirarse.

Los sucesos del 8 de septiembre representaban la culminación de un proceso gradual de apropiación y transformación que había tenido lugar desde que el espacio de las ruinas se había convertido en sitio arqueológico y monumento bajo el control del Estado y de los profesionales que trabajaban en nombre del conocimiento científico, la protección del pasado de la nación y, más recientemente, con la intención de desarrollar el turismo local.[1] Los eventos resumían también las tensiones inherentes a esta transmutación y resaltaban la naturaleza política de la operación aparentemente neutral subyacente. Por último, subrayaban las diversas y conflictivas prácticas y comprensiones alrededor de los restos materiales del pasado, así como las nociones sobre el patrimonio que acompañaban a tales restos. La intervención del Mincu encajaba dentro de un programa de revitalización cultural liderado por el Estado, para fomentar una identidad inca entre los pobladores de Chinchero, identidad que podía ser exitosamente comercializada por la industria turística. Operaciones similares de revitalización cultural impulsadas por el Estado se pueden encontrar en otras partes del mundo, como la descrita por Denes (2012) en Tailandia, en relación con la incorporación de los jemeres al patrimonio nacional tailandés.

Antes de que las ruinas pasaran a ser un "sitio arqueológico", constituían principalmente un espacio agropecuario y ritual plenamente integrado con el resto del pueblo. Los campesinos cultivaban las terrazas incas y las tierras adyacentes y los animales se movían libremente por ellas. La *chinkana* y otros santuarios naturales polarizaban la vida ceremonial y los campesinos atravesaban las ruinas en desplazamientos comerciales regulares, entre el cercano valle del Urubamba y las alturas de Chinchero, para terminar en el mercado del pueblo. La reconversión en monumento arqueológico había tenido una marcada significación espacial y se consiguió a expensas de la tenencia de la tierra. Numerosos testimonios que recogí entre los enojados residentes daban testimonio de la expropiación de chacras por parte del Mincu para demarcar el perímetro del sitio con su zona intangible adyacente. Tomás Huamán, empleado del Mincu por más de cuarenta años, me confirmó lo que los comuneros afirmaban: que nadie recibió compensación tras la demarcación. Un informe de 1984 sobre los trabajos arqueológicos en Chinchero dirigidos por el antropólogo Percy Bonnet señala que

1. Los trabajos arqueológicos en Chinchero comenzaron en década de 1940. En 1945, el Instituto Nacional de Cultura asignó un guardia al monumento y en 2001 el sitio fue declarado oficialmente "Parque Arqueológico". En 2004 se promulgó una Ley General del Patrimonio Cultural Nacional.

para 1945 estaba prohibido cultivar las terrazas incas porque algunos comuneros no tenían interés en su conservación. Y el documento añade: "Habiendo podido desalojar a los campesinos, las terrazas fueron liberadas de su cultivo desde entonces".[2] En 1987 otro informe de Percy Bonnet recomendaba a la autoridad que "todavía no permita el uso de las terrazas para su cultivo, hasta que la intervención haya concluido y se haya puesto en valor el monumento, y también porque los campesinos que usan los andenes adyacentes no propenden a mantener su óptima conservación".[3]

Por lo tanto, el control y la protección del sitio permanecieron en las manos del Mincu, un conglomerado de profesionales dirigido por arqueólogos y arquitectos, pero con participación de antropólogos y otros especialistas también. El sitio fue apropiado, despojado de su condición anterior, acondicionado y exaltado como parte del patrimonio nacional y consagrado a la investigación arqueológica, con el propósito de conocer el pasado. Se aplicaron normas destinadas a asegurar un control efectivo del espacio por el Estado y sus representantes, medidas que alteraron las relaciones entre los residentes y las ruinas. La demarcación de los límites del sitio más las expropiaciones de parcelas y la prohibición de prácticas tradicionales en su interior, segregaron físicamente el espacio social de las ruinas de las dinámicas locales más amplias en las que se integraba. Con la llegada del *boom* turístico, las medidas restrictivas solo se habían endurecido y el acceso de los animales al sitio se impedía con cercos de madera con el objetivo de mantener la zona limpia para los turistas. Además, pusieron en marcha trabajos regulares de mantenimiento y restauración como parte del programa de conservación patrimonial.

La segregación no era solo física; también era moral y simbólica. Cuando los arqueólogos tomaron el control del sitio establecieron su autoridad de diferentes maneras. No solo decidieron quién podía trabajar dentro del sitio y quién no, sino que también decidieron el tipo

---

2. Instituto Nacional de Cultura, Cusco, Programación de Obra. Biblioteca del Ministerio de Cultura, Cusco.

3. 1987, Informe Anual. Biblioteca del Ministerio de Cultura, Cusco.

de trabajo que se podía realizar en la zona. Además se reservaron la interpretación de los restos arqueológicos, desplazando o ignorando el conocimiento local. El conocimiento científico hegemónico desterró el conocimiento local y, parafraseando a Marisa Lazzari, "reconfiguró un espacio domesticado con el fin de educar a la nación sobre su pasado" (2011: 181).[4] Este conocimiento estaba lejos de ser objetivo o inocuo. Laurajane Smith ha develado la naturaleza política del conocimiento y discurso arqueológicos, dejando claro que a través de la gestión de recursos culturales los formuladores de políticas públicas ejercen un control sobre las expresiones de la identidad social y cultural (2004: 2).

En Chinchero, el Mincu era percibido como un cuerpo ajeno, sin importar el hecho de que la mayor parte de sus trabajadores provenían del distrito. Pero las cabezas venían de otra parte: eran cusqueños o vivían en la ciudad. De hecho, toda la institución se asociaba fuertemente en la región Cusco con el centralismo limeño urbano, sobre la creencia extendida, pero errónea, de que la mayoría de los ingresos turísticos generados por Machu Picchu y Cusco se transfieren a Lima y se administran desde allí.[5] Dado su origen urbano, se les consideraba ignorantes e incompetentes respecto de las cosas del campo. Aparte de vivir en la ciudad, eran profesionales cualificados y, como tales, en

---

4. Procesos similares de apropiación en otras partes del mundo han sido descritos por otros autores, donde diferentes grupos reclaman derechos y pelean por los sitios arqueológicos u objetos que están normalmente bajo custodia de agencias estatales o de organizaciones de patrimonio (Bender 1993a; Gordillo 2009; Lazzari 2011; Smith 2004, 2009). Por ejemplo, Bender, en su estudio sobre Stonehenge, ha comentado las formas en que, con los años, aquellos con poder económico y político y con capital cultural se han apropiado del pasado y de la tierra de esos otros que se relacionan con ellos de manera distinta y han impuesto un monopolio del conocimiento en nombre del rigor científico (1993b: 246). Pero el rigor científico, como advierte Bender (1993b: 270), ha tendido a esquivar la política, separando lo cultural y lo estético de lo social. Este desafortunado aislamiento de las prácticas arqueológico-científicas respecto de su contexto social y demandas actuales ha sido abordado también por Silverman (2005) y Lazzari (2011).

5. La mayor parte de los recursos de Machu Picchu los administra la Dirección Desconcentrada de Cultura.

virtud de su educación y formación académica, estaban legitimados por el Estado para tomar decisiones que afectaban a todos los pobladores (la mayoría sin educación formal o trabajadores no-cualificados) que vivían dentro de la zona arqueológica y el centro histórico, que abarcaba la mayor parte del centro poblado.

Las relaciones entre la institución y los pobladores eran, en consecuencia, difíciles y a menudo tensas. Desde la perspectiva de los residentes, el Mincu era una institución que actuaba contra sus intereses. Les prohibía trabajar y pastar sus animales en las ruinas, así como emprender trabajos de mantenimiento y refacción dentro de sus casas sin una exploración arqueológica previa, bajo la premisa de que se hallaban dentro de la zona arqueológico-histórica y de que todo material de esta índole era inalienable y pertenecía al Estado, es decir, a todos los peruanos. Para acometer trabajos urgentes de mejora y construcción en sus casas tenían que solicitar permisos, que no siempre se concedían y cuando se concedían resultaban costosos y demoraban bastante tiempo en tramitarse. Los pobladores afirmaban que el proceso se aceleraba pagando dinero bajo la mesa, pero no todo el mundo podía permitírselo.

Estos costos hacían que los chincherinos prefirieran desmontar los muros incas dentro de sus casas durante la noche, antes que pagar o esperar a los permisos. Para el Mincu, la institución había sido encomendada con la importante (y patriótica) misión de salvaguardar el rico legado inca y colonial del pueblo y nadie estaba por encima de la ley que sancionaba la protección de este legado. Además, el Mincu tenía que luchar contra lo que ellos percibían como la ausencia de identificación de los residentes con su patrimonio, claramente demostrable por la tendencia de estos últimos a emborracharse en los espacios ceremoniales y a orinar en ellos. La esfera de influencia del Mincu alcanzaba a casi todos los dominios de la vida en Chinchero y todas las obras públicas y proyectos comunitarios tenían que contar, tanto con su aprobación, como con su vigilancia. En la práctica, esto significaba que mientras los pobladores caminaban en una dirección, el Mincu caminaba sistemáticamente en la dirección opuesta. Por poner un ejemplo, los artesanos, los comerciantes y la municipalidad habían acordado reemplazar el viejo mercado por uno nuevo en la parte baja del pueblo. Pero, mientras que ellos querían una estructura más moderna que requería excavación, el Mincu se oponía al proyecto, defendiendo por el contrario una reestructuración del mercado tradicional con materiales rústicos que no chocaran con la imagen típica del Chinchero inca y colonial. Como resultado de la disputa, el proyecto se había paralizado.[6]

Además de procesos de re-territorialización y desplazamiento, la segregación implícita en la transformación de las ruinas en sitios arqueológicos conllevaba un proceso de esterilización espacial y dominio ideológico que ya se percibía en el propio lenguaje. Recuerdo claramente el día que entrevisté a María y Soledad, las amigables trabajadoras del Mincu con quien solía departir casi todos los días durante las largas horas que pasaba rondando por el a menudo solitario y frío reino de las ruinas, mientras tomaba notas y hacía observaciones de lo que sucedía (o no sucedía) a mi alrededor. Cuando, durante la entrevista, usé intencionalmente la palabra "ruinas" me corrigieron rápidamente:

> Eh... discúlpeme; "ruinas" no es una palabra adecuada porque sugiere deshechos y desorden. El término apropiado es "centro arqueológico". Solo los pobladores dicen "ruinas"; pero los profesionales como nosotras decimos "centro arqueológico".

Cuando unos días más tarde fui a referirle el incidente a Tomás, quien, como ha quedado dicho, había trabajado más de cuarenta años para el Mincu, esto fue lo que me dijo:

> Es como si intentaran ganarse el respeto negando la palabra "ruinas", con su sugerencia de destrucción y abandono. De esta manera pasan por funcionarios, por trabajadores. Se ofenden cuando alguien dice "ruinas". Para mí, una vez que se llevan a cabo trabajos de reconstrucción también

6. Actualmente ya se ha llevado a cabo la remodelación del mercado, conforme a criterios del gusto del Ministerio de Cultura.

se pueden llamar restos arqueológicos o lo que sea, pero no hay nada malo en decir "ruinas".[7]

Durante el curso de la conversación María y Soledad hicieron hincapié en lo que yo había oído muchas veces por boca de otros empleados del Mincu y de sus jefes, en el sentido de que los pobladores locales no educados no estaban preparados para apreciar el valor de su patrimonio y que no les importaba en absoluto, al contrario que los turistas. Este era el discurso oficial que emanaba de las altas jerarquías de la institución; un discurso internalizado y repetido por aquellos que ocupaban los escalones inferiores en la jerarquía, con independencia de su nivel educativo o de su posición dentro de la comunidad. Era sobre todo a través del lenguaje que un grupo en particular establecía su prestigio y autoridad para imponer su propio proyecto sobre otros y legitimar así una apropiación.

La manipulación ideológica del lenguaje con fines políticos no era nueva en Chinchero. Fidel, el presidente del sector de Cúper Pueblo, relataba que, con el fin de afirmar su dominio simbólico sobre el espacio urbano y marginar a los campesinos indios, la Colonia había impuesto nombres españoles. Igualmente, durante la república y después de la Guerra del Pacífico entre Perú, Bolivia y Chile, algunas calles se bautizaron con los nombres de héroes, como Miguel Grau y Francisco Bolognesi. Ángel recordaba que después de la guerra un alcalde de Chinchero había cambiado los nombres en quechua de las calles por nombres en español. Esos nombres poseían significados profundos y la población todavía los recordaba. Por ello, la reciente sustitución de la palabra *ayllu* por "comunidad" y "sector" había conllevado, según Ángel, un proceso de desmembramiento. En cuanto a las voces "ruinas" y "centro arqueológico", estaba claro que la primera había sido manchada de connotaciones negativas que no existían en origen para los residentes, mientras que la segunda estaba imbuida de los valores positivos

7. Con respecto a esta controversia, empleo preferiblemente el término "ruinas" en el texto porque el concepto de "sitio arqueológico" abstrae una multiplicidad de significados y asociaciones importantes para las sensibilidades locales (Gordillo 2014).

de la ciencia, la investigación, el cuidado y la protección. En último término, mediante un proceso de alteración del lenguaje se había profesionalizado el pasado y se había alienado este de la población local. Smith nos ha recordado que el discurso arqueológico es inseparable de las estructuras hegemónicas y sin embargo, en la práctica, el discurso está separado de la dominación ideológica, dejando así relaciones de poder sin abordar (2004: 50-51).

Espacio, tiempo, contacto

Henri Lefebvre ha postulado que la hegemonía no deja el espacio intacto y que el espacio social es un producto social (2013 [1974]). La hegemonía espacial de la ciencia y, particularmente, del turismo sobre el "sitio arqueológico" de Chinchero estaba ampliamente fundada, como he mostrado, sobre la evacuación forzosa de la vida social que la había precedido y sobre la imposición arbitraria de límites físicos y simbólicos, allí donde las continuidades territoriales y las lógicas culturales regían anteriormente. La nueva racionalidad de este espacio exigía una transformación cualitativa: visualmente, las ruinas se habían convertido en un objeto de contemplación estética y disfrute para consumo turístico. Eran, como señalaba el antropólogo local Carlos Quispe, un icono. Esta alquimia se había conseguido mediante una visualidad construida de acuerdo con las reglas de la perspectiva occidental, la cual producía un espacio luminoso, coherente y objetivo. El espacio "abstracto" resultante era físicamente limpio y visualmente despejado; pero también estaba desprovisto de misterio, era fácilmente empaquetable y consumible y había sido vaciado de significado cultural y religioso (Herzfeld 2006: 138, Lazzari 2011, Lefebvre 2013 [1974]). La exaltación de un orden visual inhibía simultáneamente la participación de otros sentidos y ocultaba las fuerzas que habían moldeado ese espacio. Era también un espacio regulado: el movimiento estaba dirigido al interior por senderos recientemente creados para los turistas, mientras los viejos caminos locales que lo cruzaban y que condensaban las huellas de innumerables viajes caían en desuso. Al mismo tiempo, los campesinos eran empujados hacia los márgenes de ese territorio. El resultado para ellos era una situación de pérdida de contacto y de control. Perder el contacto era un asunto grave para una población cuyo sentido de lugar era espacializado e in-corporado. Esta privación había comenzado aparentemente mucho antes. Para Fidel, el presidente del sector de Cúper Pueblo, en tiempos pasados la Iglesia católica había separado a los pobladores de la idolatría de las ruinas:

> Cuando éramos niños nos obligaban a ir al templo a rezar y a confesarnos. Ahora los niños van a la escuela, pero yo solía jugar en las *huacas* y trepar a las rocas antes de aprender sobre la importancia de la preservación cultural por mis estudios. La educación católica ha separado a la gente de su patrimonio. Ahora se está revalorizando a través del turismo.

El espacio de las ruinas estaba compuesto de trazos materiales que remitían físicamente al pasado y conectaban a los pobladores con ese pasado por medio de los sentidos principalmente. Cuando se suprime o se restringe el contacto, las continuidades con el pasado, así como el conocimiento del presente, se interrumpen. El contacto precisa del "orden experiencial de la materialidad" (Lazzari 2011: 172) y opera intensamente con los sentidos, sobre todo —aunque en modo alguno únicamente— con o a través del sentido del tacto. Además, la materialidad y los sentidos, junto a los procesos históricos, se relacionan directamente con la construcción de lugar. "Los sentidos construyen lugar", escribe Feld (1996: 92). En Chinchero, la relación entre la materialidad y el sentido de lugar es íntima (véase capítulo 2). Los chincherinos construyen su sentido de lugar a través de sus continuos intercambios corporales en los múltiples dominios de la vida diaria, tales como en la fabricación de ladrillos de adobe, en el lavado de la ropa o en las diversas tareas físicas implícitas en el trabajo agrícola, por poner solo unos ejemplos.

Además, el contacto y el sentido de lugar ocurrían dentro de un paisaje dado. El paisaje de Chinchero era más que una acumulación casual y estática de rasgos físicos o geográficos aprehendidos a través de la vista. Era un paisaje transitado, en cambio permanente a través de las prácticas re-productivas que se desarrollaban en él, como la agricultura, la ganadería, la explotación forestal, la construcción y otras. Tales viajes y prácticas requerían de una implicación corporal constante con el medio físico. Hombres, mujeres y niños caminaban con sus animales hacia los campos y los pastos, a veces a considerable distancia de sus casas. El hecho de caminar (junto con el de nombrar) reiteraba relaciones con el paisaje[8] y movilizaba la memoria de diferentes maneras, desde las libaciones a la *pachamama* o el soplado de hojas de coca hacia los *apus*, hasta el recuerdo de las tierras que sus abuelos habían trabajado antes. Era contacto en movimiento, el anclaje del individuo a la tierra y la renovación de los lazos afectivos mediante el cuerpo. Carlos Quispe, el antropólogo (y empleado del Mincu por aquel entonces), reflexionaba sobre el tema del contacto y su importancia:

> Sí, he visto aquí en Chinchero hace años, cuando el INC casi no tenía influencia, que los pobladores usaban permanentemente el espacio de la zona arqueológica para cultivar sus productos de panllevar: cebada, quinua, vaina, papa… Yanacona y Cúper usaban ese espacio. En cualquier caso, siempre he visto el respeto por la zona arqueológica. Más aún, cuando era pequeño apreciaba que no podía acercarme demasiado a ciertos espacios, como la *chinkana*. Incluso aquí mismo, en *Titiccaca*, había una roca a la que uno no podía ir. Siempre había miedo del arcoíris que solía aparecer desde detrás de la *chinkana*. Yo pensaba sobre ese espacio y decía "no, no debo mirar al arcoíris porque pudriría mis huesos." Uno no podía orinar tampoco en dirección al arcoíris. Y para nosotros el arcoíris estaba relacionado normalmente con la *chinkana*. De alguna manera había respeto. La gente te decía, "este es el lugar de los antepasados, de los mallku (ancestros), y uno no podía acercarse. Más tarde, el contacto se perdió y supongo que desde entonces he visto también personas interesadas en encontrar ciertos objetos, los famosos huaqueros. He visto entre 1985 y 1988 en varios lugares gente que, como el espacio no estaba protegido, llegaba y huaqueaba. Fue entonces cuando intervino el Estado, pero para restringir el uso, porque asumo que algunos sitios no estaban bien administrados por la población local y estaban supuestamente necesitados de mayor conservación o preservación. El problema es que esta intervención introduce una división. Ya no es un espacio de los pobladores; más bien es un espacio privado. En consecuencia, el lazo con la

8. Agradezco a Stella Nair por llamar mi atención sobre este punto.

población desaparece, el lazo con el pasado inca, con ese pasado que les vincula. Todavía hay algunos lugares importantes para el poblador, pero ahora se miran desde afuera. Esto es lo que veo.

Sin embargo, también para los turistas las ruinas se habían convertido en un espacio notablemente despersonalizado. Una vez que los campesinos ya casi no las ocupaban, los únicos cuerpos que permanecían eran los de los mismos turistas y sus guías. Y esto podía resultar altamente decepcionante. Como un enojado turista polaco me dijo una vez: "Los turistas no son reales; lo real son los habitantes del lugar, ¡y aquí no hay ninguno!". El aislamiento de la experiencia turística se reforzaba por la prohibición de tocar las piedras, subir a los muros y a las rocas. Si bien la intención de proteger el sitio de los efectos de un turismo incontrolado se comprendía sin dificultad, también era verdad que al prevenir un contacto físico más cercano, al turista se le privaba de un nivel más profundo de intimidad sensorial.[9] Un cura ortodoxo ruso a quien conocí un día en las ruinas me dijo, mientras posaba cuidadosamente su mano en un muro inca, que cuando se toca la piedra uno siente la historia, se siente más cerca del pueblo que la hizo y conoce mejor a este pueblo. Además, en el caso de Chinchero, la escala del turismo, aunque ya considerable y en aumento constante, no se podía catalogar como "turismo de masas" y por lo tanto, por lo menos hasta entonces, no se habían requerido medidas de protección extremas.

El desalojo de los pobladores y de sus animales de las ruinas solo era el primer paso en la esterilización del espacio, operación requerida conjuntamente por la ciencia y el turismo. El proceso exigía la eliminación de restos "contaminantes". Los excrementos de animales que aparecían en los andenes cada mañana después de que algunos campesinos hubieran infiltrado sus animales (normalmente ovejas, cerdos o vacas) por la noche, molestaban notablemente a los responsables del Parque, quienes temían que semejante exhibición de materia orgánica

9. Tim Edensor (1998: 51-52) ha descrito a los enclaves turísticos como espacios desodorizados y faltos de sensualidad.

ofendiera a los turistas. En realidad, a los turistas con quienes hablé no parecía importarles estos encuentros casuales. Para ellos, estos incidentes eran la única señal de ocupación y vida a su alrededor, recuerdos de la actividad local que habían venido a ver y que se les había hurtado a la vista y a los demás sentidos. Un grupo de jóvenes turistas españoles a quienes entrevisté en las ruinas lo explicaban así:

> Apreciamos la paz y el silencio del lugar, su paisaje, el hecho de que no haya muchos turistas. Todo está muy limpio, quizá demasiado limpio. No nos importaría nada ver excrementos de animales (pero no basura). Más aún, extrañamos la presencia de ovejas y otros animales, y de la gente haciendo sus vidas y trabajando en el sitio, como esas mujeres que hacen chuño en la plaza. A todos nos gustaría ver ese tipo de sitio vivo.

La imagen de un humilde pedazo de excremento encerraba una gran metáfora de contemporaneidad y de su negación sistemática en el sitio. La eliminación de restos orgánicos iba pareja con la remoción de todo el musgo y la vegetación que cubría las piedras y los muros. Resultaba que algunas de las "malas hierbas" arrancadas eran plantas medicinales que los residentes recogían para aliviar sus dolencias, señalando una nueva tensión entre el pasado y el presente dentro del sitio. Estas intervenciones se completaban además con la reposición de las piedras caídas en los muros colapsados. En otras palabras, todo signo de temporalidad se borraba mediante los trabajos de mantenimiento y restauración. Esta suspensión del tiempo era en último término donde desembocaba la esterilización del espacio.

En efecto, el tiempo estaba siendo evacuado de las ruinas y esta operación debía mucho al turismo cultural o de patrimonio. Este proceso resultaba paradójico porque, en esencia y especialmente desde el último tercio del siglo XVIII en Europa (Lowenthal 1985), las ruinas encarnaban el paso del tiempo y evocaban su poder destructivo a través de su naturaleza decadente. Las ruinas eran testimonio de tiempos históricos pasados y de la condición fugitiva de toda empresa humana, mientras que simultáneamente formaban parte de los paisajes cotidianos de distintos grupos humanos. Y ahora resultaba que, mediante las dinámicas de la conservación del patrimonio y las promesas de diferencia enarboladas por el turismo cultural, las ruinas tenían que durar (Gordillo 2014: 8-9). Al aislarlas y restaurarlas, al limpiarlas y eliminar la mácula del tiempo de su superficie, las ruinas se convertían en un monumento atemporal; eran moldeadas como un "otro" clásico, del mismo modo que los antiguos monumentos grecorromanos encarnaban el ideal de la eternidad.[10]

Según Herzfeld, el tiempo monumental se opone al tiempo social. Este autor define el tiempo social en función de las relaciones formales e interacciones diarias, "el grano de la experiencia cotidiana" (1991: 6) cuya imprevisibilidad proporciona a los eventos su realidad. Por el contrario, el tiempo monumental es reductivo y genérico, predecible, se enfoca especialmente en el pasado y concibe los eventos relacionados con la realización de un destino supremo. La conciencia del tiempo social, sostiene este autor, disminuye a medida que las personas comienzan a hablar de la historia en términos monumentales (Herzfeld 1991: 10). Yo añadiría que el tiempo monumental es también el tiempo turístico, en sí "suspendido" en una especie de burbuja que se origina con la ruptura temporal y circunscrita de los turistas con su mundo habitual. Urry subraya la asincronía y la disyunción resultantes (2002b [1995]: 166), en tanto que el tiempo de los turistas, que tiende a ralentizarse, puede no ser el mismo que el de los pobladores locales.

Sin embargo, paradójicamente, congelar el flujo del tiempo en el sitio equivalía a una forma extrema de temporalización porque, al separar las ruinas de la historia local y entregárselas a los turistas, al ignorar el paso del tiempo y la contemporaneidad de las ruinas, estas se convertían en un "otro" distante, inaccesible para sus descendientes,

10. Herzfeld ha escrito que el entorno construido (*built environment*) refleja la ideología que lo respalda. La ideología detrás de la monumentalidad es la de la eternidad, la permanencia y la desaparición de la temporalidad, excepto en un sentido mitológico (2006: 129). De hecho, esto es lo que sucede con las narrativas de los guías en Chinchero. Su estudio de un pequeño pueblo patrimonial en Creta es de particular relevancia para Chinchero, ya que muestra a los residentes contestando un pasado destemporalizado impuesto, así como un presente dessocializado, igualmente impuesto por el aparato administrativo-burocrático patrimonial (1991: 9-10).

precisamente por su condición maximizada de eterna "incanidad". Irónicamente, como ha sostenido Herzfeld al observar la incoherencia de una conservación histórica que ayuda a destruir lo que se propone preservar,[11] nada es más permanente que lo temporal y, a la inversa, nada es potencialmente más temporal que un edificio designado como monumento permanente al pasado, bajo las condiciones de la conservación histórica (1991: 251). La historia monumental equivale a adueñarse del tiempo, afirma Herzfeld (1991: 9), inspirándose en el trabajo de De Certeau. Este punto es reforzado por Meskell (2002: 566-567), quien, al comentar la habilidad del turismo para trocar sitios patrimoniales "negativos", como los edificios nazis de Múnich en objetos visitados por los *tours*, concluye que el turismo puede representar el dominio definitivo sobre el tiempo.

Una arqueología académica versus una arqueología local

La suspensión del tiempo en las ruinas y los imperativos de la conservación/restauración van en contra de ciertas prácticas históricas que algunos pueblos en diferentes partes del mundo y en distintas épocas han mantenido (Bermejo 2006; Gordillo 2009, 2014; Lowenthal 1985: 389-390). Para estos pueblos, los materiales antiguos tienen un valor de uso y su reutilización o eliminación es algo consuetudinario, sin un sentido de pérdida agregado. De igual manera, en Chinchero es frecuente reutilizar las piedras de los andenes incas y de los muros caídos. Además, el pueblo inca había sido casi totalmente rediseñado bajo la Colonia. Los pobladores todavía recordaban la vieja costumbre del *rumichakuy*,[12] que, de acuerdo con Julio Maza, un alto cargo del Mincu en el pueblo, era una faena emprendida por los comuneros para

11. Véase también Silverman (2006: 183) para un argumento similar en el distrito histórico de Cusco, donde los residentes prefieren demoler los viejos muros o dejar que se desmoronen, antes que emprender las costosas renovaciones aprobadas por el Mincu.
12. Literalmente, "la caza de la piedra", en quechua.

transportar material de construcción inca desde las ruinas a los nuevos lugares de construcción.

Obviamente el *rumichakuy* ya no se practicaba y estaba tan prohibido legalmente como socialmente desaprobado. Sin embargo, todavía dentro de los confines de las casas y fuera de la vigilancia del Mincu los pobladores acostumbraban a desmontar los muros incas de sus propiedades. Este material, así como otros objetos o restos enterrados en sus jardines, se excavaba en el transcurso de trabajos de construcción y era reciclado de diferentes maneras o simplemente se descartaba. Dicha práctica estaba estrictamente prohibida por el Mincu, cuyos empleados acusaban a los residentes de carecer de conciencia histórica y artística, y de ignorar el valor del patrimonio. Buena parte de las energías que el Mincu desplegaba en el pueblo se dirigían precisamente hacia el objetivo de la sensibilización. Con este fin se habían contratado dos antropólogas para impartir charlas en las comunidades y en las escuelas para enseñar a los pobladores a valorar su patrimonio y su "cultura viva": las ofrendas a la *pachamama*, la veneración de los *apus*, las ropas tradicionales y otros rasgos esencializados en la literatura como representativos de la "cultura andina".

La verdad era que el Mincu no estaba solo en sus reclamos contra la ausencia de una apreciación del legado del pasado. Algunos residentes con más nivel educativo, o exempleados del Mincu como Jacinto y Tomás, aprobaban un discurso similar pero mucho más matizado, que pretendía tender un puente entre el Mincu como institución del Estado y las perspectivas, necesidades y prácticas locales. Su posición, si bien crítica respecto de algunos de sus vecinos, afirmaba que el Mincu estaba yendo demasiado lejos con sus políticas restrictivas y llamaba a una colaboración más estrecha entre la institución y los residentes. Además, la supuesta falta de apreciación del valor del sitio arqueológico era contestada por muchos pobladores. Estos culpaban al Mincu de descuidar el mismo patrimonio que exhortaban a otros a proteger. Para Ángela, una comunera de Cúper Pueblo, "son precisamente nuestros compañeros del Mincu los que no valoran lo inca. Lo que hacen y dicen es solo por su trabajo. Si no trabajaran allí, no les importaría nada". En realidad, no era raro ver en las calles de la parte superior del centro poblado muros incas colapsados y abandonados. Los residentes esperaban que el Mincu colaborara con ellos en la restauración de sus casas, mientras que la institución no les permitía manipular aquellos restos "arqueológicos", planteando el problema de los nebulosos y conflictivos límites entre lo público y lo privado en una zona arqueológica que se yuxtaponía con la ocupación doméstica actual. Lorenzo, otro comunero de Cúper Pueblo, ilustraba la situación de esta manera: "Si intento reparar el muro por mi cuenta, el INC me va a multar; pero si no hago nada tampoco lo van a hacer ellos". La discrepancia sobre la propiedad del material histórico hallado dentro de las casas era enconada. Luz Mila, la dueña de uno de los centros textiles del pueblo, rememoraba en voz alta su discusión con un encargado del Mincu en relación con la propiedad del material inca de su predio:

> ENCARGADO DEL MINCU: Todo lo que se halla en el subsuelo es propiedad del Estado.
>
> LUZ MILA: No, ¡es propiedad suya!

El episodio ejemplificaba la ambigüedad existente en cuanto a la propiedad del patrimonio y el sentimiento dominante de despojo entre los pobladores. Sobre la mesa estaba el tema de la institucionalización del patrimonio y de su propiedad. "Cuando la cultura se convierte en patrimonio de la humanidad el acceso libre a este se da por supuesto", ha escrito Kirshenblatt-Gimblett. La misma autora ha resaltado igualmente la contradicción entre la especificidad de los sitios patrimoniales y la universalidad de su designación como Patrimonio de la Humanidad (2006: 1-2, 185). Según la ley, era el Estado el propietario del patrimonio para el bien común. Pero lo que se entendía por "el Estado" variaba bastante. Para algunos, como mi vecino Julián, "El Estado somos todos". Sin embargo, otros como René, el hijo mayor de Tomás, eran más escépticos y se preguntaban "¿Quién es el Estado?", declaración representativa de las dudas de muchos otros comuneros.

Los comuneros sostenían que comprendían el valor de las ruinas. Muchos expresaban su admiración por la maestría técnica y las destrezas de ingeniería desplegadas por los incas, característica que Fidel describía aptamente como "un régimen de hacer bien las cosas". Carlos Quispe defendía tales ideas cuando manifestaba que en verdad la población tenía un agudo sentido de apreciación histórica y artística, sin olvidar los lazos afectivos que los vinculaban a las ruinas y los recuerdos de los abuelos que solían advertirles contra el hecho de jugar demasiado cerca de una *chinkana* que podía abrirse en cualquier momento y tragárselos.

Los valores locales asignados a las ruinas no eran solo históricos, técnicos o emocionales. El día que le pregunté a Julián acerca de la importancia de las ruinas para él, supongo que anticipaba algún tipo de respuesta relacionadas con las raíces, la antigüedad o las habilidades. En vez de ello, su respuesta vino sin rodeos: "Sin las ruinas seríamos más pobres porque habría menos turismo". Cualquier tentación por mi parte de flirteo con el romance antropológico se disolvió en el acto. Esta dimensión añadida del valor económico del sitio arqueológico a través de su explotación turística era común en el pueblo. Sinforosa, una experimentada tejedora que vendía en la plaza de la iglesia, la corroboró: "Estoy muy agradecida a los incas por habernos dejado estas ruinas. Gracias a ellas los turistas llegan y nos compran algo todos los días". Sería demasiado fácil, llegados a este punto, me temo, enzarzarse en una encendida soflama contra la comercialización de la cultura; como afirma Kuutma (2013), el patrimonio está demasiado imbricado en la vida de los humanos como para decir simplemente que es positivo o negativo. Más bien me pregunto si no sería mejor contextualizar las perspectivas de Julián y Sinforosa dentro de las ya comentadas lógicas pragmáticas de uso que han tipificado las relaciones entre las poblaciones nativas (y no nativas) y su cultura material, relaciones en las que beneficiarse económicamente del pasado no implica necesariamente una alienación. El siguiente testimonio de Milagros, comunera de Yanacona, apuntaba en esa dirección:

> El parque arqueológico es un legado de los incas, para que recordemos lo bien que hacían las cosas sin estudios o algo, como ahora. Por ejemplo, esos andenes están libres de la helada. El INC se ha apropiado del sitio y nos ha expulsado. Ya no podemos jugar o sentarnos en él. No es necesario educar a la gente sobre el parque, como dice el INC. Ya somos

conscientes de su importancia. El parque trae turistas y nos da ingresos. Por eso sabemos que tenemos que cuidarlo.

Ciertamente, el turismo traía nuevos valores y estos nunca han sido estáticos.[13] La apreciación general del sitio arqueológico por parte de los residentes me parecía en parte genuina y en parte inducida por el discurso de la conservación del patrimonio que estaba en el aire y que además venía respaldado por todo un aparato legal y coactivo. Este discurso se inculcaba en la mente de los pobladores a escala local a través de las dinámicas de "sensibilización" y a escala regional y nacional por la propaganda estatal. Era, a mi manera de ver, una forma de adoctrinamiento mediante la cual el Estado y sus representantes diseminaban un conjunto de valores ideológicos. La preservación del patrimonio, tal como era dictada por las instituciones del Estado y sus profesionales, era propio de buenos ciudadanos y signo de personas educadas, rasgos que el Estado estaba interesado en promover con fines de control y homogeneización. Esta operación ideológica que vinculaba la capacidad de valorar y proteger el patrimonio con la posesión de educación (formal) parecía haber sido exitosa. Muchas personas decían que, a diferencia de las generaciones actuales, sus abuelos no respetaban las ruinas y no comprendían su valor porque no habían estudiado. Augusta abundó en la idea para mí (un extranjero varón, educado, de clase media, turista y antropólogo):

> Para mí las ruinas son muy importantes. Son como un santuario, esos andenes donde nuestros antepasados trabajaban cultivando, todo muy bien hecho. Su sacrificio es algo para valorar. Nuestros abuelos no lo valoraban cuando se llevaban las piedras de los andenes a sus casas. Cuando el Estado comenzó con su programa de conservación en el parque, entonces aprendimos a valorar el trabajo de los incas. Hoy ya no se acepta que alguien desate piedras porque ya hemos estudiado y conocemos su valor. Es cierto que todavía algunas personas no lo valoran ni lo cuidan, como Teófila. Ella no ha estudiado y por eso no aprecia el sacrificio de los

13. Gordillo ha enfatizado la contingencia histórica del concepto de "ruinas" (2009: 31).

antepasados. Esa mujer lleva sus animales a las ruinas y ensucia nuestro patrimonio.

Curiosamente, el día que me topé con Teófila en el límite de las ruinas me contó una historia diferente:

> En las ruinas, en el campo, me siento feliz. En la casa, con los animales y la cocina, me deprimo. Cuando vengo aquí me siento tranquila; respiro aire fresco, camino y trabajo mi chacra. Como ya no podemos traer a nuestros animales, todo está muy limpio. Es una buena idea que el INC no nos permita traer a nuestros animales.

El día que Augusta me habló sobre cómo cuidaban de su "patrimonio" no le pude creer. En su boca, la palabra "patrimonio" sonaba forzada y aprendida, especialmente cuando en su día a día ella siempre usaba la palabra "ruinas", como todo el mundo en el pueblo. Era evidente que, a pesar de toda la retórica y de toda la presión externa movilizada contra las sensibilidades vernáculas hacia el patrimonio, todavía existía una fractura fundamental entre el discurso y la vida diaria, como evidenciaban las contradictorias versiones expresadas por Augusta y Teófila.

¿Qué visión del pasado subyace a una actitud informal hacia los deshechos espaciales de la historia? Esto es lo que se ha preguntado Gastón Gordillo (2009: 31), quien ha escrito elocuentemente sobre prácticas nativas de reutilización y abandono de viejos materiales que se encuentran en las ruinas, prácticas consideradas "destructivas" o presentadas como "saqueo" por parte de los arqueólogos y otros profesionales de la región argentina del Chaco. Su trabajo sobre las ruinas ha evidenciado que las poblaciones que han vivido en contacto con ruinas por generaciones se relacionaban con ellas de maneras diferentes a aquellas promovidas por los profesionales y practicadas por los turistas. Los significados asignados a las ruinas no eran los mismos. Para Gordillo la apreciación estética e histórica es más que nada una preocupación académica y de clase media. Los profesionales tienen el tiempo y el dinero (más el sesgo académico) para dedicarse al estudio y la preservación de las ruinas. En cuanto a los turistas, no interactúan con estas a diario. Esta distancia posibilita la producción de significado simbólico. Pero en zonas económicamente deprimidas, como el Chaco, la población estaba comprensiblemente más preocupada por los empleos y las oportunidades económicas que por la conservación del patrimonio. Lógicas pragmáticas de uso, reciclaje o venta de materiales (o de obtención de beneficio económico) tenían sentido bajo estas condiciones. Gordillo concluye que las ruinas son importantes para la población, pero que se trata de una importancia liberada del imperativo de recordar a través de restos intactos en el paisaje. Ello significa que para los pobladores locales no existía necesariamente una relación directa entre las ruinas, la memoria y un pasado distante y desconectado. Además, algunas ruinas se conservaban como lugares de sociabilidad incorporados a prácticas locales (2009: 44-46) y esto es precisamente lo que sucedía en Chinchero con los recintos incas.

Durante mi estancia, los chincherinos todavía reciclaban viejos materiales recuperados de sus patios y sus jardines y desmantelaban muros incas y coloniales si era necesario para emprender trabajos de construcción en sus casas. Aunque al principio había encontrado estas prácticas algo perturbadoras, debido, sobre todo, a mi bagaje cultural y a mi formación académica, con el tiempo y una cuidadosa consideración empecé a ver las cosas de otro modo. Consideré la opción de que lo que los pobladores hacían no suponía necesariamente un ataque al patrimonio, tal como lo entendían el Mincu y la legislación. En lugar de ello se podía ver como una versión local, fundada sobre raíces históricas, de una práctica de excavación que procedía con lógicas distintas y objetivos diferentes a los predicados por una arqueología académica.

Cuando excavaban en sus jardines, los pobladores sacaban a la superficie objetos que habían estado enterrados mucho tiempo. Mientras que los objetos recuperados en las excavaciones científicas se retiraban de la circulación y se confinaban en laboratorios para ser analizados, o a almacenes para ser estudiados y clasificados, o bien a museos para ser exhibidos y contemplados, aquellos objetos recuperados en trabajos de mantenimiento y refacción (sobre todo piedras) a menudo se ponían de nuevo en circulación y se les asignaba otros usos. Algunos se descartaban y enterraban de nuevo. Mientras que en el primer caso los objetos se aislaban de toda vida social, en el segundo adquirían una nueva vida. El ejemplo de la *papa muhu rumi* encontrada por Augusta en su jardín era ilustrativo. De haberse encontrado en una excavación prescriptiva, habría acabado seguramente en un museo o en un almacén. Al ser Augusta su descubridora, descansaba en un altar en su habitación, junto con otros objetos e imágenes rituales, y ejercía una nueva ascendencia al ayudar a asegurar abundantes cosechas de papa (véase capítulo 2). La arqueología profesional entrañaba una circulación de materiales diferente dentro de otro sistema de relaciones entre el pasado y el presente: espacialmente procedía desde el fondo hasta la superficie, entendida esta como un presente que retiraba objetos de circulación, con el propósito de conocer el pasado. La arqueología local, por el contrario, procedía desde el fondo hasta la superficie. Pero los materiales recuperados se reinsertaban en estructuras contemporáneas y eventualmente se descartaban o se volvían a enterrar, tras haber cumplido su nueva función. Tales restos estaban continuamente tejiendo una trayectoria que los sacaba del pasado para ingresarlos en el presente y viceversa, en una especie de meandro, zigzag o espiral entre horizontes temporales, en los que el pasado no estaba allí tanto para "ser conocido" desde un presente distante y objetivo, sino más bien para relacionarse con él de modos productivos. El viaje de estos objetos denotaba, como recalca Lazzari, que pasado y presente no están nunca completamente separados, si bien cada uno tiene sus propias lógicas internas (2011: 175).

Así pues, el movimiento propio de la arqueología académica era lineal y unidireccional y, al tratar el pasado y el presente como dos entidades separadas, prevenía la mutua y fértil invasión de límites. Los procedimientos arqueológicos se restringían por tanto al marco del tiempo lineal. Por el contrario, la circularidad y el dinamismo de la "arqueología local" parecían más consistentes con la circularidad más general del *muyuy* y de sus cíclicas recurrencias. La circulación-reciclaje-rotación de materiales replicaba la rotación de los comuneros en la organización social bajo este principio del *muyuy*. De la misma manera que el orden social se regeneraba en virtud del *muyuy*, el mundo material, del que los pobladores no estaban drásticamente separados, también se regeneraba y se revigorizaba. Revigorizar los objetos equivalía a hacer lo mismo con las vidas, si aceptamos la proposición según la cual aquello que no circula se estanca, y que el movimiento es consustancial a la vida del mismo modo que su cesación puede ser el preámbulo de la muerte. Más que una práctica destructiva, reciclar objetos prehispánicos podía ser una práctica creativa en el sentido anteriormente descrito. Más aún, se hallaba en sintonía con una vieja tradición andina de enterramiento, reconstrucción y reutilización de espacios cívico-rituales y de construcciones que aparentemente no fueron hechas para durar.

El problema con el "centro histórico"

Un domingo, mi amigo Agustín y sus hijos estaban trabajando en su casa, reemplazando el precario techo de calamina con nuevas placas de plástico blancas y amarillas, además de un plástico azul oscuro. Dicha operación era común entre las familias que no podían permitirse materiales más caros. Súbitamente, Alcides, un supervisor del Mincu, llamó a la puerta y entró para hacer saber a Agustín que este tipo de intervención no estaba permitida y para recordarle de paso que los residentes del centro histórico tenían que regirse por las normas existentes en materia de construcción. Agustín asintió y platicó brevemente con su vecino Alcides en términos diplomáticos. Pero una vez que Alcides hubo salido, explotó y exclamó: "¡Ya me tienen harto estos cojudos!". Sus hijos expresaron la misma irritación por la inoportuna visita, ya que no era la primera vez que el Mincu intentaba detener trabajos de mantenimientos rutinarios en su espacio doméstico.

Muchos otros hogares del centro poblado estaban sujetos al mismo monitoreo periódico por parte del Mincu. Tras la declaración de un pequeño sector urbano comprendido entre la plaza Inca principal y la calle Manco Cápac (que incluía la mayoría de los edificios incas y coloniales) como "centro histórico" en la década de 1970, siguiendo el modelo de Cusco, un conjunto de normas y prescripciones relativas a la fábrica y al estilo de los edificios y del espacio dictaban su manejo. Estas normas erosionaban además el sentido de propiedad de los residentes sobre sus casas. Más aún, se guiaban por la lógica de que el centro histórico tenía que ofrecer un cierto aspecto para los turistas. Las normas prescribían la unidad de estilo. Estas exigencias requerían construcciones de no más de dos pisos y materiales rústicos (que eran más caros) para que la vista del pueblo no perdiera su atractivo para los visitantes. Como he mostrado, los pobladores encontraban estas restricciones altamente constrictivas y expresaban recurrentemente su frustración, aun reconociendo, como en el caso de Agustín y sus hijos, que ciertos materiales no se veían bien en sus casas.

El problema del centro histórico se desplegaba inicialmente en términos espaciales. Como ocurría con el sitio arqueológico, la nueva categoría reconfiguraba física y simbólicamente el espacio, que se compartimentaba y se jerarquizaba, al delimitar una porción circunscrita, que asumía mayor importancia que el resto. Era también el escenario de los *tours* turísticos, donde una alta concentración de turistas y guías, en posición hegemónica a través de las tecnologías y del prestigio social del turismo, así como mediante lo que Edensor (1998: 16) ha llamado "la política de la mirada", refiriéndose a la visión privilegiada y la distanciada autoridad del espectador, afectaban al espacio. Helaine Silverman (2006: 160) —también Urry (2002b [1995]: 166)— ha descrito las patologías de distritos históricos como los de Cusco. Entre ellas se cuentan la pérdida y desplazamiento de los residentes, la pérdida de modos de vida tradicionales y de sus patrones económicos asociados, las pugnas por el espacio entre distintos grupos, o los cambios en la integridad arquitectónica y la conversión de la ciudad histórica en una especie de parque temático. Algunas de estas patologías ya empezaban a manifestarse en Chinchero, donde, por ejemplo, los vendedores de la Plaza Inca y otros ambulantes enfrentaban la amenaza de expulsión del centro histórico y su consiguiente reubicación.

Pero el espacio de los recorridos turísticos en el pueblo presentaba sus propias características. En su estudio del Taj Mahal en la India, Edensor ha explorado la naturaleza heterotópica o incongruente de los enclaves turísticos que son objetivo de los *tours*.[14] Sus observaciones

14. Este autor distingue entre "enclaves turísticos" y "espacios turísticos heterogéneos". Los primeros son espacios turísticos "organizados", especialmente en los

coinciden con las mías respecto de algunos puntos clave: la objetivación de paisajes seleccionados y sus habitantes, ignorando otros rasgos locales con menos encanto; un movimiento dirigido e intencional inscrito en sus ritmos y coreografías, siguiendo rutas demarcadas designadas para optimizar oportunidades de venta; un "ensimismamiento" y "carácter periférico" (tomado de Weightman 1987) de la experiencia turística. En suma, "paisajes dentro de paisajes" (Saunders 2001: 45) gobernados por un sistema de ordenamiento que materializa una ideología de consumo y que regula la dinámica de los turistas (Edensor 1998: 52). Por si fuera poco, los *tours* guiados se me aparecían como un equivalente moderno de lo que Patricia Seed (1995) ha llamado "ceremonias de posesión", por las que los distintos países coloniales europeos ejecutaban su dominio y supremacía sobre las tierras conquistadas. Estas ceremonias: i) fijaban límites; ii) implicaban desfiles y procesiones públicas de carácter cívico, religioso o militar; iii) requerían de un discurso y usaban el lenguaje para crear mundos; iv) eran transmisoras de ciencia y tecnología; v) se apoyaban en mapas y en signos inscritos. Ciertamente, los turistas de los *tours*, con sus itinerarios prescritos que delimitaban un territorio, con sus cámaras, mapas, guías de viaje y otros símbolos de apropiación, y con su sumisión a los guías que construían objetos culturalmente condicionados por medio de las palabras, podían compararse a estos viejos rituales coloniales de conquista.

---

países en desarrollo, donde los turistas están aislados del contacto social con la población local y protegidos contra vistas, olores y sonidos potencialmente ofensivos. Se rigen por estándares turísticos internacionales y frecuentemente son propiedad de grandes corporaciones nacionales e internacionales. Los "espacios turísticos heterogéneos", por su parte, integran el turismo como una actividad económica más, pero no están dominados por sus dinámicas. En su interior, las instalaciones turísticas coexisten con negocios locales, tiendas, instituciones privadas y públicas y viviendas domésticas. La población local no es excluida de ellos con el fin de presentar una apariencia pulcra. Los residentes se mezclan con los turistas y no existe una clara distinción entre lo privado y lo público (Edensor 1998: 45-46, 52-54). Los centros históricos se parecen más a los enclaves pero, como admite el autor, buena parte del espacio turístico es híbrido y combina elementos de las dos categorías (Edensor 1998: 60).

Pero el espacio también se articulaba, o desarticulaba, mediante la multiplicidad de narrativas desplegadas por los guías. Todas las tardes una aglomeración de *tours* guiados coincidía en la plaza de la iglesia. Simultáneamente, los guías comunicaban sus variadas versiones del sitio arqueológico. La cacofonía resultante no era solo acústica; resultaba también en un espacio discordante que había perdido su coherencia y su homogeneidad, fragmentado por la multiplicidad de grupos separados y desvinculados que lo ocupaban y por las narrativas divergentes que ofrecían versiones contradictorias del pasado. En esas ocasiones, espacios como la plaza de la iglesia, normalmente focos de alta intensidad de socialización con motivo de misas, matrimonios, fiestas, etc., se parecían a lo que Augé ha definido como "no-lugares"; es decir, la imagen en negativo de lugares con identidad, con densidad social y con historia (2008 [1995]: 43).

Si los centros históricos planteaban problemas en cuanto al espacio, también lo hacían en cuanto a la otra cara de la moneda: el tiempo. En virtud de una concepción temporal arbitraria, lo "histórico" se situaba en el *ranking* por encima de un área "moderna" aparentemente "no-histórica", marcando una nueva fractura conceptual entre el pasado y el presente y presentando a ambos casi en términos antagónicos. ¿En qué preciso punto en el tiempo adquiere algo su condición de "histórico"? ¿Por qué solamente algunos objetos o lugares del pasado califican como "históricos", mientras que otros no lo hacen? Esta disyunción temporal tenía consecuencias prácticas porque el centro histórico concentraba la atención y los recursos de las autoridades, mientras que el resto no recibía mucho en comparación. La valoración de lo histórico iba de la mano con la creación de la "otredad" y con la suspensión del tiempo implícita en los procesos de "museificación", identificados por autores como Silverman (2006), Meskell (2002) o Kirshenblatt-Gimblett (2006) entre otros. La museificación se refiere a los procesos por los cuales los distritos históricos afectados por las constricciones de la conservación patrimonial enfrentan las exigencias de la industria turística, dejan de ser espacios vivos y orgánicos y se tornan a menudo en espacios "congelados" y en recursos consumibles. En Chinchero esta perspectiva la expresó, informal pero no inconscientemente, Gerónimo un día que habíamos ido a dar un paseo por el monte:

> El INC practica una política de no-conservación; no es un Ministerio de "Cultura". No puedes decir a la gente que lleva a sus ovejas por las calles, "no haga eso". Es su vida; viven de ello y no tienen otros medios. Así están provocando la desaparición de la cultura, porque la gente dice: "Si no puedo cuidar de mis ovejas o cultivar mi chacra tendré que dedicarme a otra cosa". Yo no me siento "invadido" cuando hay muchos turistas en el pueblo, pero sí me siento "visitado" ya por mucha gente, como si este no fuera el entorno familiar, natural y normal que solía ser. Antes veía burros, vacas y ovejas rondando por las calles. Esto es lo que ha pasado y el futuro pinta aún peor. En el pasado, solo se veían cusqueños en la plaza de Armas de Cusco. Ahora solo hay turistas. Está llegando a Chinchero. El INC quiere convertirnos en un museo viviente: "Lleven sus ropas tradicionales, hagan sus festivales y sus danzas, véanse bien para los turistas". En diez años un extranjero, quizá usted mismo, será el alcalde de Chinchero. La globalización es inevitable, me guste o no.

Gerónimo daba cuerpo a la idea de "la otredad adentro", formulada por Herzfeld (1991: 16). Resultaba irónico, sin embargo, que el mismo Gerónimo que rechazaba ser museificado y que no vivía del turismo defendiera que los vendedores de la plaza de la iglesia fueran reubicados por razones de protección cultural, para que el espacio pudiera convertirse en un museo. Obviamente, esta idea, evaluada por el Mincu, era cuestionada por los vendedores y por otros como el antropólogo local Carlos Quispe, quien estaba en contra de despojar a los residentes de sus espacios históricos en nombre del turismo. Lo que la polémica mostraba era que los valores y actitudes en el pueblo hacia el patrimonio, lejos de ser homogéneos y monolíticos, no podían desligarse de intereses personales cambiantes y de agendas vinculadas a la posición de determinados individuos y grupos dentro de la politiquería de la comunidad.

Los distritos históricos, al igual que los sitios arqueológicos, corrían el riesgo de convertirse en parques temáticos, espacios ficticios, simulacros separados del flujo de las dinámicas sociales. Esta filosofía se contenía dentro del Plan Maestro de Chinchero, un instrumento diseñado en 2005 pero todavía no implementado durante mi estancia en la localidad. El Plan Maestro codificaba la filosofía y los principios de manejo para la conservación del centro histórico y del área arqueológica. Este documento se refería a Chinchero como un "pueblo inka viviente",[15] conforme a los predicamentos de la "cultura viva", una de las palabras de moda en la teoría de la preservación cultural. El reciente énfasis en las "culturas vivas" revelaba, por un lado, una conciencia del peligro de congelar a poblaciones contemporáneas, confinándolas a la repetición incesante de sus tradiciones; pero, por otro lado, todavía formaba parte de la retórica destinada a consumo turístico, que ligaba la evolución orgánica de cualquier grupo humano a la supervivencia de rasgos culturales sujetos a su comercialización y consumo por parte de la industria turística. Un "pueblo inka viviente", según esta filosofía, era uno en el cual las tradiciones y las costumbres de supuesto origen inca se seguían celebrando y representando, donde la cultura se reducía a folclore y donde el presente se medía en función de su semejanza y presunta fidelidad a un pasado en su mayor parte imaginado o inventado.

La deconstrucción del patrimonio y la política de la conservación cultural

"El INC quiere botarnos de este espacio. Creen que el patrimonio es solo el sitio arqueológico. No entienden lo que es el patrimonio. El patrimonio es la identidad cultural local y nosotros somos sus representantes". Esto es lo que Dalmesio (un vendedor de la plaza y exautoridad de Yanacona) me dijo un domingo en el mercado durante el curso de una conversación acerca del creciente desafecto entre los pobladores con respecto a las políticas y conceptualizaciones del patrimonio manejadas por el Mincu.

---

15. El hecho de escribir inka en lugar de "inca" no es casual en un contexto institucional de intento de revitalización de la llamada "cultura viva". En este contexto, la "k" en los Andes sería más "auténtica" (indígena) que la "c", que sería propia de la cultura "española".

¿Qué es el patrimonio y por qué se ha convertido en una preocupación tan grande para gobiernos, agencias, organizaciones de base e individuos en general en muchas sociedades de nuestro tiempo? Lazzari (2011: 172) define el patrimonio como "un proceso de creación de valor por el cual lo mundano pasa a ser inalienable". Howard Murphy (2013) añade correctamente que los procesos de creación de valor tienen un impacto sobre el cambio social. Este proceso de creación de valor en Chinchero, como en muchos sitios, se había dirigido inicialmente a los restos tangibles del pasado. Precisamente a esto se refería Dalmesio, a la tendencia generalizadora de asimilar el patrimonio a la materialidad corpórea de edificios y monumentos. El reciente reconocimiento por la Unesco de un patrimonio intangible, además del tangible, ha sido un intento de restaurar el equilibrio y enfatizar prácticas sociales producidas por grupos humanos, tales como canciones, danzas, festivales, peregrinaciones, etc. Aun así, como algunos comentaristas han señalado (Kirshemblatt-Gimblett 2004, Smith y Akagawa 2009, Kuutma 2013), esta distinción está llena de dificultades y no aborda del todo la cuestión de que en el centro de las preocupaciones sobre el patrimonio están, o deberían estar, las personas y no las cosas.

Los estudiosos (Gordillo 2009, Lowenthal 1998, Meskell 2002, Silverman 2002) han identificado los orígenes del discurso sobre el patrimonio en el siglo XIX, asociado a la emergencia del Estado-nación y de la Ilustración con su orientación racionalista. El Estado-nación y la construcción de las identidades nacionales se apoyaban en los restos materiales del pasado y en su poder emocional (Lazzari 2011: 177, Smith y Akagawa 2009: 293), mientras que la Ilustración y el auge del pensamiento científico desarrollaron, por su parte, una conciencia y un conocimiento histórico modernos que distanciaron al pasado del presente (Hassard 2009: 278). A medida que los países occidentales se embarcaban en procesos de industrialización, la noción de patrimonio se desarrolló a partir de una nostalgia romántica por las tradiciones, estilos de vida y folclore que habían quedado atrás en la transición (Hewison 1987: 28-29; Lowenthal 1985, 1998). La nostalgia y un sentido de pérdida estaban detrás de los orígenes del patrimonio. Pero, como ha mostrado Lowenthal, lo que había cambiado fundamentalmente era la actitud hacia el pasado (1985: 390), una fractura que —a diferencia de tiempos anteriores— había hecho del pasado "un país extraño". Las gentes de otras épocas —sostiene Lowenthal— fundían en gran medida el pasado con el presente y sus vidas estaban marcadas por la estabilidad y la recurrencia cíclica. La mística creciente de la conciencia histórica, así como un aumento en el ritmo del cambio destructivo y desintegrador, fortalecieron el impulso hacia la conservación (1985: 389-399). Por tanto, el problema, como ha observado Hewison (1987: 43), no era el pasado sino nuestra relación con él. Byrne (2009: 245) ha apuntalado este argumento, al afirmar que el registro y preservación obsesivos de materiales del pasado, más que ser un indicador de identificación con nuestros ancestros, es un síntoma de nuestra ruptura con el tiempo en que esos antepasados vivieron. Gordillo ha sostenido, en términos parecidos, que la preocupación moderna por el deterioro y su superación a través de la transcendencia ha transformado las ruinas en fetiches que deben preservarse y reverenciarse.

La producción de patrimonio no es en modo alguno un proceso neutral, ni tampoco necesariamente "algo bueno", como un discurso occidental autorizado del patrimonio mantiene (Smith 2009: 1). Autores como Kirshenblatt-Gimblett (2004) o Smith y Akagawa (2009) han comentado las tendencias etnocéntricas y universalistas implícitas en la designación de Sitios de Patrimonio Mundial por la Unesco, que convierten lo local en universal y privilegian los valores de monumentalidad y estética espectacular de sitios y lugares.[16] Para Kirshenblatt-Gimblett el patrimonio es una operación metacultural que asigna valores museológicos a personas vivas, a sus conocimientos, prácticas, artefactos, mundos sociales y espacios vitales (2006: 1). Además, como ha notado Meskell, el lenguaje globalizado del patrimonio y de Unesco refuerza nociones occidentales de "valores" y "derechos" (2002: 568).[17] Y aun así, paradójicamente, el objetivo de Unesco es la salvaguarda de la diversidad cultural del mundo. La noción de "salvaguarda", así como

16. Expresiones como "notable valor estético y científico", "valor universal" o "significación histórica" naturalizan los restos arqueológicos (Meskell 2002: 568).

17. Según esta autora, términos como "pertenencia" o "mantenimiento del pasado" están preñados del concepto de propiedad.

de sus conceptos gemelos de "cuidado" y "custodia", también han sido cuestionados. Para Smith, el discurso arqueológico de custodia crea la sensación de que la disciplina es la "protectora" del pasado (2004: 82). Kuutma (2013) ha argumentado que la noción de "cuidado" está cargada de ansiedad. Otros críticos, como Kreps (2009: 203), ven en la idea de "salvaguarda" una reminiscencia de la "etnografía de rescate" propia del siglo XIX. Esta autora ha defendido que los pueblos originarios pueden tener diferentes maneras de cuidar de su cultura material. Lo que importaría en relación con los asuntos curatoriales indígenas es no aislar a los objetos de sus contextos culturales más amplios, es decir, no solamente cuidar de los objetos sino también de las relaciones entre los objetos y las personas (Kreps 2009: 202).

Otras críticas a la conservación del patrimonio y a su discurso han apuntado a la reificación a través de las convenciones de Unesco de los conceptos de "cultura" y "el pasado" (Byrne 2009, Kuutma 2013, Smith 2009). La reificación nos devuelve al problema del tiempo y del cambio histórico. Dando por supuesto que el cambio es algo inherente a la cultura, Kirshenblatt-Gimblett ha observado que las intervenciones patrimoniales tratan de ralentizar el ritmo del cambio. Las medidas de preservación están atrapadas entre la congelación de prácticas y el reconocimiento de la naturaleza dinámica de la cultura. La deuda de la autora con los conceptos de alocronía y negación de la contemporaneidad formulados por Fabian (1983)[18] transpira en su observación fundamental de que el patrimonio es asincrónico y genera una tensión entre el reloj del patrimonio y el reloj histórico. A ello añade la paradójica idea de que la posesión de patrimonio se ha convertido en un signo de modernidad en nuestros tiempos (Kirshenblatt-Gimblett 2004: 56-60).

Hay una profunda contradicción inherente en la conservación cultural: si bien esta afirma valorar la historia y "el pasado" es

---

18. En el trabajo de Fabian (1983) "alocronía" designa la tendencia en la antropología a separar el tiempo del observador del tiempo del observado, proceso de petrificación del "otro" antropológico que niega su contemporaneidad; esto es, el hecho fundamental de que observador y observado son coetáneos y pertenecen al mismo tiempo.

esencialmente ahistórica e ideológica, porque manipula el tiempo para acomodarse a ciertas agendas políticas y económicas. Más aún, el patrimonio se confunde a menudo con la historia. Lowenthal (1998: x-xv) ha atajado esta confusión intencional marcando los límites: "El patrimonio no es una indagación en el pasado sino una celebración de él [...] una profesión de fe en el pasado hecha a medida de propósitos actuales". Lowenthal piensa que el patrimonio proporciona versiones de pasados domesticados, versiones que en lugar de complicar las cosas explorándolas más en profundidad, las clarifica para infundirlas de propósitos presentes. Hewison comparte esta visión de un pasado domesticado —producto de una historia reseleccionada y reescrita— y puesto a salvo por regulaciones que implican rescatar, eliminar, reconstruir, restaurar y reacomodar (1987: 137). Este autor insiste en que la protección del pasado oculta la destrucción del presente y en que hay una clara diferencia entre la historia auténtica (que sigue vigente y es por eso peligrosa) y el patrimonio (que pertenece al pasado, está muerto y no supone una amenaza). "El patrimonio es historia-basura", sentencia Hewison (1987: 144).

Hewison omite el hecho de que también la historia es un proceso arbitrario de selección y reescritura, pero sus comentarios, como los de Lowenthal, son pertinentes, si bien llevados deliberadamente hasta un extremo. De igual manera, Urry (2002a [1990]: 218-219) reconoce el valor de las ideas de Hewison y añade que la nostalgia y una versión aséptica del patrimonio despojan a la historia de su potencial subversivo. Pero también objeta que Hewison ignora las importantes bases populares del patrimonio, que la presentación del patrimonio se puede interpretar de diferentes maneras y que los centros patrimoniales pueden ser también académicos y educativos (1987: 100, 102).[19]

Tras esta batería de cargos y alegaciones contra las ideas hegemónicas sobre el patrimonio es momento de intentar "reconstruir" el concepto a partir de otros materiales. Por ejemplo, ¿qué es el patrimonio para los habitantes de Chinchero? ¿Qué tiene valor para ellos?

---

19. Para una crítica completa de las ideas de Hewison sobre el patrimonio véase Urry (2002b [1995]: 100-102).

"Las soluciones de conservación que fallan a la hora de mezclarse con las creencias y las prácticas locales no constituyen ninguna solución", escribe Byrne, quien opina que una conservación autoritaria es moralmente insostenible (2009: 249). Sin obviar dicha descripción, volvamos al argumento de Dalmesio: "El patrimonio es la identidad cultural local y nosotros somos sus representantes". Los chincherinos también guardaban objetos del pasado, pero lo que escogían guardar era selectivo y aleatorio al mismo tiempo. A veces venía dado por el poder afectivo del objeto preservado; otras por sus propiedades prácticas. Ambas cualidades podían combinarse, como en el caso de la *papa muhu rumi* de Augusta, pero en cualquier caso los chincherinos se sentían libres del mandato de identificarse con un pasado que podían no sentir como suyo. Entre las mujeres era costumbre guardar un tejido de sus madres o abuelas, así como sus implementos de tejer, que nunca usaban. Morteros incas hallados en los jardines se reutilizaban ampliamente. Augusta mencionó cosas como fotografías, ollas pequeñas y las ropas de luto. Alejandrina, una tejedora experimentada, guardaba seis trajes típicos que había comprado y que planeaba dejar a su hija. Otras personas guardaban fragmentos de cerámica prehispánica que se encontraban por todas partes en las casas y en las calles. De todos modos era *vox populi* que la mayoría de los fragmentos y de otros objetos o piedras de origen inca se vendían en el mercado negro o incluso a turistas. Augusta me confirmó que en la actualidad, con el turismo, la gente vendía sus reliquias. Algunos moradores eran críticos con el Mincu y mantenían que si la institución les comprara las reliquias por un precio módico no tendrían que venderlas a forasteros.

A veces, los residentes compraban artículos de valor para ellos, como Jacinto, quien después de haber pasado su cargo de *varayuq* adquirió la vara de autoridad y también el *pututu* o trompeta de concha marina. No eran solo las personas o las familias las que guardaban cosas; cada *ayllu* conservaba cuidadosamente su archivo, objeto de gran valor colectivo ligado a asuntos de historia y de soberanía. Más aún, también los lugares, y no solo los objetos tenían valor. Augusta siempre recordaba con cariño la casa de su abuela, que todavía yacía vacía cerca de la suya. Fidel conservaba y vivía en la vieja casa de sus abuelos, hecha de maderas autóctonas y cubierta por un techo de paja. Como decía, podría vivir en la otra casa que poseía, una más cómoda, pero para él aquella vivienda era su patrimonio. Lugares como la modesta capilla en Cúper Pueblo y otros muchos donde se reproducían prácticas sociales y se movilizaba la memoria, como las chacras y el cementerio, eran también importantes depósitos de valor.

Una inesperada ventana hacia los valores locales del patrimonio se me presentó cuando un conflicto surgió en el pueblo la propiedad del templo colonial, sin título de propiedad legal en aquel momento. En el mes de abril circularon intensamente rumores que sugerían que el arzobispado pretendía apropiarse del templo, sustituyendo a los tradicionales mayordomos de las comunidades que lo cuidaban con personal propio y cobrando la entrada a los turistas, como habían hecho antes con la catedral de Cusco y otros edificios religiosos. La población se molestó bastante y quiso expulsar a Lumen Dei del pueblo. De repente, todo el mundo hablaba del templo como "su patrimonio" y claramente le conferían un gran valor. Me pregunté por qué el templo católico era tan apasionadamente reconocido como patrimonio en comparación con las ruinas incas. Fidel ya me había hablado de cómo, bajo su punto de vista, la Iglesia había separado al poblador de la idolatría de las ruinas en el pasado, pero me parecía que había todavía algo más. Escuché toda clase de explicaciones mientras conversaba con los comuneros. Razones históricas se fundían con otros argumentos misceláneos. Rosa, mi maestra tejedora, me confirmó que a los residentes les importaba más el templo que las ruinas y me explicó que:

> Todos los objetos de la liturgia y las imágenes fueron donados por los pobladores tras la llegada de los españoles. El templo fue construido y restaurado por los abuelos. Pertenece a la comunidad y todo lo que pertenece a la comunidad es más importante que las ruinas.

De sus palabras podía inferirse que la comunidad no tenía un sentido de propiedad o posesión sobre las ruinas, noticias que no podían sorprender después del sentimiento extendido de desposesión discutido a lo largo de este capítulo. Julián, quien, como ha quedado dicho, servía como mayordomo por aquel entonces, arrojó más luz sobre esta idea:

> Para mí el templo es muy, muy importante. Los abuelos lo construyeron. Chiwantito[20] pintó los cuadros. Es importante porque dentro están las joyas, las pinturas y otros objetos de valor. Además, para los católicos se trata de la casa del Señor y no puedes hacer negocios con ella, como quiere el arzobispo. El tema de las ruinas y de su importancia para la población es distinto. Las ruinas son propiedad del Estado y nosotros somos el Estado.

Era claro que tanto para Rosa como para Julián las ruinas no eran de su propiedad, si bien Julián se sentía aparentemente representado por el Estado, mientras que para muchos otros no era así. Además, ambos tocaron los mismos temas. El asunto de los objetos litúrgicos donados por la población y que se guardaban dentro del templo (excluyendo las imágenes de los santos, traídas por los curas al comienzo de la Colonia) también lo planteaban otros vecinos. El papel protagónico de los antepasados en la construcción del edificio era uno de los argumentos más poderosos a favor de los derechos de la comunidad sobre el templo. Parecía que, para los residentes, el trabajo y la materialidad de las cosas por él transformada les autorizaba a reclamar derechos. Los pobladores recordaban el sacrificio de los abuelos: "El sentimiento de pertenencia con respecto al templo se debe al hecho de que los abuelos trabajaron y murieron allí", me dijo Ángel. "Nuestra historia está aquí", remachó Nico, el administrador del templo aquel año. Simeona, una tejedora y mujer con influencia en la comunidad, proporcionó pistas adicionales, en un tono de implicación emocional que vinculaba el patrimonio a biografías específicas: "El templo es importante para nosotros porque ahí es donde fuimos bautizados y nos casamos". Dalmesio, junto con Fidel y un buen número de comuneros, remarcó la idea de una tradición de custodia: "Desde la Colonia hay registros escritos que atestiguan que los mayordomos, y no los curas, han cuidado del templo". Américo, otro comunero y trabajador del Mincu, explicitó una conexión ampliamente sentida entre fe y propiedad: "Somos creyentes y como tal sentimos que el templo es nuestro".

---

20. Artista nativo del periodo colonial que trabajó en la iglesia de Chinchero.

Pero fue Jacinto quien me puso en la dirección del argumento que parecía abarcar e imponerse al mismo tiempo a cualquier otro en la controversia, argumento reconocido y asumido por todos los participantes: "La importancia del templo no radica en su valor histórico o artístico, sino en un tema de soberanía y jurisdicción". En juego aquí estaban los reclamos de Cúper sobre la propiedad legal del templo, sobre la base de que este se hallaba dentro de su territorio. Este reclamo era discutido por las otras dos comunidades principales del distrito (Yanacona y Ayllopongo), que sostenían que el templo pertenecía al pueblo. La disputa se enmarcaba dentro de conflictos territoriales inter-*ayllus* profundamente enraizados y de orígenes muy antiguos. Pero las palabras de Jacinto eran claramente significativas porque revelaban que las prácticas patrimoniales en Chinchero no podían divorciarse de temas más generales de soberanía y territorialidad, ni de relaciones de poder que seguían siendo ignoradas en los discursos de la "preservación", tal como ha argumentado Gordillo (2009: 52). Solo bajo la premisa de estos reconocimientos políticos era posible recibir otros beneficios potenciales del pasado, por ejemplo en relación con la identidad comunal y personal, de un enriquecimiento diacrónico a través de la experiencia pasada, del consejo del ejemplo y demás (Lowenthal 1985: xx).

Lo que el caso del templo también reafirmaba es que el patrimonio en Chinchero no era algo que se encontraba tanto en la condición física y en la monumentalidad de los objetos, sino más bien en las variadas interacciones de los pobladores con ellos, interacciones que no podían disociarse de las relaciones históricas entre las comunidades así como entre estas y el entorno construido. Contradiciendo el discurso oficial del patrimonio y del turismo, que proponía construir una identidad inca para los chincherinos contemporáneos, estos se identificaban más con el templo colonial que con las ruinas porque, sobre todo, a través de la institución local de la mayordomía y de la cultura material a ella asociada, habían conseguido mantener un sentido de propiedad sobre el templo, a diferencia de las ruinas, donde se había suprimido el contacto. También a diferencia de las ruinas, el templo había sido, y seguía siendo, el escenario de importantes acontecimientos biográficos a menudo celebrados colectivamente y había logrado preservar un sentido de lugar casi desparecido en las ruinas. Además, las ruinas ya no eran ruinas, sino un "sitio", cuya nueva configuración espacial y presentación para los turistas había borrado en gran medida las huellas de los antepasados. La historia de los pobladores, como había dicho Nico, se podía encontrar en el templo todavía, pero ya no en las ruinas, donde, junto con la suspensión del tiempo, la historia local ya no se reproducía.

Cuando las ruinas se convirtieron en sitio arqueológico se entronizó una única versión de la historia. Era la historia mitologizada de los incas, que no tenía nada o poco que ver con la población actual de Chinchero. La multiplicidad de historias locales, escritas en el paisaje a través de prácticas reproductivas se había silenciado (véase capítulo 1). Una vez que el paisaje se había cosificado y disecado a través de las fuerzas complementarias del turismo y de la conservación del patrimonio, el camino estaba despejado para "el final de la historia" en las ruinas. Y con él, el triunfo final de las fuerzas capitalistas que habían trocado un lugar vivo en un sitio arqueológico "desheredado".

Sin embargo, no todo estaba perdido. Los eventos del 8 de septiembre, con la vigorosa contestación al Mincu por parte de los pobladores, resultaron en la relajación de las estrictas medidas de control por parte de la institución estatal en festivales posteriores. Así, para la importante fecha del Corpus Christi, el 30 de mayo, los accesos a los recintos incas no se cerraron. El festival se desarrolló como de costumbre, en medio de un pacífico festejo y de una borrachera general. Américo resumió la nueva posición del Mincu: "Hemos aflojado un poco la vigilancia para Corpus Christi, porque no deberíamos pelear entre nosotros. Está bien que la gente pueda usar estos espacios. Después de todo es solamente un día. Al día siguiente se limpia y ya está".

6

Tejiendo para el turista: producción textil y representación cultural

> Los artesanos griegos y sus aprendices son marginales; y sin embargo, paradójicamente, el Estado los presenta como ejemplos de la virtud y de la tradición nacionales. La producción artesanal en Grecia forma parte en gran medida de un folclore nacionalizado y comercializado, vinculado al surgimiento de la conciencia nacional y glorificado como el depósito de viejas destrezas y cualidades. A este respecto son un microcosmos del país entero en cuanto que este enfrenta las consecuencias de cargar con un patrimonio antiguo. Los artesanos saben, sin embargo, que su participación en la tradición es un arma de doble filo. No cabe duda de que les exalta; pero también sirve para marginarles de algunos de los frutos más deseables de la modernidad. (M. Herzfeld 2004: 4-5)

Además del sitio arqueológico inca y del templo colonial el turismo étnico-cultural en Chinchero tenía un segundo gran objetivo. Para ser más preciso, el patrimonio textil del pueblo era probablemente lo más destacado de los itinerarios turísticos. Dada la posición de Chinchero dentro del circuito turístico del Valle Sagrado, la mayoría de los turistas llegaban al pueblo a última hora de la tarde en su camino de regreso a Cusco después de haber visitado otros sitios incas. Para entonces, como recalcaban los guías, los viajeros estaban cansados de ver piedras y querían algo diferente y típico. Esta originalidad, de acuerdo con la narrativa, se encontraba en la tradición textil del pueblo.

La tradición textil de Chinchero goza de una reputación bien establecida en la región y en la extensa literatura andina sobre los tejidos.

Siguiendo a Torrico (2014), este cuerpo teórico se ha enfocado bien en el análisis simbólico o semiótico de los diseños, o en la descripción de las técnicas y la tecnología textil. No faltan los estudios etnográficos para la región Cusco (véase por ejemplo Heckman 1998, 2003, 2006; Seibold 1992; Silverman 1994). En el caso de Chinchero la producción académica de Edward y Christine Franquemont (1988, 1987, 1992, 1996, 2004) ha contribuido notablemente a la difusión de la marca Chinchero en la sierra sur. Junto a los Franquemont, el nombre y el trabajo de Nilda Callañaupa (2007, 2012), tejedora y estudiosa oriunda del pueblo, está inextricablemente unido a la historia y a la revitalización de la tradición textil, así como a su éxito comercial. Todos estos autores han estudiado la tradición textil de Chinchero principalmente desde un punto de vista técnico-iconográfico, además de étnico (es decir, como marcador de afiliación étnica). No obstante, las preocupaciones y contribuciones de este capítulo son otras (si bien no necesariamente desconectadas), en tanto que el trabajo artesanal en Chinchero y la organización social de la zona se han visto notablemente afectados en los últimos años por el auge turístico entre otras formas de modernidad. Supuestamente, el turismo de patrimonio ha hecho posible la recuperación de una tradición moribunda que había languidecido desde los últimos años de la década de 1970.

En el capítulo 6 introduje la idea de que la transformación de la cultura en patrimonio entrañaba una serie de modificaciones espacio-temporales. Siguiendo esta misma línea de investigación, me centro aquí en la producción contemporánea de textiles para la industria turística y en los cambios, oportunidades, contradicciones y conflictos que la nueva situación ha traído a la práctica del tejido en los últimos cincuenta años, aproximadamente. También me centro en los cambios que han llegado a las vidas de las mujeres, y al cuerpo social en general, teniendo en cuenta que la mayoría de ellas en Chinchero están ahora directa o indirectamente implicadas en la industria del tejido y, en consecuencia, también lo están sus familias. En congruencia con el capítulo anterior, sostendré que el proyecto de revitalización textil desarrollado en Chinchero desde la década de 1970 está generando conflicto y relaciones próximas a la explotación. Más aún,

Centro textil en Chinchero

y paradójicamente, está debilitando la práctica del tejido al convertir a las tejedoras en actores para la industria turística. Sostendré además que la operación de rescate textil interpreta la "tradición" en términos estáticos y ahistóricos, como algo inmutable que puede ser resucitado a voluntad. Esta idea no solo perpetúa estereotipos de indigeneidad, sino que también se contradice con las relaciones de tipo creativo que los chincherinos han mantenido con las diferentes modernidades pasadas y presentes, en línea con procesos más generales de globalización que afectan a los pueblos indígenas de Latinoamérica (véase Babb 2010, Baud y Ypeij 2009, Colloredo-Mansfeld 1999, Heckman 2003, Meisch 2002, Schevill et ál. 1996, Syring 2015, Zorn 2004).

Tal y cómo observé en el capítulo de introducción a este libro, el trabajo textil en Chinchero es una actividad abrumadoramente femenina, si bien muchos hombres están familiarizados con sus rudimentos y ayudan a armar los telares de cintura donde las mujeres tejen normalmente. Tejer es esencialmente considerada una actividad femenina.[1] Esto me lo recordaron el día que estaba en el patio de la casa tratando de tejer un *chumpi* o cinturón de acuerdo con las instrucciones de Rosa, mi maestra tejedora. En ese momento entró casualmente en la casa mi vecina Margarita y, al verme pelear con los hilos, estalló en una carcajada y se burló de mí en voz alta: "¡Los hombres no tejen, *wailaka*! [en español, mujer inútil]". A pesar del incidente continué tejiendo hasta que adquirí un cierto grado de competencia. Esta estrategia para introducirme en el mundo de las tejedoras (motivada también por una curiosidad personal) funcionó bien; fue mi tarjeta de invitación a los centros textiles, donde las mujeres, medio divertidas y medio curiosas, me dieron la bienvenida en su gran mayoría y me permitieron tejer con ellas, un hecho sugerente de un grado de permeabilidad inadvertido dentro de las supuestamente estrictas y bien definidas barreras de género propias de este dominio cultural. Quizás es también que mi condición de "gringo" favoreciera mi aceptación. Pasé largas horas durante mi trabajo de campo experimentando el dolor de espalda que era una dolencia común entre las mujeres. Escogí trabajar en ciertos centros, basando mi elección en criterios como la antigüedad de los centros (trabajé en el más antiguo y en el más reciente), en cuán grandes o pequeños eran y también en el grado de empatía y de confianza entre las mujeres y mi persona en cada uno de los centros específicos.

A pesar de las diferencias entre estos grupos, fueron su parecido y su homogeneidad básica lo que más me chocó. Al pasar tiempo en ellos tuve la oportunidad de observar sus dinámicas internas, de hablar con las mujeres y de ser testigo de sus interacciones con los turistas y con los guías. Mi aprendizaje no ocurrió, sin embargo, en un vacío, inmune a las relaciones de poder entre los turistas extranjeros y la población local; me enteré también de que otros extranjeros antes que yo y después de los Franquemont habían caído por el pueblo y habían aprendido a tejer con las mujeres. Más adelante, las mujeres, de acuerdo con su propia narrativa que no pude verificar, descubrieron que algunos de estos

---

1. A diferencia de otras partes de los Andes donde los hombres también tejen, siguiendo un largo patrón histórico en esta parte del mundo.

extranjeros habían empezado su propio negocio de tejidos en sus países con el conocimiento adquirido en Chinchero. Esto es lo que me contó Mesalina, la hija de Margarita, una adolescente que trabajaba en uno de los grupos, mientras expresaba abiertamente su rechazo por lo que consideraba un abuso y una deslealtad, añadiendo que desde entonces ya no enseñaban más a los turistas a tejer. Ignoro si mi posición como miembro más permanente de la comunidad y como estudiante, por no mencionar la mediocre calidad de mis *chumpis*, virtualmente invendibles, convencieron a las tejedoras de que no podía ser de ningún modo una amenaza en la carrera por el mercado. El incidente, como mostraré al final de este capítulo, estaba relacionado con el incierto futuro del tejido en Chinchero.

Los centros textiles en el contexto turístico

En 1996, un esfuerzo común y sostenido en el tiempo entre Nilda Callañaupa, joven tejedora local, y algunos antropólogos norteamericanos que trabajaban en Chinchero y tenían contactos en su país cristalizó en el Centro de Textiles Tradicionales del Cusco (CTTC), que inició sus operaciones en la capital regional y posteriormente se extendió a otros distritos y comunidades. La creación de este centro ocurrió en la encrucijada entre dos episodios interrelacionados: una gran preocupación entre algunas personas del pueblo y algunos extranjeros por lo que se percibía como la pérdida de las tradiciones, pues Chinchero había enfrentado nuevas olas de modernización y urbanización desplegadas a escala nacional y regional, por un lado, y, por otro, el aumento del flujo del turismo internacional hacia Perú y particularmente hacia el eje Cusco / Machu Picchu, tendencia que iba a explotar en los años noventa y especialmente en la primera década del siglo XXI. El éxito del CTTC, posibilitado en parte por la red de contactos internacionales de los antropólogos norteamericanos y de sus amigos, así como por la habilidad de Nilda para aprovechar la oportunidad con un grupo de tejedoras que habían empezado a tejer para un mercado turístico interesado en "artesanías indígenas auténticas", llevó a otras mujeres y hombres a pensar que era posible replicar la experiencia y ganarse la vida tejiendo para los turistas. Esta manera de pensar encontró apoyo en los guías turísticos de Cusco, quienes habían identificado claramente la oportunidad de negocio y habían persuadido a las familias locales de los beneficios de aceptar sus ideas. Nilda Callañaupa recordaba sus orígenes:

> Nuestro trabajo comenzó a mitad de los años setenta con un grupo de tejedoras que incluía a mi madre y a mis hermanas. Por aquellos años, algunas tejedoras ya estaban vendiendo tejidos sencillos en el mercado. La idea empezó cuando me di cuenta de que muchas jóvenes ya no estaban tejiendo. El peligro de perder nuestros tejidos tradicionales era alto. De hecho ya habíamos perdido mucho conocimiento, debido al declive del método tradicional de la enseñanza oral de padres a hijos. Había muchas razones para este declive, entre ellas un rápido cambio en las costumbres, la obligación de los uniformes escolares, el uso de las ropas de mestizo y, especialmente, la importancia de la educación formal. (2012: 139)[2]

Durante mi trabajo de campo en Chinchero había ya unos veinticinco centros textiles. Hoy (septiembre de 2017) ya son más de cincuenta. Para un pueblo pequeño como Chinchero son muchos. Este súbito florecimiento había ocurrido en un breve lapso de tiempo y el patrón de los centros seguía básicamente el modelo del CTTC, aunque a menor escala y con menor proyección. Antes de que aparecieran estos grupos, los tejidos se vendían en la plaza del mercado, pero con la nueva competencia muchos artesanos habían tenido que dejar sus puestos en el mercado y buscar trabajo en otra parte. La irrupción de estos centros había alterado dramáticamente el paisaje urbano. Físicamente,

2. Una fuente anónima y autorizada cuestiona parte del relato de Nilda en el sentido de que la iniciativa, los principios, directrices, etc. para el proyecto partieron en realidad de un grupo de ricos patrocinadores estadounidenses, que promocionaron a una Nilda muy joven por entonces como líder. De acuerdo con esta fuente, hubo un intercambio entre tejedores navajo y hopi (grupos indígenas del suroeste de los Estados Unidos) con tejedoras de Chinchero. Edward Franquemont, esposo de Christine, se oponía inicialmente al proyecto porque pensaba que lo que las tejedoras tenían que vender eran tejidos de alta calidad para clientes pudientes en Norteamérica y así ganar un dinero que no ganarían vendiendo productos de menos calidad al turismo convencional (comunicación personal).

muchos de ellos se ubicaban en casas privadas dentro del centro poblado o cerca. Al comentar estos espacios, Annelou Ypeij (2012: 30) ha argumentado que los centros son reminiscentes de la casa indígena, asumiendo una homogeneidad totalizante que podría no ser del todo cierta. Pueden ser representativas en parte, en cuanto que son lugares donde viven las familias. Pero, por otro lado, siempre me parecieron (re)construcciones intencionales que manipulaban el espacio con fines económicos y políticos. Por norma, las casas en Chinchero tienen un patio y estos patios se habían adaptado para acomodar diferentes lugares con diferentes propósitos. Así, había normalmente un espacio para el trabajo y las demostraciones textiles; un espacio para las ventas y las transacciones económicas donde los tejidos y otras artesanías se exponían al público; y también una cocina más un baño. El espacio doméstico de los patios se había convertido en un espacio semipúblico convenientemente revestido con materiales rústicos como adobe, madera y paja, decorado con coloridas prendas y madejas de lana que colgaban de los muros o de las vigas para crear un ambiente "étnico" apropiado que agradara al ojo del turista. Algunas mujeres cargaban a sus bebés en sus llijllas (chales) como parte de su rutina, pero conscientes también de que a los visitantes les encantaba ver este irresistible indicador de indianidad e igualmente sabedoras de que tendrían sus cámaras dispuestas para la ocasión. La inclusión de animales locales como los cuyes o incluso llamas en algunos casos contribuía al efecto general buscado.

También se exhibían diferentes variedades de maíz, papa y otros tubérculos andinos, plantas, hojas y los pigmentos naturales que usaban las mujeres para teñir sus tejidos. Algunas de estas plantas se adquirían en el mercado local de Cusco o se compraban a personas de la comunidad; pero otras todavía se recogían en los cerros cercanos, incorporando el paisaje de Chinchero a estos centros, paisaje que ya se hallaba impreso en los diseños textiles. Una de las características de estos grupos que más me chocó, como se tratará más adelante en mayor detalle, fue su estructura jerárquica y personalista dominada por la figura de la "dueña", o fundadora del grupo, lo que contrastaba con el funcionamiento de otras muchas instancias comunitarias. Mientras trataba de discernir por qué, tales grupos habían asumido una estructura autoritaria antes que una de tipo cooperativo, Rosa me proporcionó una primera pista: "Las dueñas hacen esto porque es su casa". Una vez más, como en el caso del sitio arqueológico y el distrito histórico, el espacio y las disputas por él adquirían una gran influencia en la configuración de las relaciones sociales (Lefevbre 2013 [1974]). Como era su casa, y habiendo armado el negocio entre ella y su familia, la dueña estaba en posición de imponer sus condiciones. Esta era una de las consecuencias de la transición desde el mercado en la plaza a los centros semiprivados cerrados, donde un "orden" diferente regía. Antes de que aparecieran los centros, los tejidos se comercializaban en el mercado del pueblo, donde las mujeres tenían el control de las transacciones económicas. Hoy en día las artesanas recuerdan que antes de los centros, además de tejer en casa para sus familias, estaban organizadas eficientemente en al menos tres asociaciones. Estas proporcionaban las normas para el uso del espacio de venta y apenas había conflicto en comparación con el estado actual de las cosas. Tejidos hechos a mano se vendían a los turistas que por aquellas fechas ya empezaban a visitar Chinchero. De acuerdo con Esteva (1970: 247-248), el mercado abierto y el sistema de trueque prevalente otorgaban reconocimiento social a las mujeres, en tanto que sujetos de quienes otros dependían económicamente. Se podría argumentar que las mujeres en los centros mantenían un estatus social y familiar con los ingresos que conseguían.[3] Pero se encontraban, al mismo tiempo, dependientes de la dueña y de los agentes turísticos responsables de la transición del mercado del pueblo al centro textil, como consecuencia de una creciente necesidad de dinero en efectivo debido a los recientes cambios sociales.

3. Estos ingresos, como observa Ypeij (2012: 29), podían ser sustanciales en algunos casos. Este era un tema difícil de discernir, sin embargo, porque las mujeres se mostraban reacias a hablar de ello. La mayoría decía que ganaban lo justo para llegar a fin de mes, pero no para ahorrar. Siempre sospeché que era algo más que eso, pero tampoco mucho más. Cuando le pregunté a Rosa me señaló la dificultad para dar una estimación porque una señora podía vender algo una semana y después pasarse otras dos sin vender nada, resaltando la naturaleza altamente volátil y estacional del turismo.

En su estudio sobre los vendedores mayas del mercado en la ciudad guatemalteca de Antigua, Little (2004) da cuenta de los cambios introducidos por la reubicación de los artesanos de la plaza central de la ciudad a un edificio permanente lejos del centro urbano, operación impuesta por la clase dominante de los blancos-ladinos, con objeto de introducir un "orden" más limpio, justo y pacífico. Little sostiene que los ladinos cuestionaron y transformaron la sociabilidad de la plaza como mercado, por lo que los mayas fueron despojados de sus relaciones económicas y sociales más significativas (2004: 98-99). Esta situación no es automáticamente extrapolable a Chinchero, especialmente cuando el mercado dominical se celebra todavía al aire libre, como de costumbre (si bien en una ubicación diferente ahora y con la presencia de más turistas), pero sí subraya el hecho de que los cambios espaciales a menudo vienen acompañados de cambios en las formas de sociabilidad y en las relaciones de poder. Con todos estos cambios, es pertinente preguntarse qué tipo de lugar pasa a ser el centro textil, considerando las fuerzas que han contribuido a producirlo.

Distintos autores han abordado la relación entre turismo, globalización y espacio/lugar. Refiriéndose a los sitios turísticos, Gupta y Ferguson (citados en Little 2004: 36) argumentan que los lugares se definen por el movimiento en y a su alrededor. A su vez, Sassen (2015: 221) acentúa la condición contradictoria de espacios globalizados caracterizados por la contestación, por la diferenciación interna y por el permanente cruce de fronteras. Esta dimensión fronteriza es subrayada por Little (2004: 87-88), al definir el turismo como una zona fronteriza donde las líneas entre casa y trabajo, o turista y local se confunden. Por cierto, Little emplea la palabra "heterotópica" para caracterizar la zona fronteriza del turismo, el mismo concepto empleado por Venkatessan (2009: 82-83) en su discusión del espacio artesanal de India. La heterotopía es un concepto foucauldiano que designa la yuxtaposición de varios espacios incongruentes en un solo espacio real. Venkatessan advierte cómo el idealizado contexto artesanal indio ha sido producido y contrastado a partir de las rupturas creadas por la colonización y la modernización. Todo ello, en mayor o menor grado, es aplicable a los centros textiles de Chinchero, en sí heterotópicos en la medida en que están constituidos por varias fuerzas y espacios contradictorios. Por un lado, es una casa: privada, local, habitada por parientes cercanos y con un modo de producción destinado en gran medida a satisfacer las necesidades básicas de sus miembros. Por otro lado, es un centro artesanal: público, ocupado al mismo tiempo por personas no emparentadas entre sí y por turistas, "moderno" y con una economía orientada al mercado. Esta tensión espacial entre lo público y lo privado se refuerza por la coexistencia en muchos casos de una deliberada rusticidad ornamental junto con llamativos iconos del capitalismo financiero, como referencias a grandes compañías de tarjetas de crédito para facilitar los pagos. Ciertamente, estas distinciones no son necesariamente dicotómicas (Gupta y Ferguson 1992, Sillar 2000), pero aún son útiles para remarcar las fracturas y contradicciones que ocurren en los centros. Prueba de ello es que el espacio de los centros ha sido moldeado por las fuerzas modernizantes y globalizantes del turismo y de las organizaciones de desarrollo, fuerzas que simultánea y paradójicamente requieren del "otro" andino romantizado para que el lugar se vea "tradicional" y local para el visitante (Bruner 2005, Comaroff y Comaroff 2009, Edensor 1998, MacCannell 2003 [1992]).

Venkatessan (2009: 83) sostiene también que en la heterotopía se construyen conexiones, se asocian entidades y emergen nuevos agentes, pero las relaciones de poder —y por tanto la subordinación de los artesanos indígenas a "otros" condescendientes— se mantiene. Por el contrario, Little (2004: 164) muestra que, dentro del contexto de la globalización del comercio artesanal, la autonomía de las mujeres mayas puede crecer y contribuir a la construcción de nuevos conceptos acerca de los papeles económicos y políticos de las mujeres en la familia. Little agrega que las cambiantes oportunidades económicas pueden derivar en cambios en la organización doméstica y favorecer la acción política.

Cambios en la organización del hogar era precisamente lo que los espacios heterotópicos de los centros textiles estaban fomentando. Aquí, mientras que la autonomía de las mujeres con respecto a sus familias se incrementaba ciertamente, al mismo tiempo su subordinación respecto de la figura de la dueña seguía siendo evidente. En efecto, la transición del mercado abierto a los centros artesanales cerrados y semi-privados señaló, como hemos visto, la inauguración de un tipo diferente de "orden" jerárquico marcado por la casa y por la renegociación de las relaciones laborales y el poder entre la dueña y las trabajadoras. Las relaciones laborales dentro de los grupos no ocurrían en un vacío social ni eran meramente el resultado de nuevas condiciones económicas y de trabajo inducidas por su reconversión en centros artesanales. Se insertaban, más bien, en una tradición más amplia de organización comunal y de intercambio de trabajo en los Andes, tradición que incluía formas de reciprocidad bien conocidas como *ayni* y *mink'a*. *Ayni* se refiere a la reciprocidad (normalmente en trabajo, pero a veces en productos también) dentro de un intercambio diádico de naturaleza simétrico y equilibrado. *Mink'a* entraña el intercambio de trabajo por un producto, normalmente comida o dinero, sin obligación de devolver el trabajo. Si bien estas formas, especialmente el *ayni*, se pueden encontrar en el discurso y en la práctica en Chinchero, están siendo rápidamente reemplazadas por otras formas de apropiación del trabajo sin lazos de parentesco, como el jornal. La preponderancia del jornal, como los mismos chincherinos reconocen, responde a las crecientes necesidades familiares de disponer de dinero en efectivo para pagar la escolarización de los hijos y otros gastos. Las categorías de *ayni* y *mink'a* se encuentran ausentes, sin embargo, de las interacciones diarias entre las mujeres y la dueña. El discurso turístico pretende, y obliga a las mujeres a simular en sus demostraciones, que estos grupos operan bajo los principios supuestamente igualitarios de tales formas "indígenas", especialmente el *ayni*. Se ha observado, sin embargo, que el uso de obligaciones laborales recíprocas y de lazos de compadrazgo puede perpetuar desigualdades dentro de la comunidad (Contreras 1979, Esteva 1972, Isbell 1985, Sillar 2000). Potenciales relaciones de producción en forma de *ayni* dentro de los centros quedan anuladas por las dinámicas propias de la organización doméstica y por la presencia de trabajadoras sin lazos de parentesco en su interior, puesto que el *ayni* tiende a practicarse cada vez más entre parientes cercanos.

En promedio, estos grupos se componían de unas seis, siete u ocho mujeres, pero los grupos más grandes podían emplear a más de veinte, o incluso treinta en el caso del CTTC. Habitualmente, las mujeres trabajaban allí seis días a la semana, ocho horas al día, turnándose de manera que se acomodara a sus horarios y asegurándose al mismo tiempo que el centro esté bien atendido en todo momento, especialmente en las horas punta. En las temporadas altas del turismo, se esperaba que estos grupos permanecieran abiertos desde primera hora de la mañana hasta última hora de la tarde, para cubrir cualquier eventual visita turística. Aunque no era del todo cierto, a los guías les gustaba enfatizar y exagerar la idea de que en estos centros las mujeres pasaban la mayor parte de su tiempo tejiendo las prendas que se venderían después.

Las narrativas dominantes en Cusco y Chinchero exaltaban el papel de estos centros en la operación de rescate cultural que había empezado en los años setenta. Según se señalaba, gracias a los talleres las mujeres habían recuperado una tradición textil que se estaba perdiendo. Los guías turísticos y las agencias alimentaban estas narrativas, que también contaban con el respaldo de algunos trabajos académicos (Heckman 1998). Los centros se presentaban como prueba y epítome de esta recuperación cultural. Los *tours* permitían un turismo "responsable", que aseguraba a las mujeres un precio justo por su trabajo, sin intermediarios. Además de ser retratados como la continuación ininterrumpida de un pasado inca idealizado, se pretendía que estos centros, descritos en las narrativas como cooperativas familiares, encarnaban valores "indígenas" tradicionales como la solidaridad y la igualdad.

Independientemente de lo que dijeran estas narrativas de cambio, es importante advertir que la industria artesanal tras el conflicto armado interno y las políticas neoliberales implementadas por Fujimori, no se desarrolló a partir de un pasado idealizado y estático en el que los tejidos se producían y se consumían siempre dentro del hogar. Babb (2010: 7-10) ha contextualizado históricamente el desarrollo turístico en Perú. Esta autora muestra cómo después del conflicto armado con Sendero Luminoso, el Estado peruano utilizó el turismo para refundar la nación, eclipsando una historia de violencia y evocando alternativamente memorias más seguras y profundas de un rico patrimonio cultural dentro de un entorno más hospitalario. De aquí se deriva que "el cambio" no es solo el resultado de la modernización, la urbanización y el turismo. Además, la idea de un retorno a los modos "tradicionales", fomentada por la industria turística y por algunas ONG, oscurece una investigación etnohistórica que muestra que, tanto en tiempos prehispánicos como coloniales, había tenido lugar una producción textil tributaria mediada por intermediarios en un contexto de dominación (Murra 1962). La literatura especializada (Babb 2010, Murra 1962, Zorn 2004) ha destacado la coexistencia en los Andes y en América Latina de diferentes regímenes textiles, que acomodan tanto modos de producción orientados al hogar como aquellos destinados al intercambio, con distintos grados de calidad. Junto a ello, y para el caso de Chinchero, Heckman (2003) advierte una evolución continua en los gustos de las tejedoras y en sus preferencias estéticas, en paralelo con continuidades técnicas del pasado inca. Este hecho contradice discursos de revitalización que atan a las tejedoras a formas, colores y prácticas tenidas por "auténticas" no porque las tejedoras lo sientan así necesariamente, sino porque este concepto es importante para la comercialización de los tejidos. Pero como bien dice Meisch (2002), "tradicional", incluso aunque pueda relacionarse con costumbres y normas locales de largo aliento, no significa inmutable.

Estructura de los centros textiles

La iniciativa para la formación de un grupo venía normalmente de una mujer y a menudo, como en el caso de Nilda y en otros muchos casos, era una empresa conjunta con otros parientes. A veces, sin embargo, era la mujer la que tomaba la iniciativa por completo con su propio capital. Estas circunstancias introducían una distinción prevalente desde un inicio entre aquellas mujeres con los medios económicos y el capital social como para hacer una inversión y aquellas sin tales medios. Esta mujer, conocida como "la dueña", invitaba a su vez a otras a trabajar con ella en el grupo. Estas mujeres no eran necesariamente parientes, ni siquiera amigas cercanas. Podían ser llamadas simplemente porque necesitaban trabajar y hablaban con la dueña para pedir permiso y laborar en su centro. Sin embargo, en un lugar pequeño como Chinchero, donde los lazos de parentesco eran extensos, era bastante común encontrar a parientes y comadres trabajando juntas en el mismo grupo. La dueña explicaba que no pedía nada a las otras señoras para trabajar con ella, pero cobraba una cuota para cubrir los gastos del centro. Además, se esperaba que las mujeres aportaran una cantidad de dinero destinada a cocinar para los guías que llevaban los grupos de turistas.

El papel de los guías en el sistema merece una atención más detenida. Educados en escuelas e institutos de turismo en Cusco, para muchos su trabajo era sobre todo una manera de ganarse la vida con un negocio de moda. Obviamente, sería injusto meter a todos los guías en el mismo saco, sin distinguir entre sus diferentes capacidades y motivaciones. Pero para Mandy, una agente de turismo canadiense con años de experiencia:

> Este tema de los guías es un tema mayor. Para muchos su trabajo solo es una manera de hacer dinero. Esto es un paso atrás. Algunos no entienden su rol de intermediarios, la oportunidad de presentarse a sí mismos de cierta manera, de ser embajadores de sus propias comunidades.

Cabe preguntarse quién estaba detrás del ideal del guía embajador cultural propugnado por Mandy y por qué. En todo caso, los guías eran contratados por agencias que, al menos en el caso de las más serias, les pedían un título y el conocimiento de la zona donde iban a trabajar. Aun así, como en otras muchas áreas de la actividad económica peruana, el sector estaba penetrado por la informalidad. La literatura describe a menudo a los guías como "intermediarios culturales": intérpretes cualificados o intermediarios entre la cultura anfitriona y sus huéspedes. Yo tendría cuidado, sin embargo, de respaldar una noción en la cual la mediación aparece como algo automático y libre, por ejemplo, de interpretaciones erróneas, de manipulaciones y de relaciones de poder. Para los críticos, los guías son cómplices en la construcción de la cultura local para los turistas y en la distorsión de las complejidades de las sociedades rurales. En Chinchero, los guías, alineados con el discurso oficial de la cultura viva y del incanismo, contribuían a fijar una imagen de una gente ancestral, cuyas vidas adquirían significado a cuenta de un pasado frecuentemente contrastado con discursos de desarrollo y modernidad.

En palabras de un guía con quien conversé, "antes solamente explicábamos los sitios y eso era todo; ahora les hablamos a los turistas de nuestra identidad inca. Les contamos de nuestra historia, de nuestra raza, costumbres, etc." En efecto, la mayoría de los guías a los que escuché solo hablaban del pasado prehispánico, con muy pocas o ninguna referencia a temas actuales potencialmente polémicos, que eran convenientemente silenciados, como el proyecto del nuevo aeropuerto del Cusco en Chinchero, que horrorizaba a los turistas cuando se enteraban. Si bien los guías remarcaban en conversaciones privadas su identificación con su cultura y su objetivo de comunicar su orgullo, lo cierto es que a muchos solo les interesaba el lado comercial de su trabajo. Para mi amigo y guía Liborio:

> El objetivo de visitar los centros textiles es fomentar la interacción social y la convivencia entre turistas y tejedoras. Sin embargo, el meollo es la parte comercial. Este es el tema. Se espera que en las relaciones entre las agencias, los guías y los artesanos todos ellos se entremezclen. Pero en la realidad lo que se busca es el intercambio comercial, que los productores locales puedan vender sus productos. Esto es solo la teoría porque al final del día, como ya habrás visto, es un intermediario [aludiendo a los guías y a las agencias] el que vende y no los artesanos.

En Chinchero, las relaciones entre los guías y las mujeres podrían quizás describirse como una sociedad asimétrica. El término da cuenta del hecho de que ambos trabajaban juntos, pero también de que los guías tenían el control. Ellos establecían las condiciones y se beneficiaban más que nadie de las transacciones comerciales. Por norma, cada centro textil hacía contactos en Cusco con una o más agencias turísticas. Algunos grupos estaban inicialmente mejor ubicados que otros, habida cuenta de sus redes y su capital sociales. Las agencias llevaban turistas a los grupos, pero esperaban algo a cambio. A los guías no se les daba solamente de comer en recompensa por llevar turistas; también se les pagaba por ello. Además de sus salarios fijos en sus compañías, existía un sistema bien establecido de comisiones, de acuerdo con lo cual al menos el 20% de las ventas iba para los guías. Este porcentaje era requerido incluso en el caso de que las ventas fueran bajas e insuficientes para las mujeres. Los guías exigían este porcentaje, más la comida, y amenazaban a las tejedoras con llevarse a los turistas a otros centros si no se les atendía adecuadamente. El pago de su porcentaje se efectuaba normalmente en una habitación trasera, a escondidas de los turistas, a quienes se les hacía creer que el dinero que gastaban iba a las mujeres en su totalidad. No hace falta decir que estas se sentían explotadas por semejantes prácticas y que estaban muy molestas. Cabe preguntarse, no obstante, cómo les iría económicamente a los centros sin la intermediación de las agencias, que les facilitaban turistas y les ahorraban ciertos costos de transacción. Pero al mismo tiempo, las mujeres se encontraban a sí mismas arrastradas a un sistema competitivo del que era muy difícil escapar, incluso aunque la opinión común fuera que el sistema de comisiones estaba haciendo mucho daño al pueblo. Ciertamente, el sistema estaba promoviendo cambios en los patrones y en la estructura social. Los residentes explicaban que cada vez más familias enviaban a sus hijos a escuelas de turismo en Cusco y Lima para convertirse en sus contactos y enviarles turistas. Además, las parejas recién casadas que hasta entonces buscaban padrinos moralmente ejemplares y económicamente capaces, como era la costumbre, empezaban a fijarse en parientes dueños de agencias de viaje en Cusco para asegurar visitantes a los centros.

Este sistema era replicado en diferentes ámbitos. En cuanto a los grupos, como ya he referido, las relaciones entre la dueña y las trabajadoras, lejos de ser igualitarias tal y como las presentaban los guías, eran bastante jerárquicas dentro de los estándares de sociabilidad chincherinos. Cuando a una tejedora se le invitaba o era requerida para participar en un grupo, entablaba un acuerdo verbal con la dueña. Se esperaba que la mujer tejiera al menos una *llijlla* al mes, prenda que debía entregar a la dueña, quien a su vez la vendía y se quedaba con la ganancia.[4] Además, la mujer podía quedarse con el dinero de todas sus otras ventas. El acuerdo, no obstante, venía con condiciones bajo la forma de obligaciones añadidas como cocinar para los guías, limpiar y demás. Al mismo tiempo, las relaciones entre las trabajadoras eran más igualitarias, al compartir las responsabilidades que implicaba el manejo

4. De acuerdo con Sara, experta tejedora, eran tres las mantas o *llijllas* que la trabajadora tenía que entregar a la dueña al entrar en un grupo. Sara añadió que para pertenecer a un grupo se necesitaban capital y dinero. Cada manta se vendía por unos 80 soles ($25) y la mujer tenía que encargársela a alguien para que la tejiera.

del centro. Asimismo, cada mujer estaba temporalmente a cargo de un área de la producción textil o, para ser más preciso, de las demostraciones textiles, tales como el teñido de la lana, el lavado, el hilado, etc. Por lo general, se confeccionaba una lista de tareas con los diferentes deberes y ocupaciones, y las mujeres rotaban semanalmente para cumplir con sus responsabilidades. También, se llevaban regularmente registros de puntualidad, multas y contabilidad. La dueña controlaba el tiempo y el espacio de las señoras. Mi amiga y tejedora Dominga era elocuente a este respecto y reflejaba la opinión de la gran mayoría de los pobladores:

> La dueña controla la vida de las trabajadoras: turnos, permisos, la comida para los guías, los trabajos a realizar, etc., y al mismo tiempo hace lo que le da gana. Además, las trabajadoras tienen que pagar una "contribución" mensual. Todos los grupos son iguales y por eso hay tanta competencia. Algún día te darás cuenta de cómo es la gente en este pueblo. El verdadero negocio es entre las dueñas y los guías que cobran su comisión además de sus sueldos fijos. Por esto es por lo que no quiero unirme a ninguno de estos grupos. Y si empiezo el mío propio lo manejaré de otra manera.

Pasando al tema del tiempo, la dueña dictaba la cantidad de horas que las trabajadoras tenían que pasar en el grupo (normalmente ocho horas al día) y decidía sobre las peticiones de permisos formuladas por las mujeres, quienes necesitaban tiempo para cuidar de sus familias, asistir a las asambleas, participar de las faenas comunales, etc. No era infrecuente que tales permisos se denegaran, porque la dueña temía que los turistas llegasen y no hubiera nadie para hacer la demostración, con la subsiguiente pérdida de reputación y perspectivas de negocio. Si las tejedoras decidían seguir adelante y tomarse el permiso, la dueña las multaba, causando fricciones y quejas amargas. En cuanto al espacio, todas las mujeres en el centro disponían de un estand para vender sus artesanías y, en teoría, todas disfrutaban de las mismas oportunidades. Estas provisiones, sin embargo, no evitaban conflictos ocasionales por las ventas, en tanto que las mujeres podían competir por la atención de los turistas. Dicho sea de paso, los conflictos en los centros se reproducían a menudo fuera de ellos. La regla era, no obstante, que la dueña se reservaba un espacio más grande para ella y en ocasiones reducía arbitrariamente el espacio de las otras señoras, incrementando de este modo las oportunidades de mejorar su situación económica personal. Incluso, podía obligar a las trabajadoras a bajar sus precios al tiempo que subían los suyos. Por ello, no me sorprendió tanto que el día que me acerqué a Dominga y a su esposo Lorenzo para preguntarles por el funcionamiento de estos centros ambos los describieran como "feudales". Al principio me chocó el empleo de una categoría tomada de la historia medieval europea. Pero Dominga y Lorenzo continuaron comparando estos grupos con haciendas donde la dueña actuaba como un capataz y las trabajadoras eran "invitadas" que podían salirse en cualquier momento. La experiencia del sistema de haciendas permanecía todavía muy fresca en la memoria de la generación de Lorenzo y de Dominga, cuyos padres y abuelos habían trabajado en ellas. Como tal, ambos estaban más que familiarizados con las marcadas jerarquías, desigualdades y prácticas explotadoras disfrazadas bajo formas aparentes de reciprocidad y lazos de compadrazgo entre los hacendados y los trabajadores. Consecuentemente, el uso del término "feudal" resultaba apropiado como imagen de la verticalidad y la asimetría que gobernaban las relaciones entre dueñas y trabajadoras.

Estos centros habían tenido su origen en una iniciativa conjunta de las ONG y las agencias turísticas y seguían de cerca el ejemplo del CTTC, el cual había sido modelado desde el comienzo por la vigorosa personalidad de Nilda y por una privilegiada red de apoyos que todavía dependía de las ONG. Debería mencionar también que el grupo de Nilda se hallaba envuelto en una nube de controversias en Chinchero. Según las trabajadoras del CTTC, su estatus era el de socias y el centro lo manejaban ellas. La misma Nilda confirmaba esta idea y añadía que su rol era básicamente de acompañamiento y orientación. Esta interpretación era cuestionada por mucha gente en el pueblo, que pensaba que el CTTC tenía exactamente el mismo funcionamiento interno que los demás centros. Por mi parte, puedo atestiguar que la estructura del CTTC era considerablemente más formal y compleja que la del resto de los centros. Pero este era solamente un ángulo de la polémica en el pueblo respecto de la figura de Nilda, de sus trabajadoras y de su influencia. Muchos, no sin resentimiento, sostenían que, contrariamente a los reclamos formulados por las señoras del CTTC en el sentido de que habían sido ellas quienes habían enseñado a otras mujeres del pueblo el recientemente recuperado arte de los tintes naturales, nunca habían querido compartir su conocimiento con las demás y habían sido muy egoístas. Otros temas altamente polémicos tenían que ver con la calidad de lo que se producía en dicho centro, con quién lo hacía y con el precio de los productos. Dado que el CTTC era la imagen de la calidad en el mercado textil dentro de la industria turística y que exportaba con éxito al extranjero, algunos comentarios hechos en el pueblo por otras mujeres cuestionaban la reputación del grupo de Nilda de diferentes maneras. No obstante, es cierto que, en general, se reconocía la calidad de lo que el centro exportaba. Por ello, cada vez que los visitaba siempre me impresionaban los altos estándares de la instalación y de lo que había dentro. Todos los detalles estaban muy cuidados y el centro tenía una cualidad como de boutique que lo hacía muy atractivo, particularmente para clientes de clase media y alta.

A pesar de la controversia y de las narrativas que ensalzaban su labor pionera en el comienzo de las cooperativas textiles de Chinchero, el CTTC nació originalmente como una empresa con espíritu capitalista, integrado en la operación de rescate cultural, que tenía por objetivo lucrar con las ventas de los tejidos, empleando tantas trabajadoras como fuera posible. El carácter emprendedor de Nilda sentó un camino y un modelo a imitar por otras mujeres y hombres que vieron claramente las oportunidades que llegaron con el turismo. Sería equivocado, no obstante, hacer depender el modelo simplemente de un liderazgo individual y de lo que yo consideraba la naturaleza jerárquica del sistema capitalista. En realidad, un juicio de este tipo equivalía a repetir la neta distinción criticada por Appadurai (2013) entre formas de producción capitalistas y no-capitalistas y contradeciría la opinión generalizada con respecto a la coexistencia histórica en los Andes de diferentes modos de propiedad (Mayer 2002).

También, de cara a explicar por qué estos grupos no tuvieron la intención de conformarse con una estructura de mutua colaboración podríamos recordar la pasada experiencia fracasada de las cooperativas agrarias, creadas durante la reforma agraria de 1969, que terminó con el sistema de haciendas e instauró a cambio la formación de cooperativas manejadas por los campesinos como parte del nuevo programa modernizador de tenencia de tierra basado en la eficiencia. De acuerdo con los residentes, estas cooperativas habían fracasado por la corrupción interna y porque los líderes no estaban cualificados.

La ausencia de un espíritu colectivista/cooperativista que yo había atribuido inicialmente al proverbial "pueblo pequeño, infierno grande" con el que la gente del lugar explicaba la dificultad para lograr exitosas aventuras económicas en común, tenía menos que ver con un *ethos* individualista que con un "modo de competición" profundamente engranado en el cuerpo social y cuyo origen Contreras (1980: 52-53) sitúa precisamente dentro del altamente estratificado sistema de haciendas, que estimulaba la producción haciendo competir a los trabajadores entre sí de distintas maneras. Durante su trabajo de campo, Contreras advirtió que la rivalidad laboral era una forma de maximizar la explotación de la mano de obra (1980: 55). Este "modo de competición" dominante no tenía mucho sentido en un sistema cooperativo que, a pesar del discurso turístico, resultaba probablemente más ajeno a los andinos que la hacienda. Y esto era así porque al menos la hacienda, como han recalcado los comentaristas (Mumford 2012, Wolf y Mintz 1957: 389), permitía e incluso fomentaba la continuación de pautas culturales establecidas antiguamente, a diferencia del modelo cooperativista importado con su organización que desconocía el funcionamiento de la economía campesina.

El hecho de que las mujeres tuvieran que pasar tantas horas en los centros para cubrir la eventualidad de una visita turística a cualquier hora del día entrañaba una profunda reorganización de su tiempo que afectaba a sus vidas diarias. Como las mujeres aportaban ahora a la economía doméstica gracias a los ingresos del turismo, se encontraban en una posición más de tú a tú con los hombres. Además, las nuevas dinámicas estaban generando cambios en los roles de género. Si en el pasado, como Luz Mila —la dueña del Balcón del Inka, uno de los centros más exitosos del pueblo— me dijo una vez, los hombres pegaban a sus mujeres, ahora las respetaban. Esto no impedía que surgieran otros conflictos al hilo de los nuevos cambios.[5] Por ello, no era raro ver a los hombres quedarse en casa con sus hijos cuando no había trabajo estacional. Como muchos de ellos se encontraban ociosos por periodos más o menos largos podían caer en la bebida.[6] La regla era que las mujeres administraban la economía familiar. Como decían ellas, "nos hemos dado cuenta de que somos más responsables que los hombres", y gastaban el dinero en la educación de sus hijos, en comida y en mejorar sus casas.

Un impacto principal sobre el tiempo de las mujeres era que no podían dedicar suficiente tiempo a sus hijos y maridos. La mayoría reconocía que estaban descuidando a sus familias y este era uno de los puntos centrales de desencuentro entre las mujeres y las dueñas, quienes se mostraban a menudo contrarias a conceder permisos u otorgar horarios más flexibles. El núcleo del problema era la falta de coherencia ya observada en el capítulo 4 entre el tiempo social y el tiempo del turismo o de las ONG, algunas de cuyas implicaciones críticas se contenían en la declaración de Mandy, que cito de nuevo aquí:

> Con relación al rescate textil, se trata de un proceso recontra complicado. Supone un cambio ideológico enorme para las mujeres. En Ollantaytambo están haciendo demostraciones. La ONG les ofrece la posibilidad de asistir a talleres pagados y las mujeres solo muestran indiferencia. Por mucho tiempo han centrado sus vidas sobre los hijos, la casa y la chacra. Todos estos son trabajos muy nobles, que encajan muy bien con su propio ritmo, con su propio tiempo que viene de muy lejos. Esta historia del rescate textil solo tiene veinte años en comparación y para ellas es un enorme reajuste de su tiempo.

En efecto, la reorganización del tiempo forzada por los centros textiles estaba reñida con lo que Mandy definía como "el viejo ritmo de las mujeres" y con patrones temporales muy antiguos y que eran

---

5. Algunos hombres no llevaban bien el hecho de que sus esposas pudieran ganar más que ellos (Ypeij 2012).
6. De nuevo, consultar Ypeij (2012) para cambios en los roles de género.

propios de un estilo de vida agropecuario que ya había tenido en el pasado reciente que adaptarse a otros cambios con fuertes implicaciones temporales, como la pista, la escolarización de los niños o el empleo de los hombres en la ciudad. Los centros representaban un nuevo asalto a lo que quedaba de ese viejo ritmo determinado por la centralidad del hogar y del calendario agrícola, así como un choque entre dos marcos temporales antagónicos. Y sin embargo, implícitas en las palabras de Mandy se hallaban algunos presupuestos desarrollistas y ahistóricos propios de una ideología de *revival*. Estos presupuestos tienden a ignorar que los andinos han convivido con "el cambio", así como con muchas formas de "modernidad", a lo largo de su historia y han al mismo tiempo negociado y acomodado estas formas y sus propias vidas a las cambiantes circunstancias. Era cierto de todos modos que la acentuada estacionalidad, imprevisibilidad y flexibilidad del tiempo agropecuario se veían desafiadas por la monótona uniformidad y rigidez de la nueva estructura temporal a la que los centros se hallaban sujetos. Y aun así los centros se acomodaban al ciclo agrícola de muchas familias. Durante la época de lluvias (noviembre a abril), que coincidía aproximadamente con la temporada baja del turismo, las mujeres vivían sobre todo de la tierra. Habitualmente dedicaban esta estación a labores textiles, sabedoras de que durante la temporada alta del turismo estarían demasiado ocupadas atendiendo los *tours* y no tendrían tiempo para tejer. Roberta, una adolescente del Balcón del Inka, abrió mis ojos a la organización calendárica de los centros:

> Tenemos nuestras tejedoras, que tejen para nosotras mantas, bordes, etc. Nosotras les pagamos. Vienen cuando han acabado con sus encargos y les damos más trabajo si tenemos. Sobre todo les damos trabajo en enero, febrero y marzo (época de lluvias), cuando no hay turismo y preparamos la temporada alta. Además en mayo (época seca) nuestras tejedoras van a la cosecha y no tienen tiempo. Este mes (marzo) nuestras tejedoras tejen mucho en sus casas y nosotras lo hacemos en el grupo.

La eventual concesión o rechazo de estos permisos también era un motivo de fricciones potenciales, envidia y resentimiento entre las mujeres. Las exigencias temporales y las constricciones planteadas por la participación en estos centros llevaban a menudo a las mujeres a abandonarlos y a probar suerte en un centro diferente o fuera de ellos. El horario estricto, el sistema de permisos y las jerarquías imperantes dentro de los grupos tenían un efecto aún más traumático sobre las trabajadoras. Esta vez fue Paula, una mujer que también pertenecía a una asociación de tejedoras en Cusco, quien de una manera clara y crítica exponía el problema:

> La estructura del centro textil en Chinchero no permite progresar a la artesana, siempre estamos repitiendo las mismas cosas. No hay talleres. Si vas a un taller o a un curso a las otras mujeres no les gusta. Cada una va por su lado, incluso dentro de cada centro. Me han negado un permiso estos días y me siento frustrada. Estoy perdiendo oportunidades de mejorar, de especializarme.

En último término, la presión sobre las mujeres para cuidar de los turistas en estos centros significaba que tejer ya no era la actividad principal. Más bien las señoras se dedicaban a otras labores como preparar los materiales para las demostraciones de la tarde, cocinar, limpiar o realizar tareas menores mientras platicaban, como tejer el ñawi *awapa* o borde para las prendas que vendían. Nina, una joven trabajadora de uno de los centros, lo expresó sin rodeos un día: "Vengo a este grupo porque no tengo que tejer y así no me duele la cintura". No fue la única que se expresó en tales términos. En conjunto, junto a la discusión general mantenida hasta ahora, las declaraciones de Paula y de Nina eran alegaciones contundentes contra la declarada actividad, la misión y la viabilidad de estos grupos.

"El problema de la falta de tiempo de las tejedoras en los centros es que se vuelve contra ellas porque la calidad baja y, en consecuencia, su negocio queda negativamente afectado". Al policía que realizó tal afirmación, aparte de estar familiarizado con Chinchero, no le faltaba razón. No podía sorprender, por lo tanto, que la imagen de las artesanas en el pueblo se hubiera deteriorado y que agrias disputas y fracturas sobre quiénes eran las verdaderas tejedoras en Chinchero se extendieran por el pueblo.

"Nosotras somos las verdaderas tejedoras": tejedoras, comerciantes... y demás

Significativamente, las mujeres que trabajaban en los centros, así como las artesanas que vendían en la plaza y en las calles principales, no eran reconocidas como verdaderas tejedoras en el pueblo. Antes bien, se las etiquetaba despectivamente como "comerciantes", en un contexto de competencia, disputas internas, envidias y choques de facciones, que, junto a otras formas de cohesión social, proporcionaban buena parte de la textura de la vida social en Chinchero. Esta caracterización como comerciantes provenía a menudo de personas que no estaban involucradas en el negocio textil. Pero ambos grupos —las mujeres de los centros y las artesanas de la calle— se acusaban mutuamente también de ser comerciantes y no tejedoras o artesanas propiamente dichas. Los dos grupos competían directamente por los turistas y en esta competencia la segunda facción (las artesanas de la calle) se encontraba en clara desventaja. Este grupo se quejaba amargamente de que los centros artesanales atraían a los *tours* guiados ofreciendo comisiones a los guías. Asimismo, los guías extendían rumores de que la calidad de los artículos que se vendían fuera de los centros era inferior y que sus precios estaban inflados, al tiempo que señalaban a las vendedoras ambulantes como las verdaderas comerciantes (o estafadoras, en otras palabras) en el pueblo. La polémica no era ajena a las políticas municipales de Cusco, cuyo objetivo era limpiar las calles de ambulantes, considerados como una amenaza para el turismo y para el patrimonio cultural (Steel 2006: 165-174).

Esta sistemática desacreditación ofendía sobremanera a las artesanas de la calle, que veían cómo los *tours*, apurados por los guías, pasaban rápidamente por su lado —procedentes del sitio arqueológico y de la iglesia— casi sin parar, en su camino a las demostraciones de los centros artesanales, identificados en folletos y narrativas como los depósitos o templos de la auténtica tradición textil de Chinchero. Dado que la mayoría de los turistas visitaban Chinchero en *tours* organizados, estaban controlados por los guías, quienes imponían a los turistas sus propias narrativas y agendas. De aquí resultaba que las vendedoras callejeras se veían impotentes, al no tener control sobre las narrativas que hacían que los turistas gastaran su dinero en un lugar u otro. Y aun así encontraban maneras de contrarrestar esta tendencia. Por primera vez, se vestían con los trajes típicos que las mujeres de los centros lucían y que no habían vestido hasta entonces. La estrategia se dirigía, mediante la agencia de la ropa, a mejorar la "autenticidad" de su imagen e incrementar así sus posibilidades de venta. En honor a la verdad, hasta donde yo pude dictaminar, la calidad y el origen de los artículos que se vendían tanto en los centros como en la calle eran similares. En su mayor parte se trataba de material sintético barato, procedente de Bolivia o de las ciudades fronterizas de Puno y Juliaca, o incluso de mercados populares en Cusco. Más aún, en ningún caso era la honestidad el criterio que regía a la hora de informar a los turistas sobre la calidad de los materiales que consideraban comprar. Como declaraba Helena, una de las vendedoras de la calle:

> Aquí vendemos un poco más barato que en los centros. Algunas colegas engañan un poco a los turistas, les dicen que es baby alpaca cuando en realidad es material mixto o alpacril [mezcla de alpaca con sintético]. ¿Pero qué podemos hacer? Tenemos que vender [...] Traemos nuestro material mixto desde Bolivia y Juliaca. Buscamos que la producción sea barata. Los turistas compran toda clase de género. Cuando tejo tengo en mente sus gustos. Por eso hago cosas económicas.

Este material barato, conocido localmente como "mercadería", conformaba finalmente el grueso de lo que se vendía en los centros y en las calles. Como muchos turistas habían viajado antes por Bolivia, Puno y otros lugares donde se vendía la misma mercadería, expresaban a veces insatisfacción y decepción. Pero, por otro lado, las palabras de Helena apuntaban a una cruda realidad: la mayoría de los turistas no querían gastar demasiado dinero y buscaban algo que se pudieran permitir. Los tejidos de alta calidad hechos a mano eran caros, debido al material y especialmente al tiempo invertido en ellos y solo unos pocos estaban dispuestos a pagar su precio.

Hasta ahora he considerado el argumento de que buena parte de lo que las artesanas vendían no lo tejían ellas. Entonces, si no tejían muchos de los productos que vendían, ¿quién lo hacía? Una incipiente respuesta a esta pregunta ya se hallaba implícita en la explicación de Roberta sobre el funcionamiento calendárico de los grupos, testimonio que me lleva a examinar dos actores adicionales en Chinchero, con poca o ninguna visibilidad para los forasteros, pero de gran importancia para la industria turística del pueblo. El primero eran las tejedoras domésticas, un grupo de mujeres, en su mayoría de las comunidades de alrededor del centro urbano de Chinchero, que tejían en sus casas y que tomaban encargos tanto de los centros como de las artesanas de la calle. Este modelo de negocio ya existía antes del surgimiento de los centros textiles. Cuando se les preguntaba por qué no participaban de algún grupo, estas tejedoras domésticas, al igual que sus contrapartes que vendían en la plaza o las que preferían deambular por las calles de Cusco, explicaban que tenían más tiempo y libertad para ocuparse de otros asuntos relacionados con la casa y con las labores agropecuarias, ocupaciones que podían realizar mientras tejían al mismo tiempo. Sostenían además que les iba mejor económicamente si tomaban encargos de otras mujeres, antes que depender del altamente imprevisible flujo de turistas[7] en los centros y en las calles, a pesar del poco dinero que recibían de las otras mujeres, arreglos económicos que tendían a describir igualmente en términos de explotación. Dominga y Lorenzo, así como otras mujeres, discrepaban y creían que no sabían calcular bien los costos de producción, añadiendo otros comentarios significativos sobre la situación de las tejedoras y de la práctica del tejido en el pueblo:

> Sí, hay muchas mujeres que tejen en sus casas y venden a los centros. Por una manta que se vende en un centro a doscientos soles, ellas se quedan con sesenta. Hoy en día muchas no hilan a mano. Usan el cono[8] porque no tienen tiempo. La mayoría no calcula los costos de producción y pi-

---

7. La percepción de imprevisibilidad del flujo turístico podría deberse, además de un descenso en el volumen de visitantes en la temporada baja, al hecho de que muchos turistas no compraban nada y a la creciente competencia entre los grupos.
8. Artefacto cónico que hace el proceso del hilado y el torcido mucho más rápido.

den simplemente lo que puedan obtener. Los turistas bajarán los precios y ellas aceptarán solo por ganar siquiera algo. Si calcularan los costos de producción pedirían un precio mucho más alto. Pero por la competencia no venderían (otras ofrecerían precios más bajos). Por esto es por lo que muchas están dejando de tejer y se están haciendo "comerciantes". Compran material barato en Juliaca y así hacen algo de dinero. Además no tienen que pasarse la mayor parte del día en un centro y tienen tiempo para hacer otras cosas.

Manuela, una de estas tejedoras de la comunidad de Cúper Bajo, era firme en su posición:

> Las verdaderas tejedoras somos nosotras, la gente de las comunidades que teje en sus casas. El 80% de lo que se vende en los centros lo hacemos nosotras. Los centros nos compran pero nos pagan muy poco. Después lo revenden por un precio mucho más alto.

Otras tejedoras domésticas decían que era aproximadamente la mitad del total lo que vendían a los centros, mientras que las mujeres de los centros ninguneaban la proporción de lo que se producía externamente.

El segundo actor invisible involucrado en la producción de textiles no se encontraba en el mismo Chinchero, sino en Cusco. Y más precisamente en la cárcel de Cusco, donde un nutrido grupo de reclusos tejía las prendas que se vendían después en los centros textiles de Chinchero y en otros sitios. Al igual que sucedía con las tejedoras domésticas, esto era algo que no trascendía a los turistas y que ni los guías ni las mujeres mencionaban nunca, por razones obvias. Esta información me había llegado a través de comentarios espontáneos de las mujeres durante nuestras conversaciones informales y fueron las mismas mujeres las que me explicaron su razonamiento. En primer lugar, destacaron que no tenían tiempo para satisfacer toda la demanda; en segundo lugar, aseguraron que esta solución no solo les beneficiaba a ellas sino también a los reclusos, a quienes se les daba la oportunidad de aprender un oficio y ganar algo de dinero. Ciertamente, el arreglo respondía a una estrategia inteligente por parte de las mujeres, de cara a enfrentar un problema. Los reclusos tenían todo el tiempo del mundo y al menos algunos de ellos tenían familiaridad con el arte del tejido que se practicaba en sus propias comunidades. Ahora eran un componente importante en el modo de producción, que requería su incorporación a una red de reciprocidad de las mujeres que seguía ampliándose por necesidad, en cuanto que se veían incapaces de responder a la demanda. Pero, por otro lado, lo que las mujeres me contaban era parte también de un discurso autojustificante que enfatizaba la parte más noble del arreglo, mientras que ocultaba al mismo tiempo las desigualdades económicas y las relaciones de poder existentes en las transacciones. Este argumento transpiraba en las palabras de Fernanda, una de las trabajadoras de los centros:

> Sería muy bueno poder hacerlo todo a mano, tal y como lo explicamos en la demostración. Pero para hacer eso tendríamos que empezar temprano por la mañana, parar una hora para el almuerzo y continuar. Ahora nos está faltando mercadería. Tenemos material, pero son cosas que hemos traído de otros lugares. Nos está faltando nuestro propio material, lo que explicamos en la demostración. Tenemos que tejer mucho estos días. Si hiciéramos el proceso tal como lo explicamos en la demostración no tendríamos tiempo. Como es tanto trabajo lo compartimos y lo llevamos a la cárcel para que los reclusos nos ayuden. Hemos capacitado a uno de ellos y este ha capacitado a otros. Esa fue mi condición. Estoy muy contenta porque de esa manera los reclusos pueden apoyar a sus familias. Lo veo como un compartir.

Dolores, otra trabajadora de uno de los centros, de unos cuarenta años de edad, ampliaba el argumento, abarcando también a las tejedoras domésticas:

> Sí, muchas de nosotras recurrimos a estas mujeres que tejen en su casa porque nosotras no alcanzamos. Es demasiado y no tenemos tiempo. A una mujer le doy tres pasadizos al mes. Le pago ochenta soles por cada uno y luego lo revendo por algo más. Calculo que aproximadamente un tercio de lo que vendemos en los grupos viene de estas mujeres. Es una cadena que estamos expandiendo. De este modo las beneficiamos y también beneficiamos al pueblo, generando empleo. Tenemos que hacerlo.

> El precio depende del tipo de pallays [diseños] y de su número. Yo les digo lo que quiero. También compramos a tejedoras del valle. Como allí tienen alpaca y nosotras tenemos oveja resulta conveniente para ambas partes y así tenemos acceso a la alpaca. Tengo tres tejedoras que trabajan para mí. En cuanto a los reclusos, les enseñamos y así les beneficiamos. Les pagamos menos que a las tejedoras porque no memorizan los diseños. Trabajan con números que han aprendido de nosotras y con catálogos. Nosotras no tenemos tiempo y a ellos les sobra. Ellos hacen sus propios arreglos económicos. Todas las mujeres llevan sus tejidos a la cárcel, incluso las del CTTC, pero solo aquello que no exportan.

Aprendí más acerca de los tratos comerciales entre las mujeres y los reclusos cuando fui a hablar con estos a la cárcel. Me las arreglé para llegar al enorme e impresionante taller donde cientos de ellos tejían con el telar de cintura. Me dirigieron hasta algunos de ellos que trabajaban con las mujeres de Chinchero y conversamos. En primer lugar negaron que las mujeres les habían enseñado a tejer. Explicaron, en cambio, que algunos de ellos ya tejían en sus comunidades y que se habían enseñado entre ellos en el penal, algo que pude comprobar de hecho. A continuación refutaron las narrativas de las mujeres que sostenían que ellas les empleaban y les daban oportunidades. Por el contrario, los reclusos, al igual que las tejedoras domésticas, defendieron que las mujeres de los centros les explotaban, imponiéndoles sus condiciones y pagándoles muy poco en comparación con el dinero que hacían al vender la prenda terminada. Juan, conocido también en el penal como "el profesor", expuso su argumento:

> Estamos explotados. Nos pagan solamente por nuestro trabajo. Después venden sus productos por un precio mucho mayor. Si pedimos más, nos amenazan con dejar de traer sus mantas. Por un pasadizo nos pagan cuarenta soles. Pero depende también del número de pallays y del tipo de prendas [las bolsas son más baratas, etc.]. Ellas traen la trama y nosotros hacemos el resto. A veces hasta hacemos el torcido. No hay un porcentaje o precio fijo por nuestro trabajo. Tenemos que negociar, pero ellas tienen el control.

Este sistema de aparente explotación parecía no tener fin porque incluso dentro de la cárcel los que habían aprendido a tejer y enseñaban a otros cobraban a los aprendices y los convertían en una suerte de empleados personales. Una de las mujeres lo confirmaba: "Juan enseña a sus ayudantes y cobra por ello".

¿Cómo empezó, por cierto, esta historia del penal? Laura, experimentada tejedora de la comunidad, me contó una historia que tenía que ver con conflictos y con la calidad de la producción:

> Una señora llamada Juana, proveedora del grupo de Nilda, fue la primera en el pueblo que llevó sus tejidos al penal. Para entonces, los reclusos ya tejían, pues procedían de diferentes comunidades y departamentos donde los hombres también tejen. Juana les enseñó los pallays de Chinchero y ellos los diseminaron. Más adelante, otras mujeres les enseñaron otros diseños. Las mujeres del grupo de Nilda se enojaron cuando otras mujeres después de ellas empezaron a llevar sus tejidos al penal. Pensaban que era exclusivamente su negocio. Antes de que todo esto empezara, los reclusos ya estaban tejiendo ponchos rojos. En aquellos tiempos, cuando Nilda empezaba, había mucha demanda y el dólar estaba muy alto. Por eso es que las mujeres empezaron a llevar sus prendas al penal. La calidad de lo que se produce allí es la misma, pero el material no lo es. Trabajan con conos, que incorporan algo de material sintético, principalmente alpacril.

En su relato, la tejedora dejó caer la idea de que los prisioneros ya llevaban tiempo tejiendo antes de que se abriera el primer centro textil en Chinchero. En realidad, se trataría de una práctica mucho más antigua puesto que, durante la Colonia, a los presos condenados se les enviaba a los obrajes de distintos lugares del departamento de Cusco (Zuloaga 2012). Además, un documental de 1930 filmado en la cárcel de Tarma (Junín) muestra a un preso tejiendo con el telar de cintura bajo la vigilancia de una pareja de soldados.[9] Los subtítulos nos dicen que los prisioneros tejían cinturones, mantas y ponchos para procurarse comida y hojas de coca, sugiriendo que las prendas se

9. Estoy en deuda con Cassandra Torrico por llamar mi atención sobre el documental y a Nicola Sharratt por facilitarme el enlace al material.

vendían pero no sabemos a quién. Lo que prueba el envío de los presos a los obrajes durante la colonia y el documental es que tejer en la cárcel no era algo que las mujeres de Chinchero habían comenzado o necesariamente promocionado. Se trataba más de una reactualización de una forma social preexistente, un recurso al que podían recurrir convenientemente y adaptarlo a sus propias necesidades en un notable ejemplo de cómo prácticas y situaciones anteriores se reorientaban y reprogramaban inesperadamente, para servir a nuevos fines y acomodar nuevas demandas. Aún más, la transferencia del centro de producción primero desde la plaza a la casa/centro-textil y después de esta al penal, implicaba que la cárcel era una extensión de la casa/hacienda donde las relaciones económicas, afectivas y coactivas propias de la hacienda se reproducían entre las mujeres y los reclusos en la cárcel. Esto convertía al penal en parte de la hererotopía del centro textil, desbarataba convenciones de género que señalaban al tejido en Chinchero como una tarea esencialmente femenina y cuestionaba ideas preconcebidas y romantizadas sobre la indigeneidad.

Volviendo a las difíciles relaciones entre reclusos y mujeres, todo parecía encajar bien en lo que mi amigo, el antropólogo cusqueño Carlos Velaochaga, me dijo un día en un bar mientras conversábamos sobre los guías:

> Los cientos de guías que hay en el Cusco se mueven solo por la plata, incluso a expensas de explotar a sus propios vecinos. En Chinchero explotan a las mujeres en los centros y estas explotan a su vez a las tejedoras de las comunidades, pagándoles una mínima fracción.

Para ser honesto, no estoy seguro de si explotación es la palabra correcta pero parecía evidente que cada grupo social intentaba aprovecharse de los demás. Podemos, tal vez, examinar el cuadro a la luz de la influencia que diferentes actores sociales ejercían, de cara a escapar (o minimizar) la situación de control a la que estaban sujetos por otros grupos. En la jerarquía del poder es probable que aquellos que no ocupan el escalón más alto repliquen la estructura con aquellos que quedan por debajo. Como Meisch (2002) y Colloredo-Mansfeld (1999) han mostrado en el caso de los otavalos de Ecuador, se podría pensar que, al final del día, el modo de producción amalgamaba de maneras sorprendentes distintos grupos sociales que entraban en diálogo y negociación. Desde ese punto de vista, la producción textil podría estar fomentando algún tipo de cohesión social, tal y como las mujeres de los centros insistían y como yo mismo he sostenido anteriormente. Sin embargo, dada la naturaleza competitiva, comercial y taimada de gran parte de estas relaciones, me queda una sensación mixta. Precisamente (el arte de) la astucia compone el núcleo de buena parte de la mito-historia y la tradición andina, como en el manuscrito de Huarochirí[10] (De Avila 1987), donde los humanos y unos ambiguos seres diferentes-a-los-humanos de tramposa condición participan de numerosos actos de competición y engaño mutuo. En este relato, la astucia se muestra como un mecanismo de supervivencia, para obtener ventaja política y económica sobre otros, en un mundo hostil de fuerzas imprevisibles y de enredos desiguales, pero también emerge como una modalidad o posibilidad peculiar para la vida social. El engaño no se puede juzgar con estándares morales occidentales, sino que se vuelve una pieza inherente de la estrategia económica de estas emprendedoras femeninas en el contexto de una economía altamente informal. Como argumenta Little (2004: 111), tiene que ver con tácticas de venta empleadas por los que son económica y políticamente débiles. Y aun así, la interminable proliferación de estos centros apuntaba a incrementar el complejo entramado alimentado por el sistema de comisiones de todo tipo. Como Eli, una joven que trabajaba para el boleto turístico, dijo un día, "el pueblo ya está saturado; algún día esto va a explotar".

Independientemente de cómo lo veamos, era ciertamente irónico que en estos centros que habían nacido supuestamente para revitalizar la práctica del tejido en el contexto del rescate textil, y que como tal eran alabados y promocionados, se tejía más bien poco. En cierto sentido eran una pantalla efectiva, que escondía algunas de las contradicciones en las que podían incurrir el desarrollo turístico y los predicamentos

10. Documento colonial temprano escrito por un nativo quechuahablante que cuenta la historia de la gente de Huarochirí (sierra central peruana) y de sus mitos e historia oral.

de la "cultura viva". El hecho de que estos grupos hubieran florecido básicamente bajo el impulso externo de ONG y agentes turísticos puede contribuir a explicar las fracturas sociales que ayudaban a reproducir. Las ONG les habían dado una organización interna, así como un marco temporal e ideológico que hacía que estos centros aparecieran y funcionaran más como museos o parques temáticos que otra cosa. Este proceso de museificación de la práctica textil, al igual que el que afectaba al centro histórico, había convertido a los centros en espacios que podían ser fácilmente cooptados, empaquetados y vendidos por la industria turística. El discurso de la cultura viva enmascaraba una realidad significativamente reñida con los principios que declaraba servir.

La etnicidad representada: ¿es esto realmente "tradicional" y "auténtico"?

Normalmente cada tarde, y algunas veces por las mañanas, si había turistas, se escenificaban demostraciones textiles para los *tours* dirigidos comandados por un guía. Como he dicho antes, dos ideas centrales se resaltaban en estos eventos: una, el carácter ancestral de este arte manual, así como su ininterrumpida continuidad desde los tiempos de los incas; y dos, la naturaleza cooperativa de estos centros. Siendo este el marco general en el que se desarrollaban las demostraciones, las mujeres tenían que colaborar en su representación. Para crear el ambiente adecuado, se vestían convenientemente con sus ropas tradicionales y se trenzaban los cabellos, para parecer más "indígenas".[11] Los guías, varones en su mayor parte, se enojaban con ellas cuando no se adecuaban a estos requisitos étnicos y las amenazaban con llevarse los *tours* a otros centros.

11. Las mujeres llevaban estas ropas tradicionales mientras estaban en los centros y para los festivales, pero usaban ropa normal, de mestizo, para sus transacciones diarias fuera de los grupos, especialmente cuando tenían que ir a la ciudad. Amílcar, el hijo mayor de Augusta, describía elocuentemente esta ropa tradicional como "uniforme de trabajo". Estos hábitos contradecían las aseveraciones de muchos guías, en el sentido de que las mujeres vestían sus ropas tradicionales todo el tiempo.

La estructura de estas demostraciones era llamativamente similar en todos los grupos. Incluso las bromas que se hacían eran las mismas. La estructura seguía un guion memorizado, que explicaba paso a paso el proceso del tejido de una manta, desde la recolección de los materiales hasta el hilado, el teñido, el torcido y la urdimbre en el telar de cintura. Luego continuaba con una descripción de los diseños más importantes. Normalmente, los guías introducían el guion en un estilo muy paternalista, hasta el punto incluso de usar a las mujeres para su propia promoción. Un guía se refirió a las tejedoras en términos de "sus hermanas nativas", que habían sobrevivido al episodio de la esterilización forzosa de las mujeres indígenas durante el gobierno de Alberto Fujimori (1990-2000) y seguían vivas, sin verse obligadas a mendigar. No podría precisar exactamente los orígenes de este libreto codificado. Según Fernanda, "lo que decimos en las demostraciones viene de las ideas y de los recuerdos de cada tejedora". Yo añadiría que, dado que el CTTC era el modelo original, era bastante probable que otros grupos hubieran tomado algunos elementos de él y hubieran agregado otros a su vez. Los grupos no colaboraban entre ellos, salvo alguna excepción, pero como las mujeres circulaban de centro en centro el conocimiento de lo que se hacía en otros grupos se diseminaba y distintos elementos de cada uno se adoptaban eventualmente.

El guion estaba acompañado de otros actos performativos que, como las bromas, suscitaban la respuesta activa de los turistas y animaban la demostración. Canciones, bailes, la manipulación *in situ* de los materiales y de los elementos que componían el proceso del tejido se presentaban de una manera clara, informal y directa, en la que destacaba el papel activo de los cuerpos étnicamente resaltados de las mujeres. Una vez que la demostración finalizaba, se invitaba a los turistas a entrar en la sección de artesanías, para mirar los artículos en venta y efectuar, eventualmente, algunas compras.

En aquel momento, emergía de nuevo la pregunta, tanto para mí como investigador como para el turista que consumía el producto: ¿había sido "auténtica"[12] la demostración? Autores como Bruner han

12. Urry ha argumentado que "la búsqueda de la autenticidad es una base demasiado simple para explicar el turismo contemporáneo" (en Wang 1999: 350). Pero

recomendado mirar estas representaciones turísticas como actuaciones que merecen ser examinadas en sí mismas y no necesariamente como pseudoeventos o copias falsas de un modelo original, tal y como Boorstin (1992 [1962]) y otros habían sugerido con anterioridad. Asumiendo este punto de partida elemental, podemos adoptar diferentes ángulos. Si consideramos que lo que se presentaba como "el arte tradicional del tejido" ya no se practicaba, porque el proceso requería una cantidad de tiempo que las mujeres ya no se podían permitir estos días, la demostración no solo no era auténtica, sino engañosa también. Forzando este argumento un poco más, el largo proceso que ordinariamente tomaba varias semanas o incluso meses se comprimía en veinte minutos, dando una impresión equivocada y generando una incoherencia entre el tiempo real y el tiempo de la exhibición. Sin embargo, si adoptamos una perspectiva más posmoderna, que prioriza la dimensión performativa y lúdica de las representaciones, el concepto de autenticidad se orientará hacia cuán bien o mal los actores implicados hicieron su trabajo, más que cuán fiel a una supuesta tradición fue la representación. Por ello, resultó iluminador lo que un turista me dijo después de una de estas demostraciones: "No sé si lo que nos han dicho es verdad o no, pero me lo puedo creer". Desde este punto de vista, la autenticad era más que nada un asunto de plausibilidad; esto es, el arte de la persuasión. Y de hecho, las mujeres podían ser muy persuasivas y teatrales para una audiencia miscelánea cuyas expectativas podían diferir, como podían hacerlo también consecuentemente sus juicios. Finalmente, no se debe olvidar que el objetivo de las demostraciones era despertar el interés de los turistas en lo que veían, hacerles apreciar los tejidos y el trabajo que tenían e inducirles a comprar. "Esto es un negocio", solía decir Jaky, una de las dueñas de uno de los centros. De este modo, las demostraciones eran talentosas y exitosas actuaciones, que cumplían esos objetivos. La mayoría de los turistas con los que hablé acababan elogiando su calidad y resaltando aspectos como el

---

Wang ha razonado que el concepto sigue siendo relevante para determinados tipos de turismo, como el étnico, el histórico y el cultural, tipologías que suponen la representación del "otro" o la del pasado (1999: 350).

valor del trabajo manual, todo el proceso artesanal que iba en ello, la continuidad con la tradición, el humor y los atributos empáticos desplegados por las mujeres.

Una vez le pregunté a Nilda Callañaupa sobre estas demostraciones. Más específicamente, le pregunté cuánto de artificioso y cuánto de auténtico había en ellas. Su respuesta fue que "un poco de los dos; a veces las demostraciones son pantallas, porque lo que se vende después es material comercial que viene de Puno y de Sicuani". ¿Deberíamos entonces caracterizar estos eventos turísticos como "*shows* auténticos"? Tal vez sí. Pero lo que la discusión y los ejemplos demuestran es que, de acuerdo con Cohen, la autenticidad es negociable y construida socialmente, y por la misma razón, como ha afirmado Frankland (2013), no reducible a una mera experiencia subjetiva. Observando estas representaciones para turistas día tras día, como yo lo hice, uno podría suscribir fácilmente la proposición de MacCannell con respecto a las identidades ficticias fomentadas por el turismo étnico. Otros comentaristas (Little 2004, Ypeij 2012: 20) han sostenido, por el contrario, que las mujeres indígenas utilizan sus identidades étnicas para obtener beneficios económicos y políticos, por ejemplo, para superar el hecho de ser asociadas con la indigeneidad y la pobreza. Si bien coincido con estos puntos de vista, también creo que es preciso acotarlos, señalando que el margen para este tipo de influencia es bastante estrecho, dado que las artesanas operan dentro del marco estructural limitante del Estado-nación y de fuerzas transnacionales que componen el turismo global, sobre las que tienen muy poco control.

En cualquier caso parece que el debate sobre la autenticidad solo puede conducir a un callejón sin salida, de ahí que pueda ser más productivo plantearse temas de autenticación en su lugar. De aquí surgen preguntas como quién tiene la autoridad de autenticar la tradición textil de Chinchero y para autenticar estas demostraciones. A escala local y regional está claro que, en primer lugar, son los agentes turísticos los que "autentican la autenticidad". Como hemos visto, los *tours* están bajo el control de los guías y las agencias. Ellos deciden lo que merece la pena ver y lo que no, lo que es auténtico y lo que no lo es; diseñan los recorridos, las rutas y los paquetes y sus criterios condicionados por su sesgo profesional, así como por sus agendas de negocios.

En el ámbito regional y nacional, las agencias estatales como Promperu[13] están a cargo de la promoción de la "marca Perú" en el extranjero, en un contexto de competencia por el mercado internacional. La propaganda estatal extiende la idea de que la oferta turística peruana se basa en la autenticidad, una autenticidad fuertemente vinculada a las raíces prehispánicas de la nación, a la riqueza de su patrimonio natural y cultural, a la supervivencia de tradiciones ancestrales entre las poblaciones indígenas y a la vitalidad del trabajo artesanal en el país. Promperu es un gran diseminador de imaginarios turísticos en el extranjero, a través de imágenes estereotípicas de sitios arqueológicos famosos y de monumentos históricos, de deslumbrantes escenarios naturales en la costa, la sierra y la selva, de pueblos indígenas ancestrales, envueltos todavía en modos de vida y oficios milenarios, de una gastronomía reconocida mundialmente, etc. Víctor Vich (2006) ha establecido claramente el nexo entre autenticación, poder e imaginarios, al recalcar que la creación de estereotipos en el Perú está directamente relacionada con el acceso al poder de distintos grupos sociales. El mismo autor ha observado que Promperu ha gastado mucho dinero promocionando una imagen del Perú donde grandes cambios que acontecieron en el siglo XX, como las migraciones, la pobreza urbana o las nuevas estéticas, por nombrar unos pocos, apenas han dejado su huella en el así llamado mundo tradicional. Al mismo tiempo, los panfletos ilustran indígenas sonrientes delante de cámaras, que los despojan no solo de su pobreza, sino también de su presente.

El futuro del tejido en Chinchero

Cualquier turista étnico/cultural, súbitamente confrontado con los omnipresentes centros textiles de Chinchero, sacaría probablemente conclusiones positivas con respecto a la vitalidad del arte textil y el éxito aparente del movimiento de recuperación cultural promovido en la región a diferentes escalas. La mayor parte estaría encantada de

13. Comisión de promoción del Perú con la misión de situar al país en el mundo a través de su imagen, sus destinos turísticos y sus productos de exportación.

ver a las mujeres del pueblo caminando con sus ropas tradicionales y ganándose la vida con sus artesanías. También muchos aprobarían la idea dominante de que el turismo ayuda a preservar tradiciones y prácticas culturales que se perderían de otro modo. Es indudable que a la mayoría le agradaría ver la perpetuación de la tradición y del estatus artesanal de las mujeres. No tantos, sin embargo, considerarían otras realidades tras bambalinas. Nadie, por ejemplo, tendría la oportunidad de hablar con Sara, experta tejedora, y oírle decir que:

> [...] los reclusos hacen todo el trabajo porque las mujeres ya ni saben hilar. A los grupos les está yendo bien por ahora pero algún día su negocio se vendrá abajo, porque está montado sobre mentiras. Por esto digo que no hay futuro para los tejidos en este pueblo. Hasta nuestros diseños se replican en los Estados Unidos porque la gente de allí ha aprendido a hacerlos.

El cansancio de Paula al repetir las mismas técnicas y diseños una y otra vez permanecería invisible probablemente y la fatiga de Jaky al escenificar la misma demostración varias veces al día mes tras mes pasaría seguramente inadvertida. Nadie adivinaría que Augusta teje cada vez menos, porque ya no tiene tiempo y porque los tintes naturales requeridos por la tradición que promueven los que están metidos en la operación de rescate textil son tóxicos para las manos y los ojos. Tampoco detectarían que Nilda ya ha empezado a percibir algunos efectos negativos del aeropuerto sobre la práctica del tejer:

> Ahora mismo, con el dinero que han recibido del aeropuerto,[14] muchas mujeres ya no quieren tejer más. Como tienen buena plata, dicen "¿para qué?" Antiguamente tejíamos por necesidad; pero ahora hay tanta plata que la gente no quiere tejer y solo piensan en cómo invertir y ganar más dinero.

14. En aquel entonces, la comunidad de yanacona ya había vendido su tierra al Gobierno Regional para la construcción del aeropuerto.

Quizás algunos reflexionarían sobre su papel como turistas, si pudieran escuchar las palabras de Marcos (empleado del Mincu y estudiante de comunicación):

> Las costumbres de Chinchero se conservan solo para el turismo. Este pueblo es una encrucijada entre la tradición y la globalización. El Estado promueve intencionalmente el turismo para imponer un sentido de identidad, pero su principal beneficiario es el mismo Estado. La gente solo recibe las migajas y así se mantiene la pobreza.

Comencé este capítulo con una cita de Michael Herzfeld (2006) respecto de los artesanos cretenses quienes, a través de la noción y la práctica del patrimonio, son amarrados a un pasado glorificado, convertidos en museos vivientes y confinados al papel de custodios de la tradición. Este autor sostiene que la oposición entre tradicionalismo y modernidad es en sí misma una invención moderna, que sirve a veces como medio de exclusión de la visión modernista y de sus ventajas prácticas.

En Perú, los pueblos indígenas son asociados —por el Estado-nación y por el sistema turístico global— con el mantenimiento de tradiciones y artesanías que son clave en la imagen internacional del país. Sin embargo, no se debe menospreciar la influencia que ellos pueden ejercer para expandir los límites de este marco y aprovecharse de las oportunidades que ser un "artesano tradicional" les puede ofrecer en función de sus permanentes negociaciones, simbólicas y materiales, con el mundo urbano. Para un caso diferente, como el de Guatemala, Little (2004: 164) muestra que las nuevas oportunidades que genera el turismo para las mujeres mayas pueden llevar a cambios en los hogares y a la acción política. Esto puede valer también para Chinchero. No obstante, la trampa tanto para los artesanos mayas como para los quechuas, es que en el momento en que muden su "piel tradicional" por una "moderna" su "indianidad" real quedará cuestionada y sus perspectivas de negocio dentro de la industria turística se verán comprometidas.

Confinadas y condenadas a la repetición por un sistema turístico y unas prácticas patrimoniales que desincentivan la innovación técnica y la creatividad estética, las tejedoras de Chinchero están condicionadas por una ideología de *revival* que mira más al pasado que al futuro. El entorno institucionalizado de los centros textiles se ha prestado bien a este fin. Esto no quiere decir que los tejidos de Chinchero no hayan cambiado con el tiempo (Callañaupa 2007, 2012). Sin embargo, habría que considerar hasta qué punto este es un cambio producido, al menos parcialmente, dentro de un contexto de dependencia económica y de historia colonial (Spooner 2013). En su mayor parte, el acento se ha puesto en rescatar diseños y técnicas antiguas. En el discurso de la "tradición", la repetición se asocia arbitrariamente a nociones de identidad, lo que va en contra del espíritu emprendedor mostrado por muchas mujeres. En un estudio de tejidos en Potosí (Bolivia), Alejandra Vaca (2013) encuentra que el proyecto de rescate textil financiado por una ONG tiende a mantener los mismos diseños en el tiempo, mientras que los tejidos producidos para consumo comunitario están movidos, contrariamente, por el dinamismo, la renovación cultural y el cambio. Contando con las limitaciones temporales de este tipo de estudios, el ejemplo, que no puede extrapolarse automáticamente a Chinchero, es, no obstante, relevante y ayuda a explorar más en profundidad el tema candente del rol del turismo en la preservación de las tradiciones.

El argumento oficial afirma que el turismo ayuda a preservar culturas y tradiciones que de otro modo estarían en peligro. Little ha estudiado el problema entre los vendedores mayas y llega a la conclusión de que la supervivencia de algunas tradiciones se debe parcialmente al turismo y es promovida por el gobierno de la nación. Sostiene además que, tal y como los mismos artesanos reconocen, si el turismo se acabara en la zona estas tradiciones no continuarían. Además, ha enfatizado el papel central de las mujeres en el mantenimiento de tradiciones e identidades, que de otro modo han sido cosificadas para el mercado turístico (Little 2004: 249-259). Pero ¿dejarían las mujeres de Chinchero de tejer si no hubiera turismo? Formulé esta pregunta a varias de ellas y todas estuvieron de acuerdo en que seguirían tejiendo en sus casas, para sus familias. Llegados a este punto lo que me viene a la mente es la etnografía que escribió Oscar Núñez del Prado en 1949, en la que registró cómo los cambios en los tejidos y en las ropas cuando aún no había turismo en Chinchero estaban sujetos a las veleidades del mercado de

Cusco. Por aquella época, el aumento en el precio de la bayeta y de la anilina provocó el retorno al tejido de bayeta, en vez de a su compra, y el uso de otros procedimientos locales para sustituir al químico de la anilina. Todo ello sugiere que el tejido y algunas otras tradiciones, no (solo) dependen del turismo para su supervivencia o su decadencia, como pretenden las narrativas dominantes. Más bien vienen y van, aparecen y desaparecen en función de factores contingentes "glocales" (globales y locales), independientemente de esfuerzos externos para hacerlos regresar artificialmente. Cuando Nilda me contó las razones para el declive del tejido en su relato de los orígenes del CTTC, mencionó los cambios rápidos en las costumbres, la obligación del uniforme escolar, la introducción de la ropa industrial y, especialmente, la educación formal. Sin embargo, Nilda posee un título universitario, que incluye estudios en los Estados Unidos, y su educación formal le ha sido de gran ayuda en su exitosa carrera, así como en la superación de límites sociales y profesionales, restringida de otra manera a aquellos sin educación formal. Su discurso era algo reminiscente del de su mentora, Cristine Franquemont, exponente de la ideología de la conservación, y revelaba las contradicciones de este enfoque.

El turismo puede ayudar a revitalizar algunas tradiciones e incluso a crear algunas nuevas (De Azeredo 2002), pero los costos pueden ser muy altos. John y Jean Comaroff (2009: 75, 139) sostienen que vender la etnicidad en el mercado puede cosificar la cultura y ahondar desigualdades ya existentes. Augusta pensaba que los turistas la habían ayudado a valorar sus tradiciones, pero Jacinto consideraba estas como reliquias encerradas en una caja de cristal, en tanto que se habían vuelto objetos de consumo turístico. También puede el turismo impedir la invención o la reactualización de otras tradiciones. Todas las tradiciones son inventadas, en algún momento, en la historia y suceden a otras tradiciones anteriores (Hobsbawm 2002 [1983]). Por ello, ni es posible ni se puede reclamar ninguna "originalidad". Obsesionarse con la preservación puede prevenir la renovación cultural y la apertura de nuevos campos de acción económicos y políticos para la población. En Chinchero, los pobladores estaban cegados por el turismo. Solo unos pocos (aunque cada vez más) conseguían mirar más allá y considerar otras aventuras económicas o profesionales, a pesar de las dificultades.

La cuestión es que algunas tradiciones pueden ser más importantes para los forasteros que para sus practicantes. Diversos autores (Bruner 2005; Edensor 1998; Herzfeld 2004, 2006; MacCannell 1999 [1976], 2003 [1992]) han notado el estrecho lazo existente entre un sentido de pérdida, la preservación y regímenes (neo)coloniales, caracterizados por la nostalgia y la culpa por los mundos en rápida desintegración. El turismo étnico está cargado de una presunción de pérdida y no totalmente libre de un sentido mesiánico de salvaguarda. La ironía es que, para construir su posición dominante en el mapa mundial, los países euroamericanos sacrificaron múltiples tradiciones y estilos de vida, en su camino a la industrialización y a la urbanización. ¿Quién se molesta hoy en día en reclamarlos? La respuesta desde ese lado del océano al sentido de pérdida ha sido la conservación, y el patrimonio ha sido su corolario.

Con su interés en vender más que en tejer, el turismo en Chinchero está creando las condiciones para el florecimiento de comerciantes más que de tejedoras. Es en este punto en el que parece cerrarse el círculo: la misma ideología de la recuperación que incitó al rescate textil en el pasado puede ser en parte responsable de su decadencia. Tal vez esté yendo demasiado lejos aquí; debería decir que en lugar de una tradición textil revitalizada lo que se puede esperar es una versión desvitalizada de una práctica contemporánea, en la medida en que la producción se orienta más y más a satisfacer una demanda extranjera, que está convirtiendo los textiles en mercancías de moda que terminarán adornando las casas y los cuerpos de clientes euroamericanos y asiáticos pudientes, en tanto que los textiles se adaptan a los espacios domésticos, al mobiliario y a los objetos portables de múltiples maneras. De hecho, esta parece ser la tendencia para el futuro: la transformación de las artesanías "tradicionales" en moda, irónicamente el fenómeno más temporal, contingente, cambiante y por lo tanto "moderno" de nuestro Occidente global. Los centros textiles más poderosos ya están llevando a Chinchero *on the road* a los mercados internacionales, en lo que puede verse como una mezcla exitosa de tradición y diseño. Pero la comercialización de la "marca Chinchero" va a exacerbar, probablemente, las desigualdades existentes y a empujar a la mayoría de los centros hacia los márgenes del mercado, apenas capaces de sobrevivir, y dejando en el aire muchas preguntas sobre las implicaciones culturales de este paso.

Los comienzos bienintencionados y dignos de encomio del CTTC, más su exitoso desarrollo posterior, trajeron consigo también las semillas de un futuro marcado por una sobre-comercialización de los tejidos y por severas disyunciones sociales no anticipadas. Nilda lo admitió parcialmente, al comentar el extendido sistema de comisiones y la creciente competencia:

> Al comienzo nuestro objetivo era el rescate textil, pero desafortunadamente ahora estamos envueltas en esta comercialización que distorsiona un poco la producción. El rescate textil se ha conseguido quizás en un 60% pero ahora nos toca ser un poco más honestos.

7

Desarrollo turístico y cambio sociocultural: el nuevo aeropuerto internacional

Un aeropuerto es una gran metáfora temporal. Su mera existencia física es prueba de avance tecnológico y de desarrollo para la localidad donde se ubica. Los aviones son la imagen de la búsqueda humana del dominio sobre el tiempo, a través de su velocidad cada vez mayor y de su capacidad para comprimir las coordenadas espaciotemporales. Volar representa la promesa de próximas aventuras, de rupturas con realidades agotadas hacia mundos nuevos y excitantes. Un avión que despega expresaría tanto el sueño del "progreso" como las promesas del "futuro".

A lo largo de este libro, el tiempo ha sido una preocupación mayor, al igual que un hilo conductor que ha dado coherencia a los temas principales explorados. Este capítulo será el corolario de esta secuencia, al enfocarse específicamente en el tema del cambio, en sí mismo saturado de tiempo, y en las diversas temporalidades que impregnan todos los procesos históricos. No es necesario decir que en capítulos anteriores el cambio ya ha estado implícito al estudiar la transformación de las ruinas en sitios arqueológicos o las implicaciones sociales relacionadas con los centros textiles, por ejemplo. El foco de atención de este capítulo es otra intervención a gran escala asociada con el turismo. Ya durante mi trabajo de campo el nuevo aeropuerto internacional de Chinchero había empezado a mutar desde lo que había sido un viejo proyecto —varias veces abandonado— hacia una realidad más concreta con consecuencias incipientes, si bien muy tangibles, para el cuerpo

Pampa de Yanacona donde se construirá el aeropuerto

social del pueblo. Incluso antes de su construcción, el aeropuerto estaba generando impactos en temas relevantes para este libro como la propiedad de la tierra, la organización social local, el paisaje o el sentido de identidad, temas todos ellos que requerían atención. Sin embargo, este capítulo también aborda el cambio en un sentido más general. Lo hace considerando los modos en que el cambio se ha convertido en objeto de estudio antropológico, particularmente dentro de comunidades indígenas o locales. Se puede argumentar que el debate "tradición versus modernidad" ha proporcionado un marco paradigmático para el estudio del cambio social, con su foco en un cambio estructural, unilineal y de gran escala, principalmente inducido o fomentado por poderosas fuerzas exógenas. Este capítulo no escapa del todo de este marco y así contribuye a las etnografías anteriores que han documentado el cambio social. Pero en tanto que el capítulo se propone mostrar la articulación del nivel macro del aeropuerto con el nivel relativamente "micro" del hogar y sus relaciones intergeneracionales, el propósito último es doble: en primer lugar, quiero cuestionar la noción misma de "cambio" tal y como ha sido estudiada y conceptualizada antropológicamente o en programas de desarrollo; y en segundo lugar, pretendo proponer un marco alternativo para su estudio y su relación —tan a menudo dada por supuesta— con el tiempo. Este marco proviene de conceptos y experiencias locales respecto de la tradición y el cambio, y me permite poner eventos recientes ocurridos en Chinchero en su perspectiva correspondiente. Pero vayamos primero con los hechos.

Desmembrando el cuerpo social: aeropuerto y conflicto

El 22 de agosto de 2012 el gobierno del presidente Ollanta Humala aprobó una norma (Ley n.° 29908) que permitía la expropiación de tierras del *ayllu* Yanacona para la construcción del nuevo aeropuerto internacional del Cusco en Chinchero. A diferencia de la expropiación de chacras llevada a cabo para la creación del parque arqueológico (véase capítulo 5), donde los comuneros no recibieron compensación alguna por ello, esta vez se planteó el pago por las tierras adquiridas, si bien el carácter de expropiación legitimaba técnicamente al Estado a apropiarse de ellas incluso en caso de no llegarse a un acuerdo con los pobladores. El aeropuerto era una vieja reivindicación de las élites políticas, intelectuales y sociales cusqueñas, además del poderoso *lobby* turístico, quienes después de repetidos intentos fallidos en los últimos cuarenta años aproximadamente, parecían haber convencido al gobierno nacional. Hasta entonces, el proyecto se había rechazado debido a diversos factores como la dura oposición de la industria turística limeña rival, cuyos intereses estaban en peligro con la perspectiva de un aeropuerto nuevo y más grande en Cusco. Normalmente, los turistas que llegan por aire a Perú pasan un mínimo de escasas horas y un máximo de algunos días en Lima, antes de seguir viaje hasta Cusco para ir a Machu Picchu, tramo dominado por la principal compañía aérea que opera en el país, con docenas de vuelos al día entre las dos ciudades. Además, diferentes voces habían formulado serias objeciones al proyecto, basándose en las negativas condiciones geográficas y atmosféricas señaladas: una zona frecuentemente azotada por fuertes vientos y granizo, rodeada parcialmente por los imponentes nevados de la cordillera andina oriental.

A pesar de estas objeciones, la industria turística cusqueña y los políticos regionales conectados con el turismo nunca abandonaron la idea. Manipulando el proyecto para sus fines económicos y políticos, argumentaron que el actual aeropuerto de Cusco era demasiado pequeño como para gestionar adecuadamente el creciente flujo de turistas internacionales. Una infraestructura nueva y más moderna era crucial para el desarrollo y progreso de la región. Todo el discurso se envolvía, además, en la recurrente retórica victimista, que desde tiempos coloniales había enfrentado a los intensos sentimientos regionalistas cusqueños con un centralismo político igualmente obstinado, con base en Lima.

Sin embargo, esta vez los gobiernos nacional y regional parecían decididos a materializar un proyecto que desde de su temprana gestación décadas atrás había adquirido un aura de "elefante blanco", razón por la que nadie creía realmente que algún día se hiciera realidad. ¿Por qué era ahora el momento del aeropuerto y no antes? ¿Qué había cambiado para explicar la rápida evolución de los acontecimientos? Una primera razón me la dio Arturo, un comunero que subrayó la convergencia en el poder, tanto a escala nacional como regional, del mismo partido político, el Partido Nacionalista Peruano (PNP), circunstancia que, a pesar de las dinámicas centralista/regionalista, despejaron el camino hacia agendas y objetivos políticos compartidos. Arturo sostenía además que, si en ocasiones anteriores el gobierno nacional había tratado de negociar directamente con la comunidad afectada, esta vez habían delegado la tarea al gobierno regional, cuyos miembros estaban más familiarizados con las costumbres e idiosincrasias locales, y eran más conscientes del poder del dinero para convencer a los campesinos. Yo agregaría que durante las últimas décadas había habido un giro en la política nacional, por el cual el desarrollo turístico era ahora un tema de interés nacional. Con relación a este punto, la industria turística limeña había comenzado a extender su control sobre el eje Cusco-Valle Sagrado-Machu Picchu, comprando o instalando nuevos hoteles, y por lo tanto también ellos estaban ahora en una situación favorable para beneficiarse del nuevo aeropuerto.

En enero de 2013 se hizo efectiva la transacción económica de la tierra de Yanacona al gobierno regional, señalando un presumible punto de no retorno para el proyecto. Quiero aquí examinar las condiciones bajo las que estos y otros eventos subsiguientes tuvieron lugar, así como los procesos internos y efectos sociales laterales que se desataron una vez que se dio el paso, si no antes. Durante mi tiempo en Chinchero, el aeropuerto eclipsó e impregnó al mismo tiempo todos los otros asuntos que pasaban en el pueblo. La venta de la tierra y otros temas relacionados ocuparon numerosas asambleas comunitarias donde estos y otros muchos problemas planteados se discutían, analizaban y se tomaban decisiones importantes.

Como Arturo había señalado antes, el rol táctico del gobierno regional (GR en adelante) fue crítico en el desarrollo de los eventos y en la dirección que tomaron las negociaciones. Desde su ascenso al poder regional en 2010, el equipo del PNP había ejercido una intensa presión mediática en la región, creando un clima político adecuado para su construcción. Este clima se nutría del carácter de reivindicación histórica del aeropuerto como símbolo por excelencia del progreso y del futuro de Cusco. Había sido uno de los buques insignia del programa electoral del PNP y, como tal, el futuro político del presidente regional y su equipo de gobierno dependía ahora de su construcción. Cualquier síntoma de resistencia organizada fue tempranamente desactivada, tachando a los opositores de "enemigos del progreso del Cusco" y de "traidores". Como la noción de "progreso" había adquirido presuntamente una especie de halo secular, aquellos que se oponían se equipararon con modernos herejes. Según Carlos Quispe, cuando los primeros contactos entre Yanacona y el GR comenzaron, para sentar el marco de las negociaciones, la comunidad trató de conducir estas dentro de las convenciones y las declaraciones de la Organización Internacional del Trabajo (OIT) y de la Organización de las Naciones Unidas (ONU) a favor de los Pueblos Indígenas (De la Cadena y Starn 2009: 200), reconocimientos que incluían, entre otros, el derecho a la consulta previa y a una decisión informada. Para fortalecer esta posición, los líderes de Yanacona se presentaron con sus atuendos tradicionales de envarados y enfatizando la vigencia de sus tradiciones culturales y de su organización comunal. Sin embargo, el GR argumentó con éxito que Chinchero no era un pueblo indígena porque estaba demasiado cerca de una ciudad (Cusco) y porque su población estaba demasiado urbanizada. Consecuentemente, los comuneros de Yanacona sentían que empezaban el proceso de negociación con algunos derechos fundamentales vulnerados y en una posición de desventaja con respecto al GR. Esta debilidad se ahondó posteriormente debido a factores internos, como la falta de sintonía política y personal entre los líderes de Yanacona y el alcalde de Chinchero. Desafortunadamente, esta situación previno que la gestión del proceso se realizara a escala distrital e impidió el apoyo completo de la municipalidad para poner sus recursos legales y técnicos a disposición de Yanacona. En vez de ello, el proceso quedó confinado a un nivel comunitario, donde Yanacona se vio sola y sin la asistencia necesaria, por ejemplo, en cuanto al acceso a abogados especializados en conflictos de tierras o a consultorías con relación al planeamiento, manejo y negociación de temas ambientales, laborales y territoriales que se iban a venir con el aeropuerto. Para complicar aún más las cosas, los otros dos *ayllus* (Cúper y Ayllopongo) se quedaron fuera del proceso.

Cuando las conversaciones empezaron en 2010, el GR alimentó la ficción de que la única comunidad afectada iba a ser Yanacona, a pesar de la continuidad física entre los tres *ayllus*. Además, y en ausencia de información crítica, Cúper y Ayllopongo no calibraron bien el alcance de la intervención y pensaron que los impactos no se sentirían tan intensamente como en Yanacona. Para cuando empezaron a darse cuenta de que el proyecto también iba afectar severamente, con mucha probabilidad, su territorio y su calidad de vida, quisieron que se escuchara su opinión, pero para entonces el trato ya estaba hecho y Yanacona había vendido su tierra. Además, otra razón para la exclusión de las otras dos comunidades fue que para el GR era más fácil negociar con una comunidad que con tres.[1] El tema crucial aquí es que si Cúper y Ayllopongo

1. Jesús Contreras, en comunicación personal.

hubieran participado en las conversaciones desde el principio y se les hubieran permitido votar a favor o en contra del proyecto, el resultado con toda probabilidad hubiera sido negativo, porque ni las tierras de Cúper ni las de Ayllopongo (excepto una mínima fracción de esta última) estaban dentro del perímetro del aeropuerto y, por tanto, no podían haberse vendido ni se hubiera podido obtener ningún rédito económico de ellas, a diferencia de Yanacona.

Inicialmente, el GR ofreció veinte dólares americanos por metro cuadrado, precio discutido por los comuneros. Durante las negociaciones, Yanacona trató de subir el precio, pero el GR amenazó con llevarse el proyecto para otro lado sin coste alguno, argumentando que tenían otras ubicaciones factibles donde las comunidades residentes estaban dispuestas a donar la tierra gratis.[2] Durante varios meses pareció que el proyecto se quedaría una vez más en el aire. Entonces, Yanacona fue presionada para aceptar los veinte dólares. En una de sus asambleas la mayoría de los comuneros votaron a favor del proyecto. ¿Qué fue lo que empujó a Yanacona a vender la tierra cuando muchos de sus miembros confesaban en secreto que no querían vender? Desde mi punto de vista, al menos dos factores convergieron: la perspectiva de ganar en una sola jugada una considerable suma de dinero, en muchos casos, se unía con una intensa presión mediática a favor del "desarrollo" y el "progreso" que ejercía una fuerte seducción y hacía también difícil posicionarse públicamente en contra del proyecto. Esta presión conjugaba un componente ideológico que se prestaba potencialmente a la manipulación, con el anhelo propio de los campesinos de escapar de la precariedad de sus vidas y que generaba entre ellos sus propios imaginarios del "desarrollo". Precisamente, como ha mostrado Rénique (1991a), también Vergara (2015), la historia del regionalismo cusqueño, y en general de la sierra sur, es indisociable tanto de los sueños desarrollistas que se iniciaron ya en el siglo XIX con el proyecto

2. La elección de Chinchero para la construcción del aeropuerto siempre estuvo envuelta en controversia. La posición oficial mantenía que era la mejor opción técnica posible entre otras. Sin embargo para muchos se trataba más de una decisión política relacionada con los intereses de la industria turística y de sus fuerzas políticas aliadas.

del ferrocarril y que quedaron a menudo truncos, como de las movilizaciones y por la propiedad de la tierra. Respecto de este tema, para un observador externo como yo, así como para otros observadores locales como Ángel, el desarrollo que prometía el GR con el aeropuerto tenía bastante de "sueño", en la medida que el curso de los acontecimientos y su interpretación invitaban a un creciente escepticismo. Sus posibilidades de quedar trunco, como en el caso de la reforma agraria y otras iniciativas anteriores, no podían en ningún caso subestimarse.

Paradójicamente, la ideología del "futuro" se alimentaba del proyecto político indigenista (o incanista), que descansaba en gran medida sobre sueños nostálgicos de resucitar el glorioso pasado prehispánico del Cusco como capital del Tawantinsuyu. El día que Yanacona celebraba su aniversario (29 de enero de 2013) coincidió con el día en que se efectuó el pago por sus tierras. Numerosas autoridades locales y regionales fueron invitadas para la ocasión. Un representante del GR se dirigió a la multitud en estos términos: "Gracias a ustedes, la historia del Cusco está cambiando. Cusco florecerá como en el incanato para convertirse en la primera ciudad del Perú".

Adicionalmente, la ausencia de alternativas económicas serias a la agricultura y al turismo en Chinchero condujo a mucha gente a confiar en las promesas de empleo, actividad económica y prosperidad general que el aeropuerto generaría en teoría. La mayor parte de la tierra cultivable de Yanacona era buena tierra, la mejor tierra del distrito de hecho. Pero, dados los bajos precios que se pagaban en el mercado por productos básicos producidos localmente, nadie podía confiar en la agricultura como medio autónomo de subsistencia, por no mencionar la cantidad de trabajo y de tiempo que demandaba. No podía sorprender, entonces, que los campesinos tuvieran expectativas legítimas de una vida mejor y que estas fueran tierra fértil para megaproyectos percibidos por la mayoría como la panacea contra la pobreza. De hecho, así eran presentados y publicitados por el *establishment* institucional. Precisamente, Harvey y Knox (2012) han comentado el poder de otras grandes infraestructuras, como las carreteras en Perú, para "encantar" a la población con sus promesas de velocidad y conectividad, así como de autonomía política, a pesar de no pocos proyectos de desarrollo fracasados, frecuentemente envueltos en corrupción. Ello es absolutamente aplicable a Chinchero, en cuanto que un aeropuerto encarna perfectamente la idea de velocidad y conectividad, y su construcción reforzaría sustancialmente la posición de Chinchero en la jerarquía regional del poder y el prestigio. Al mismo tiempo, Cusco recibiría vuelos internacionales directos que eliminarían la escala actualmente obligatoria en Lima, enviando un mensaje claro de autonomía política respecto de la capital de la nación. Más aún, se puede argumentar que, a diferencia de otros casos en Perú como el conflicto con la minera Yanacocha en Cajamarca, no se dio la movilización social porque la venta de la tierra y lo que vino después no se percibió por parte de los campesinos como una amenaza a sus fuentes de sustento y a sus mundos cotidianos (Bebbington et ál. 2008). Antes bien, el GR había tenido éxito en hacer que los comuneros lo internalizaran como una oportunidad (Borrás et ál. 2011).

Los comuneros no estaban tan ciegos, sin embargo, como para olvidarse de ponderar las consecuencias de perder su tierra, si bien la comunidad tenía más tierra disponible en otra parte y este hecho operaba a favor de la venta. Recordemos que la historia en Chinchero giraba en buena parte sobre las luchas por la tierra (véase capítulo 1) y este era solo el último episodio de la saga. Muchos expresaron dudas y preocupaciones acerca de los impactos y de los cambios por venir, y se quejaban por la ausencia de información sobre las consecuencias socioculturales y ambientales del aeropuerto. De hecho, este fue un punto crucial en la estrategia del GR: limitar la información, así como inhibir el debate social a fin de sortear los problemas y la oposición. Tal y como el director del parque arqueológico de Chinchero en aquel tiempo expresó, en vez de hablar de los costos sociales del proyecto y de aconsejar a la comunidad, el GR se limitó a poner dinero encima de la mesa para disponer de la tierra a voluntad, actuando como verdaderos negociantes antes que como políticos.

Una vez que se acordó la decisión de vender la tierra comunal una serie de problemas y conflictos aparecieron o, según los casos, se exacerbaron. Una disputa comenzó entre aquellos que tenían parcelas más grandes y aquellos otros (la mayoría) con parcelas más pequeñas. Estos últimos querían una distribución equitativa de la tierra comunal entre todos los comuneros, pero los primeros se opusieron con fuerza e impusieron sus criterios. Adicionalmente, en aquellos días Yanacona asistía a un auge de candidaturas al estatus de comunero, principalmente por parte de parientes de miembros legales, que querían asegurarse sus derechos a la tierra. La asamblea tuvo que responder rápidamente para atajar esta tendencia. Al ser comunal la tierra en Chinchero (véase capítulo 2) y en teoría inalienable por la Ley de Comunidades Campesinas (Ley n.° 24656), los comuneros eran usufructuarios pero no propietarios legales (la comunidad era la propietaria). En la práctica, la tierra se heredaba y se transmitía por generaciones dentro de las familias. Cada uno sabía a quién le pertenecía cada parcela, incluso aunque no hubiera un límite claro o fácilmente apreciable. Aun así existían catastros y mapas de la comunidad. También había maneras de saltarse la inalienabilidad de la tierra, de modo que no eran raras las transacciones en las que podían usarse o no distintos tipos de documentos. Junto con la venta vino una súbita urgencia por medir y delimitar cuidadosamente las parcelas, no solo para determinar exactamente la cantidad de metros cuadrados, sino como medida contra reclamos potenciales por parte de otros comuneros por la misma parcela. Lo que hasta ese momento —a pesar de pleitos consuetudinarios por linderos— había sido más que otra cosa un continuo territorial físico y mental, que posibilitaba cierta fluidez y permeabilidad en los intercambios interfamiliares y en los patrones de uso y de ocupación, empezó a virar hacia una estricta diagramación mental y física, y también hacia una fragmentación espacial que multiplicó los pleitos. Antiguas rencillas entre familias por linderos, que hasta entonces se habían dilucidado sobre todo a través de mecanismos comunales, se extendieron rápidamente y con frecuencia terminaron en juicios. En un plano intrafamiliar, los cabezas de familia tuvieron que decidir cómo iban a repartir el dinero entre sus hijos e hijas, o incluso si les darían alguna parte del total. La situación condujo a muchos casos reportados de peleas entre padres e hijos, así como entre hermanos y hermanas.

Sin embargo, quizás el desafío más grande lo planteaban los parientes que habían migrado a Lima o a otras ciudades y empezaban a regresar a Chinchero, atraídos por la perspectiva del aeropuerto y por las oportunidades de negocios. Estos "retornados" reclamaron en algunos casos su derecho a la tierra que habían dejado atrás y que habían trabajado otros (parientes o no) en su ausencia. La ley comunal estipulaba que quienes trabajaban la tierra tenían derecho a ella. Sin embargo, según Ángel, la ley también reconocía implícitamente otras posibilidades. De nuevo se suscitaron agrias disputas entre aquellos que habían trabajado la tierra y los parientes migrantes, que creían que todavía tenían derecho a ella. Si bien, hablando en general, hasta donde yo pude apreciar, la mayoría de los comuneros simpatizaban con la imagen popular de que la tierra es para quien la trabaja, voces discrepantes como la de Tomás cuestionaban la validez de este principio, y defendían a aquellos que un día decidieron partir en busca de mejores oportunidades. Tomás se mostraban crítico con los comuneros que se vanagloriaban de haber servido a la comunidad, al pasar los cargos y los puestos que dictaba la costumbre. "¿Qué clase de servicio comunal es ese —se preguntaba—, que todo lo que uno hace es comer y beber mientras vistes tus ropas tradicionales?" Cuando culminé mi trabajo de campo en julio de 2013 no solo no se habían resuelto la mayoría de los pleitos sino que otros nuevos seguían apareciendo.

Otras situaciones críticas suscitadas por el aeropuerto y con las que tenían que lidiar Yanacona y el GR tenían que ver, por ejemplo, con dinámicas de re(des)territorialización y reubicación de los pobladores que vivían en la pampa afectada por la construcción. No solamente iba el aeropuerto a arruinar el paisaje con sus múltiples asociaciones. Como se ha visto en el capítulo 3 de este libro, la relación entre paisaje, historia e identidad en Chinchero es íntima y simbiótica. El paisaje era el depósito de mitos y memorias que conectaban a los pobladores con sus antepasados, mediante la ritualidad y la reiteración de prácticas sociales, como caminar o nombrar la tierra. El linderaje era la expresión máxima de esta relación simbiótica, amenazada por acontecimientos futuros. También iba a partir Yanacona en dos mitades desconectadas, alterando relaciones espaciales y patrones de habitación y movilidad que cohesionaban a personas de diferentes sectores de la comunidad a través de desplazamientos diarios a través de la pampa. Además, la pampa estaba atravesada por al menos dos caminos prehispánicos (Cori del Mar 2010) y, técnicamente hablando, era parte del patrimonio arqueológico del pueblo. Por otro lado, estaba en juego la importante cuestión del planeamiento urbano y del ordenamiento territorial. Los comuneros eran conscientes de que, sin un plan bien pensado de desarrollo urbano, alrededor del aeropuerto solo podía esperarse el caos y un crecimiento urbano descontrolado, semejante al de los alrededores del aeropuerto de Cusco.

También eran cruciales las ambiciones de Yanacona sobre los empleos generados por el aeropuerto. La comunidad quería negociar una cuota justa de empleos para los comuneros y para sus hijos, sin darse cuenta de que el aeropuerto sería construido y operado por una empresa privada, que impondría a su vez sus condiciones y la mayor parte de la fuerza de trabajo especializada que se necesitaba después de los estadios iniciales del proyecto. Los más lúcidos entre los comuneros sabían que la mayoría de los trabajos, especialmente tras la fase inicial, demandarían requisitos para los que la mayoría no estaban preparados y se daban cuenta de que la petición de que un 30% de los empleos se quedaran en la comunidad no era realista, a pesar de las promesas hechas por el GR en cuanto a un aumento sustancial del empleo local. Igualmente eran pesimistas con respecto al planeamiento territorial, considerando los bajos estándares regionales y nacionales y la falta de voluntad política. De hecho, a medida que avanzaban las conversaciones, iba quedando más y más claro que la estrategia del GR consistía básicamente en desviar la atención para que pareciera que las cosas estaban bajo control, cuando en la práctica nada o muy poco se articulaba y Yanacona casi no tenía voz en el proceso de toma de decisiones. Cuando visité Chinchero nuevamente en septiembre de 2016 me dijeron que se había acordado el 15% de los empleos.

Una nueva ronda de desacuerdos vino con la discusión sobre qué hacer con las tierras comunales no afectadas por el aeropuerto. Yanacona, así como los otros dos *ayllus*, temían una invasión de gente extraña a la comunidad. Desde que la venta de la tierra se hiciera efectiva se podían encontrar regularmente avisos en periódicos cusqueños, que ofrecían lotes para venta en Chinchero. Quién estaba detrás de estos anuncios no estaba claro. Para Tomás se trataba probablemente de especuladores, aunque no descartaba la posibilidad de que fueran comuneros actuando ilegalmente. Tanto en las asambleas como en conversaciones privadas, muchos comuneros expresaron su preocupación por el hecho de que el título colectivo de propiedad no les protegía contra invasores potenciales y contra los especuladores inmobiliarios. En vez de ello, defendían el paso al título individual, a fin de que las parcelas, como sostenían, tuvieran reconocimiento legal y por lo tanto estuvieran mejor protegidas. De la misma manera, otros muchos permanecían dubitativos, como Augusta y Jacinto, ponderando los pros y los contras de ambos escenarios. En cuanto a mí, me parecía que el título individual, incluso con sus beneficios potenciales, era un arma de doble filo. El título individual liberaba a los comuneros de toda obligación con respecto a la comunidad y en consecuencia les daba vía libre para vender su tierra a voluntad, si así lo deseaban, sin el permiso de la asamblea. Parecía obvio que probablemente muchos acabarían vendiendo si tuvieran una buena oferta económica, y estas no iban a faltar si el aeropuerto seguía adelante. Por tanto, el argumento de que la tierra estaría mejor protegida con el título individual seguía siendo altamente cuestionable (véase una discusión similar de casos semejantes en Mayer 2002).

El debate sobre la titulación colectiva o individual también afectaba a Cúper y a Ayllopongo y era agitado por el reciente devenir político del distrito. En Ayllopongo había tenido lugar un proceso de fisión a lo largo de varios años. Algunos sectores habían modificado su estatus administrativo para constituirse como Asociaciones de Productores. Este solo era un paso más en un proceso más amplio de desintegración que había dividido a Ayllopongo (también a Cúper y a Yanacona) en sectores o unidades administrativas más pequeñas, con capacidad de negociación política a escala municipal. Como explicaban varios comuneros, estos sectores, ubicados a veces lejos del centro urbano principal, habían visto su oportunidad de prosperar una vez eximidos de su subordinación a la comunidad mayor. Es preciso notar, sin embargo, que la aparición de este tipo de asociaciones no era un fenómeno nuevo en la sierra andina, sino que se había iniciado ya en la década de 1970 (Rénique 1991a, Asensio 2016).

Supuestamente, los sectores disfrutaban de mayor autonomía y oportunidad para negociar con éxito proyectos socioeconómicos y apoyo financiero directamente con la municipalidad o con el GR. Si este reagrupamiento en unidades menores implicaba un retorno a estructuras anteriores con base en los *ayllus*, es difícil de decir. En cualquier caso, el proceso había dado un paso más con la transformación de estos sectores en asociaciones. El cambio entrañaba una ruptura más radical con la "comunidad" y con sus reglas y estructuras consuetudinarias, particularmente aquellas relacionadas con la tenencia de tierra comunal. Estas asociaciones habían sacado el título individual y en algunos casos ya se habían vendido parcelas a inversores privados.

Llegados a este punto se hace necesario enfatizar dos cosas. La primera, que al verse confrontada con todos estos problemas y conflictos internos, Yanacona era una comunidad cada vez más dividida. Esta percepción se generalizaba a medida que los acontecimientos se sucedían uno tras otro. Al comienzo, los comuneros más experimentados, y exlíderes como Dalmesio, estimaban que lidiar con tantos problemas y solucionarlos fortalecería a Yanacona como comunidad. A medida que pasaba el tiempo tuvieron que rendirse a la evidencia de una progresiva desintegración, al verse superados por fuerzas que no podían controlar. Otros, como Wilfredo, al referirse a las nuevas pistas y a los demás cambios que venían con el aeropuerto, lo expresaron de esta manera: "Vamos a ser inevitablemente arrastrados por la corriente macroeconómica que se viene." Claramente Wilfredo estaba comparando los cambios introducidos por el aeropuerto con cambios anteriores en Chinchero, como la pista que unió el pueblo con Cusco en 1983, pero marcando una diferencia significativa en la escala y en el grado del impacto. Lo segundo es que la nueva situación generada por estas circunstancias empezaba a afectar al sentido de identidad de los pobladores, suscitando preguntas importantes con respecto al tema tan debatido de la indigeneidad y obligando a reexaminar de cerca este concepto, a la luz de las circunstancias dadas. Esta serie de temas es lo que abordo a continuación.

Pero, antes de ello, se hace precisa una breve actualización de lo que ha sucedido con el proyecto del aeropuerto en estos últimos años, hasta el 2017. Al término del mandato de Ollanta Humala (julio de 2016), su gobierno firmó el contrato para la construcción del aeropuerto con el consorcio Kuntur Wasi. Al asumir el cargo el nuevo gobierno de Pedro Pablo Kuczynski, se llegó a colocar la primera piedra para el aeropuerto el 3 de febrero de 2017, en lo que parecía iba a ser el comienzo inmediato de las obras de construcción. La fecha coincidió con la firma de la adenda al contrato original, cuyo contenido generó una enorme controversia a escala, por cuanto la adenda se consideró lesiva para los intereses del Estado e incluso fue objeto de la intervención y observación de la Contraloría del Estado. Las críticas a la adenda han ido más lejos y han señalado supuestos vínculos de corrupción entre Kuntur Wasi y el gobierno Kuczinsky o personas cercanas al mismo. Como consecuencia de la tormenta política, dos ministros del gobierno han tenido que renunciar en el breve plazo de unos pocos meses, poniendo a Chinchero en el centro del huracán político del país. Como resultado de estos hechos, el proyecto está actualmente en *stand-by* a la espera de que la situación se aclare y que el gobierno celebre un nuevo contrato, toda vez que se ha resuelto el primer contrato con Kuntur Wasi. No se ha explicado, sin embargo, hasta la fecha si este consorcio ha quedado definitivamente descartado de la carrera por el aeropuerto o si el gobierno cuenta aún con él, lo que sigue alimentando las sospechas de corrupción alrededor del proyecto.

"¿Dónde está nuestra identidad?": repensando la indigeneidad

A medida que la situación en Yanacona evolucionaba y la transición hacia el título individual cobraba ímpetu y se producían otros cambios, algunos comuneros conscientes como Carlos Quispe y Dalmesio plantearon el tema de la identidad y cómo esta iba a verse afectada (o ya estaba siendo afectada) por los cambios que se venían. Tres episodios en particular —la negación del carácter indígena de Yanacona, la comercialización de la tierra y la crisis de la comunidad— obligaban a repensar conceptualizaciones tradicionales de los pueblos "indígenas" como sujetos más o menos identificables por atributos comunes y estables: la lengua, la ropa, la religión, un territorio ancestral, la propiedad comunal, el entorno rural, la organización, la visión del mundo, etc. (Chaves y Zambrano 2006, De la Cadena 2010, Valdivia 2005).

Estas caracterizaciones parecían cuestionables bajo los nuevos acontecimientos y constituyen el objeto de mi exploración.

Siguiendo a Valdivia (2005: 285), entiendo la "indigeneidad" como "la identidad articulada impuesta y habitada, contestada y negociada por diferentes grupos humanos". Las construcciones de la indigeneidad están fuertemente localizadas y son históricamente contingentes (De la Cadena y Starn 2009: 106). Significativamente, en Chinchero nadie parecía identificarse con una palabra a menudo asociada negativamente con "indio" y con todas las connotaciones negativas que esta voz lleva consigo en Perú. A muchos incluso ni les sonaba la palabra, como a Rosa, quien se definía a sí misma, igual que tantos otros, como campesina o chincherina. Para Nancy, una joven educada de unos veinticinco años de edad, la palabra "indígena" era propia de la gente de la selva, pero no de los serranos. Su perspectiva reproducía elocuentemente estereotipos nacionales que evidenciaban la marginación histórica de las tierras bajas en relación con la sierra y particularmente con la costa. También aludía indirectamente a las conflictivas y ambivalentes relaciones entre costa y sierra, a menudo traducidas en continuos intentos por parte del Estado (tras la independencia) de "modernizar" las tierras altas y hacer de los andinos buenos ciudadanos. Procesos más recientes de urbanización, escolarización, migración e integración en la vida nacional, sumados al deseo de escapar de los estigmas de la "indianidad" y de su inherente marginación, habían invitado a los chincherinos a alejarse de cualquier cosa que les recordara esa idea (De la Cadena 2004).

Así pues, para los residentes la cuestión de la identidad no se encuadraba dentro del tropo más amplio y extraño de la "indigeneidad". Más bien permanecía anclada en el lenguaje más reconocible de la tradición y la costumbre. La mayoría de las personas con las que hablé definían la identidad como "aquello con lo que te identificas", refiriéndose generalmente a modos de vida, referencias y lugares familiares y habituales. Carlos Quispe y Dalmesio aludían a este conjunto de significantes al expresar su preocupación por la pérdida de identidad con el aeropuerto.

Y aun así, a pesar de este distanciamiento con respecto a una identidad "indígena", Yanacona había reivindicado un estatus de comunidad indígena al comienzo de las negociaciones con el GR y había tratado de conducir el proceso dentro de los parámetros establecidos por el reconocimiento de la OIT y de la ONU a los derechos específicos y las necesidades de los pueblos indígenas. La paradoja reflejaba las ambigüedades inherentes al debate global sobre la indigeneidad y al intenso politiqueo que este encerraba, pues Yanacona intentaba maniobrar para que las negociaciones no se apartaran de un marco conceptual y legal conveniente.

Los aspectos políticos de la indigeneidad se desataron a nivel local por la contraoperación ejecutada por el GR, quien negaba el carácter indígena de Chinchero sobre la base de su proximidad a una ciudad (Cusco) y de su grado de urbanización. El argumento se dirigía a privar a Yanacona de los derechos otorgados a los pueblos originarios a nivel transnacional y a asegurarse el control sobre los términos de las negociaciones. En juego estaba la cuestión de quién era "indígena", de quién tenía la autoridad de autenticar la indigeneidad y de acuerdo con qué principios. Estas cuestiones continúan siendo el tema de un debate global sobre lo que significa ser indígena hoy en día y son parte de la búsqueda de criterios apropiados para definiciones flexibles y dinámicas de la categoría. Pero las definiciones pueden ser complicadas e intrínsecamente problemáticas. Taiaiake Alfred, académico de la etnia mohawk, ha señalado que las exigencias de precisión y certeza no tienen en cuenta las variaciones grupales en el tiempo y en el espacio (citado en Corntassel 2003: 76). Por otro lado, como explica Corntassel, el fracaso en el establecimiento de definiciones aceptadas puede llevar a otros grupos a reclamar la indigeneidad para obtener y expandir su estatus y protección legal internacional (2003: 76). Otros autores (Andolina et ál. 2009: 14) han enfatizado además la rigidez de la teoría política actual para dar plena cuenta del cambiante contenido y de los fluidos límites de la identidad y cultura indígena. Chaves y Zambrano (2006), Valdivia (2005) y De la Cadena y Starn (2009) han recalcado la heterogeneidad contemporánea de las experiencias indígenas y han destacado también las maneras en que pueblos culturalmente diferentes, en respuesta a nociones impuestas de indigeneidad, basadas en una serie de marcadores culturales definidos académicamente y más recientemente por el Estado, como los definidos anteriormente, han fluctuado históricamente entre la apropiación de lo indígena y el rechazo, dependiendo de factores y estrategias contingentes en sus interacciones con actores extralocales e internacionales.

A veces, como ha mostrado Valdivia (2005) para los casos de los pueblos secoya y cofán de la Amazonía ecuatoriana, confrontados con la industria petrolera y la adopción de prácticas productivas occidentales, algunos grupos han optado por representar el papel de una indigeneidad "auténtica", que se conforma a las expectativas de los pueblos amazónicos como protectores de los bosques, para ganarse así el apoyo de las organizaciones ambientalistas. Otras veces han preferido jugar la carta de la indigeneidad "inauténtica", al alinearse con las industrias extractivas en sus territorios y al adoptar la crianza de ganado y otras prácticas agropecuarias intensivas, asegurándose a su vez el apoyo de las organizaciones de derechos humanos. La intención de la autora es, en primer lugar, dejar clara la conexión entre, por una parte, la producción de conocimiento implícito en definiciones académicas y estatales de la indigeneidad y, por otra, el ejercicio del poder (Chaves y Zambrano 2006: 17); y en segundo lugar, y estrechamente relacionado con lo anterior, el rechazo a categorías fijas y estáticas de "lo indígena", que no hacen justicia a la habilidad de los sujetos indígenas para moverse entre dos mundos (el "tradicional" y el "moderno"), buscando el reconocimiento como actores de pleno derecho dentro de un escenario neoliberal y manteniendo al mismo tiempo su diferencia cultural (Valdivia 2005: 299). En el caso de Chinchero, estas categorías fijas nacidas de la imaginación colonial o poscolonial (Tilley 2006: 12) proyectan lo urbano y lo indígena en términos antitéticos, confinando a los pueblos nativos al dominio de lo rural con sus asociaciones añadidas de retraso, pobreza, etc.[3] La estrategia de Yanacona reflejaba tanto esta habilidad para "ir y venir" entre diferentes articulaciones y discursos globales sobre la indigeneidad a medida que emergían posibilidades de cambio social, como las ambigüedades resultantes de un sentido de indigeneidad no homogéneamente articulado (Valdivia 2005: 295,

3. Véase también Rivera Cusicanqui (2012) y los debates sobre la descolonización en Mignolo (2007).

299-300). En tal sentido cabe recordar, como se ha visto en el capítulo anterior, que una "identidad étnica" promovida por la industria turística y las ONG se producía en Chinchero todas las noches en el curso de las demostraciones textiles, cuyas narrativas insistían en la continuidad entre las artesanas y sus antepasados incas.

El debate sobre la indigeneidad estaba directamente relacionado con la crisis de la comunidad como concepto y como cuerpo jurídico,[4] tema debatido por estudiosos peruanos como Diez (2003) y Burneo (2013). Los chincherinos interpretaban la situación en algunos sectores, como Simataucca y Piuray, pertenecientes a Ayllopongo, de forma ambivalente, dependiendo del punto de vista. El día que visité Simataucca tuve la suerte de toparme con Federico, un poblador con quien hablé mientras nos acercábamos al lugar. Federico estaba contento con el paso a la propiedad privada de la tierra. Según él, esto había ocurrido en 2010 y había sido propiciado por los líderes. Ahora tenían una asociación para la producción de cuyes. "No es una cooperativa; cada familia trabaja por su cuenta y tiene su propia granja", afirmó. También me aseguró que no estaban pensando en el aeropuerto cuando fundaron la asociación, porque en aquel entonces el proyecto estaba estancado. Lo hicieron porque no querían invasiones y esta era la mejor manera de proteger sus tierras. Sin embargo, manifestó que algunas parcelas ya se habían vendido a una agencia inmobiliaria de Cusco y admitió que frecuentemente llegaban forasteros para comprar tierra. "Algunas personas han vendido lotes pero no la mayoría", dijo. "Ahora vamos a pedir la desconexión legal de Ayllopongo, la independencia completa. Simataucca nunca fue un sector; desde el principio fue una comunidad y así seguirá siendo".

Otras personas con las que conversé, como Tomás, Fidel o Jacinto, parecían aprobar la secesión pues pensaban que cada sector estaba buscando su propio progreso, como lo hacían Simataucca y Piuray con

4. Golte (1992) ha problematizado la idea de la "comunidad indígena" en los Andes sosteniendo que esta nació inicialmente como un cuerpo jurídico y que no todas ellas comparten las mismas características. Según él, la "comunidad" fue una ficción creada por el indigenismo de comienzos del siglo XX.

su conversión en asociaciones de productores. Jacinto en especial lo aprobaba y se mostraba comprensivo, afirmando que estaban mirando al futuro y no al pasado, al contrario de la mayoría de los sectores y de las comunidades del distrito, apegadas a sus tradiciones y constreñidas por su estatus de comunidad. En una declaración contundente y subversiva, Jacinto expresó su visión de la comunidad cuando le pregunté por la posible pérdida de identidad con el título individual:

> Un poco de pérdida sí que es. Pero ¿de qué me sirve mi identidad de campesino y comunero si no tengo los medios para educar a mis hijos como me gustaría? Ya no se puede vivir de la agricultura. La propiedad privada es mejor. Hoy en día estás indefenso sin un título. La comunidad es un atraso y yo quiero desarrollo. Ser comunero es algo del pasado. Tienes que plegarte a lo que diga la comunidad, a la asamblea, a las decisiones de otros. Todos tenemos que cosechar el mismo día y más cosas. En ninguna otra parte del mundo es así. Con el título individual haces lo que quieres. El Estado y esos extranjeros quieren que mantengamos nuestras costumbres, nuestros sistemas de organización social y política. Por eso promulgaron la Ley de Comunidades Indígenas, que reconoce nuestra realidad diferente y nuestros derechos. De este modo, parece que nos están apoyando pero en la realidad nos mantienen en la pobreza.
>
> En los viejos tiempos había pobreza. Para el visitante, la naturaleza y el estilo de vida tenían encanto, pero no para el poblador. Afortunadamente, los jóvenes prefieren estudiar hoy en día y esa es su identidad. Puede que Piuray y Simataucca todavía conserven sus envarados y otras costumbres, pero ya no están mirando al pasado. Con su propiedad privada venderán sus parcelas. Simataucca no ha sido nunca una comunidad. Primero fue una hacienda y luego una cooperativa. Yo quiero una situación de estabilidad económica y profesional para que al final del año no tenga que tocar puertas o recurrir a amigos para conseguir un trabajo. Quisiera estar nombrado por el Estado.

La declaración de Jacinto era sustancial, aparte de su crítica de la comunidad. Antes que nada, su argumento con respecto a la relativa irrelevancia de tener una identidad en comparación con preocupaciones diarias mucho más urgentes solo corroboraba el carácter en buena parte ficticio de las identidades, como construcciones sociales a menudo impuestas sobre otros. Esto es lo que Tilley (2006: 15) ha llamado "el anatema de las identidades construidas", refiriéndose a la absolutización de la "cultura" y la "identidad" en las etnografías clásicas. Inspirándose en Bauman (2003 [2000]), Tilley se aproxima a las cuestiones de identidad como la quintaesencia de una modernidad líquida, caracterizada por una crisis personal y social con origen en la incertidumbre (2006: 10-11). La insistencia de Tilley en proporcionar un marco para la comprensión de la producción de identidades es precisamente lo que Jacinto estaba haciendo al subrayar el interés del Estado y de la industria turística en que mantuvieran una cierta identidad, cultura y organización social. La producción de una identidad indígena en los centros textiles respondía claramente a estos intereses. Más aún, Jacinto estaba promoviendo la renovación de las identidades, al respaldar la identidad de sus hijos como estudiantes en ese momento. Además, su conocimiento de la comunidad le permitía aclarar las afirmaciones contradictorias de Federico (una generación más joven que Jacinto y evidentemente menos ducho que él en la historia del distrito) acerca del estatus de Simataucca como comunidad. El hecho de que Simataucca nunca antes había sido una comunidad legal, sino que existía como cooperativa, podría explicar la transición pionera y aparentemente tranquila a una forma más familiar. También podría explicar por qué no había un sentido de desmembramiento en comparación con Yanacona, que era una formación mucho más antigua y con pleno sentido de membresía.

Cuando le conté a Augusta mi conversación con Jacinto, esta matizó sus opiniones y las puso en contexto:

> En aquellos tiempos casi no había dinero y no había necesidad de gastarlo. La gente tenía sus chacras y sus animales. No necesitaban comprar nada. Había más tiempo y menos educación. Había pobreza y alcoholismo también. Por ello, la gente se daba a la bebida, como los padres de Jacinto. A él le tocó asumir todas las responsabilidades en la casa y en la chacra. No pasó de la secundaria. Después de eso solo ha tenido trabajos brutos. Desde entonces está resentido. Además, piensa que los estilos de vida tradicionales solo han traído pobreza. Mi caso ha sido diferente. Mis padres han sido pobres pero no alcohólicos. Me gustan las tradiciones.

Augusta vinculaba las opiniones de Jacinto a la biografía personal de este. Sin embargo, no se trataba de que Jacinto se avergonzara del pasado ni de que hubiera adoptado una posición "modernizante" a toda costa. Al contrario, respetaba mucho la "tradición" y se mostraba firme a la hora de representar las costumbres de la manera más solemne posible. Pero como sus palabras revelaban elocuentemente, también tenía una aguda conciencia de los estigmas y de la manipulación política de lo "tradicional" y de lo "indígena" y quería liberarse de estos callejones sin salida y ponerse al día con la sociedad nacional para participar de sus beneficios. Ni Augusta ni Jacinto se definían tampoco como "indígenas". Su conciencia de la política que envolvía el término se me hizo absolutamente evidente un día que bajábamos caminando por el centro poblado hacia la pista. Entonces, en la distancia y subiendo en nuestra dirección, avistamos a una pareja de turistas guiados por una mujer del pueblo vestida con su traje típico. Viéndoles, Augusta exclamó con humor, mientras alteraba el tono de su voz para acentuar el sarcasmo implícito: "¡Aquí vienen dos turistas con una indígena!". Jacinto aprobó su comentario y los tres nos echamos a reír con ganas.

La diversidad de opiniones en el pueblo en relación con "la comunidad" la ilustraban otras voces como la de Gerónimo, la de Dalmesio o la de Carlos, quienes expresaron su escepticismo respecto de los acontecimientos en Simataucca y Piuray y su lamento por lo que consideraban la disolución de la comunidad. "Ya ni siquiera tienen asambleas", dijo Dalmesio. Para Tomás, "hasta hace muy poco la gente todavía tenía su identidad de comunero, trabajador, auténtico, inca, y así. Todo esto ha cambiado en un momento por el dinero. No sé en qué están pensando." Por su parte, Gerónimo empleó un marco de análisis más amplio:

> Cuando se crearon las comunidades con la reforma agraria comenzó un proceso de desmembramiento en Ayllopongo. Esto se debió al fracaso de los líderes para mantener unida a la comunidad. Los líderes fueron presionados para crear comunidades independientes, buscando los beneficios de este proceso de segregación. Detrás de tales maniobras había intereses personales. La misma situación vale para los sectores. Solo Yanacona y Cúper han permanecido unidas y sólidas. Preveo la muerte

de esta comunidad [Cúper] con la llegada del aeropuerto y la propiedad privada de la tierra. Es el desmembramiento de un cuerpo.

De igual manera, Ángel era muy crítico con el proceso y estaba convencido de que Simataucca y los demás tenían la vista puesta en el aeropuerto con sus maniobras, a pesar de sus afirmaciones. A la luz de lo que estaba viendo, formuló una lapidaria declaración que, más allá de su potencial profético, daba testimonio de los vientos de cambio actuales: "la comunidad es historia". Ángel probablemente ignoraba que su opinión se alineaba con al análisis de académicos como Burneo (2013), para quien conocer el significado y la valoración que se otorga hoy día a la tierra, así como su variación en el tiempo, resulta fundamental para una comprensión antropológica de los procesos que atraviesan las comunidades. Esta autora documenta el creciente proceso de privatización y concentración de tierras y la profunda transformación resultante en las comunidades, que afecta incluso a la manera en que los comuneros conciben la propiedad comunal. Su hipótesis es que la comunidad empieza a ser vista por algunos comuneros como una forma de acceso a la tierra de la cual uno puede desprenderse eventualmente para entrar en una dinámica privatizadora. Señala, además, que las nuevas generaciones no tienen el vínculo con la tierra que han tenido sus padres, debido a que no conocieron la reforma agraria ni las luchas por la tierra, a lo que se añade un alejamiento de la vida comunal ya iniciado por sus padres. Al igual que Ángel, Burneo vaticina el posible fin de las comunidades históricas para ingresar a una nueva etapa de su historia.

En una línea similar, Diez (2003) llama a preguntarse si los procesos actuales de erosión de la autoridad y la legitimidad de las comunidades campesinas no corresponden a una etapa histórica de su transformación, orientada a una separación entre comunidad y propiedad. La nueva función de la comunidad estaría entonces vinculada a la provisión de servicios más que a la defensa y protección de las tierras. Diez también remarca dos elementos importantes: el primero, que la identidad comunal ha estado históricamente ligada a la lucha por la tierra y por el territorio; y el segundo, que el conflicto refuerza la identidad y la solidaridad comunales. Estos dos últimos puntos serán relevantes para mis conclusiones finales.

El debate sobre el paso al título individual y la venta de la tierra cuestionaba a su vez uno de los estereotipos más arraigados con respecto a los pueblos indígenas: su relación íntima con la tierra, mediante lazos ancestrales y espirituales. En el caso andino, el "culto a la Pachamama" tipificaba bien esta posición primordialista dentro de los debates académicos.[5] Como Jacinto había hecho antes con "la comunidad", otras voces en Chinchero demolían ideas preconcebidas o dominantes sobre la relación entre los pueblos originarios y la tierra. Algunas de estas opiniones se formulaban crudamente. Por ejemplo, Simeona y su yerno Wilfredo creían que, en el contexto actual, era simplemente ingenuo y estúpido no comerciar con la tierra solo por el hechizo de ciertas ideas románticas. Para ser justos, esta familia en particular disponía de otros medios de subsistencia, además de la agricultura, lo que les distanciaba del poblador común. Wilfredo era dentista y su esposa tenía una tienda de joyas en el pueblo, entre otros negocios familiares. En su situación era probablemente menos doloroso prescindir de sus tierras que para familias sin otras alternativas claras, incluso aunque en una conversación previa Wilfredo me había hablado de sus lazos afectivos con su tierra y el sentido de pérdida derivado de la venta. Y aun así, la posición de no dejarse llevar por ideas románticas sino por decisiones racionales permanecía como una generalización válida para el resto de comuneros confrontados con los mismos dilemas.

La disposición de Simeona y de Wilfredo para optar por el título individual y vender sus tierras, a pesar de la naturaleza y escala particulares de esta operación, era un paso más en el involucramiento de los chincherinos con la economía capitalista en mayor o menor grado.[6] Las políticas neoliberales habían tenido como objetivo las comunidades campesinas de la sierra peruana, dirigiendo, durante años,

5. El debate se da básicamente entre los llamados "primordialistas", para quienes la indigeneidad es natural y reconocible por medio de atributos como la lengua, el vestido, la religión, la organización social, etc. y los "instrumentalistas", quienes dan más peso a la construcción social de "lo indígena" (Corntassel 2003: 82-86).

6. Véase el importante artículo de Tania Murray Li (2010) sobre el capitalismo y la indigeneidad para una discusión elaborada sobre los diferentes rostros de dicha relación.

diferentes programas orientados a aliviar la pobreza y proveer a los hogares de oportunidades económicas, a través de su transformación en unidades productivas económicamente eficientes (Burneo 2013, Contreras y Cueto 2007, Mayer 2002). En este contexto, el título individual era parte de una agenda neoliberal que buscaba inicialmente incrementar la productividad de la tierra y la capacidad de consumo de los campesinos, al tiempo que enfatizaba el valor mercantil de la tierra. Sin embargo, el objetivo final era volver la tierra alienable, para que pudiera así terminar en manos de unidades productivas más eficientes (Mayer 2002: 316-317). Las campañas de titulación descritas por este autor en su lugar de investigación estaban también en curso en la región Cusco. Aquí eran promovidas por el GR e incorporaban la ideología que animaba a los campesinos a convertirse en propietarios.

Siguiendo a Spalding (1974), la Colonia había transformado al indio en campesino a través de una nueva y forzosa relación con la tierra, parecía ahora que el aeropuerto estaba en camino de convertir al campesino en un emprendedor capitalista: la quintaesencia del liberalismo económico. Este fenómeno no era nuevo en la región Cusco. Al menos desde las últimas dos o tres décadas, las políticas regionales y municipales, junto a la actuación de distintas ONG, habían fomentado distintos planes y proyectos de desarrollo orientados a fomentar una iniciativa privada que iba a coexistir con sistemas locales colectivistas de largo aliento (Asensio 2016). En realidad, ya se ha hecho notar en este libro este patrón de convivencia histórica entre formaciones socioeconómicas precapitalistas y capitalistas en la sierra peruana. Muchas personas planeaban empezar su propio negocio con el dinero de sus tierras y también muchos otros, como Wilfredo y Simeona, cuya conducta encajaba muy bien por cierto en las expectativas neoliberales de formar individuos emprendedores y racionales, como algo socialmente deseable (Valdivia 2005: 289), se aproximaban a la economía especulativa, al declarar que querían esperar hasta que el aeropuerto estuviera terminado porque entonces el precio del metro cuadrado sería mucho más alto. De hecho, y de acuerdo con varios testimonios, los precios ya estaban subiendo. De nuevo, como en el caso de la propiedad privada, este no era un fenómeno completamente nuevo en Chinchero, donde otros "emprendedores" como los taxistas, los dueños de las tiendas o, como hemos visto, los centros textiles, ya se habían aventurado antes en el mundo de la empresa. La diferencia en este caso estaba en que era la tierra "ancestral", epítome de visiones discursivas y esencialistas de la indigeneidad, la que estaba siendo objeto de una intensa comercialización, de una manera no muy diferente, por cierto, a las representaciones esencialistas de la indigeneidad para turistas que tenían lugar en los centros textiles.

No resultaba sorprendente, por lo tanto, que Carlos Quispe, al recordar los cambios más recientes ocurridos como el avance del idioma español a expensas del quechua, la progresiva disolución de patrones de sociabilidad arraigados, la comercialización de la tierra, los impactos de la tecnología, etc., pensara que se había perdido mucha identidad y que la territorialidad —el último factor de cohesión que mantenía unida a la comunidad— estuviera despareciendo también. Carlos se preguntaba en voz alta, "con todos estos cambios, ¿qué somos?". Como buen antropólogo, Carlos utilizaba estos indicadores para medir el cambio social. Pero él, Jacinto y muchos otros, no vivían meramente de la nostalgia y comprendían bien la necesidad de su gente de avanzar y de estar al día con una modernidad que nunca les había sido completamente ajena. Tal era el caso de Dalmesio y otros, quienes expresaban preocupación por los impactos del aeropuerto sobre la identidad, pero lo juzgaban como algo secundario en comparación con cuestiones más pragmáticas que tenían que ver con sus condiciones de vida inmediatas. Estas consideraciones más pragmáticas estaban ligadas a la idea de "desarrollo", idea que saturaba discursos e imaginarios hasta el punto de guiar y articular las acciones, las perspectivas y las esperanzas de los chincherinos.

Bajo el paradigma del "progreso"

Cuando Jacinto declaraba que lo que él quería era desarrollo estaba haciéndose eco de ideas generales ancladas en expectativas individuales y familiares, así como en discursos regionales y nacionales fundados en la misma palabra. De hecho, el "desarrollo", junto con el "progreso", se habían convertido en los nuevos mantras que atravesaban planes y políticas gubernamentales con la promesa de una vida mejor para todos.

El discurso había calado en la imaginación de muchos campesinos que se aferraban a esperanzas de oportunidades económicas y condiciones materiales de vida mejoradas. De la misma manera que se esperaba que el turismo trajera más desarrollo a Chinchero, las autoridades, los políticos y los medios de comunicación conjuntamente, presentaban el aeropuerto como la oportunidad por excelencia para el progreso local y regional. Estas ideas de progreso y desarrollo informaban una mentalidad colectiva que identificaba estos conceptos, más que nada, con intervenciones tangibles en forma de infraestructuras y obras públicas básicas. Desde esta perspectiva, la construcción del aeropuerto estaba plenamente justificada porque, como la pista y la llegada del turismo habían hecho antes por Chinchero, solo iba a contribuir a la prosperidad general al incrementar exponencialmente la actividad económica y al atraer todavía más turistas al pueblo.

Aun comprendiendo y simpatizando con los deseos de los pobladores de una mayor calidad de vida, siempre encontré estas ideas altamente engañosas y encubridoras de otras realidades, diferentes a las declaradas por sus practicantes. Hoy en día el "desarrollo" está profundamente incrustado en nuestro vocabulario y en nuestro marco socioeconómico, con la capacidad de acomodar sin esfuerzo una variedad de significados cambiantes, siendo al mismo tiempo un término altamente confuso y contestado (véase Asensio 2016 para una discusión a fondo sobre el desarrollo rural cusqueño entre 2000-2010). El tema que me interesa explorar aquí es la relación entre desarrollo, tiempo y cambio. Como han mostrado los analistas (Lewis 2005: 4), las raíces históricas de la ideología del desarrollo se pueden encontrar en la Ilustración europea de finales del siglo XVIII. Con su fe en el "progreso" y su defensa de valores como la racionalidad, la ciencia y la tecnología, se estableció una dicotomía entre sociedades "atrasadas" y "avanzadas". El "desarrollo" opera con el supuesto de un tiempo lineal, en progresión unidireccional e ilimitada, de inferior a superior, o hacia "la adquisición de más de lo bueno" (Shay 1957: 5). Por tanto, el desarrollo está preñado del "mito del progreso", una de las fuerzas motrices más poderosas en la imaginación occidental. La cuestión que se puede plantear entonces es cómo esta creencia en el progreso encaja en sociedades con diferentes ideas y experiencias del tiempo, como la andina.

Heidi Storn (2010), en línea con la crítica de Hobart (2002) sobre el choque entre las epistemologías occidental e indígena en la práctica del desarrollo, ha argumentado que la noción de tiempo lineal que subyace en los conceptos de desarrollo y progreso ha sido interiorizada por los andinos, hasta el punto de crear confusión y conflictos de identidad porque va a contracorriente de su tradición y su cosmovisión, basadas en un tiempo cíclico donde no hay sitio para el "progreso". Si bien simpatizo con el argumento básico de Storn, también veo sus problemas. En particular, su interpretación de una "cosmovisión andina" homogénea, totalizadora y estática me parece cuestionable y algo peligrosa en cuanto que la negación del cambio en el tiempo y en el espacio en las culturas indígenas (incluyendo sus cosmovisiones) puede reproducir prejuicios anteriores acerca de estos pueblos "intemporales" y bloquear su camino hacia aspiraciones legítimas. Además, la idea de un "conflicto de identidad" parece conjurar imágenes de un supuesto antagonismo entre tradición y modernidad, que acaso no proceda. Finalmente, si no hay sitio para el "progreso" en el tiempo cíclico, sí hay sitio para el cambio y para un agudo sentido de la posibilidad de tiempos mejores por delante.

Esta idea de confusión y conflicto de identidad es recurrente en los estudios andinos y nativoamericanos (Berlo y Philipps 1998, De la Cadena 2004: 291, Golte 1992, Rozas 2012, Valdivia 2005). ¿Pero qué de cierto hay en ello? Las comprensibles expectativas de Augusta y Jacinto de un futuro mejor estaban sin duda manipuladas y exacerbadas por los abogados del desarrollo, y contribuían a crear frustración y dependencia a medida que el mito se perpetuaba y se alimentaba con las continuas penurias e incertidumbres del día a día. Su entendimiento del desarrollo y el progreso, así como sus esperanzas en ellos, estaban impregnados hasta cierto punto por la ideología dominante de la modernización, que estaba en el aire a todas horas. Aun así, cuando Jacinto declaraba que quería desarrollo no estaba necesariamente hablando de una progresión desde lo "tradicional" hacia lo "moderno". Los chincherinos eran bien conscientes de los diferentes intentos históricos de "modernizarlos". Jacinto expresaba ciertamente un deseo natural de prosperidad —independientemente de cualquier sistema de "desarrollo" en pie— y también de recuperar el control sobre su vida y la de su familia. De igual manera, cuando Augusta les hablaba a sus hijos de progresar en la vida no les estaba invitando a abandonar los modos de vida progresivamente en desuso; más bien les estaba alertando respecto a la necesidad de identificar las oportunidades que la vida les ofrecía y de tomar las decisiones correctas en un mundo en rápida transformación. Tomar las decisiones correctas en su contexto particular equivalía a estudiar, a hacerse profesionales y a estar a tono con los tiempos sin perder sus raíces. Esto era lo contrario a lo que ella y sus hijos censuraban como "atraso" y como "pensamiento ancestral", una manera de pensar discordante con los nuevos tiempos y sus requerimientos. Además de ello, y tal y como se infería de las opiniones de Jacinto sobre la comunidad, progresar para sus hijos equivalía a forjar una nueva identidad de estudiante que se erigía en oposición a la de campesino. En cualquier caso, lo que su posición reflejaba era una comprensión del cambio que excluía un uso antagónico del binomio tradición/modernidad. Su empleo de la palabra "ancestral" evidenciaba adicionalmente la ambigüedad y la ambivalencia existentes en los usos de la "tradición" (Harris 1996: 14), en cuanto que el término podía adquirir también connotaciones positivas cuando hablaban con orgullo de sus costumbres ancestrales.

Muchas de mis ideas sobre el cambio social en Chinchero tuvieron su origen precisamente en mis observaciones de las interacciones entre padres e hijos en la esfera menos visible del hogar. Una tendencia dentro de cierta antropología ha sido el lamentar la indiferencia de los jóvenes hacia el mundo de sus mayores. Por ejemplo, en su estudio de caso de la comunidad de Huama, Washington Rozas y Delmia Valencia Blanco (2012) culpan a los agentes del desarrollo y de la modernización (medios de comunicación, ONG, políticas estatales, iglesias evangélicas, etc.) de la falta de respeto patente de los jóvenes por sus mayores y de una aculturación conducente a la decadencia de la comunidad y conflictos de identidad. De una forma análoga, pero menos dramática, Valdivia (2005) da cuenta en la Amazonía ecuatoriana de las dificultades de los jóvenes para navegar entre una modernidad representada por los valores inculcados en la escuela y un sentido de pérdida simultáneo con relación a los mundos tradicionales de sus padres y abuelos.

Mientras tanto, en mi casa, Jacinto y Augusta gustaban por las noches de implicar a sus hijos en conversaciones variadas, en las que sus diferencias generacionales saltaban a la vista. A mí me gustaba escuchar estos apasionados intercambios donde puntos de vista discrepantes ponían en diálogo dialéctico —y a veces tenso— dos mundos diferentes, pero no necesariamente irreconciliables. Muchas veces Augusta atacaba la orientación científica que recibían sus hijos en el colegio y en la universidad, sobre la base de que era "materialista" e impartida por profesores "ateos". Sus hijos se reían de ella y replicaban que sus creencias, ritos e historias solo eran supersticiones irracionales e incompatibles con su fe católica. Estas disputas sobre la identidad alcanzaban su clímax cuando Augusta se declaraba descendiente de los incas y los hijos se burlaban diciéndole que solamente era una mestiza al igual que ellos. A menudo, el tema de discusión viraba hacia el aeropuerto y sus impactos. Amílcar y Lenin estaban convencidos de que la obra traería desarrollo y progreso a Chinchero, mientras que Jacinto y Augusta muchas veces expresaban sus dudas y sus miedos. Lenin insistía en que Chinchero tenía que crecer y convertirse en una ciudad, como Cusco, porque el campo era algo atrasado. Amílcar compartía esta perspectiva y criticaba a su primo Eddy por querer hacerse *paqo* o especialista ritual. En lugar de mirar hacia el pasado, razonaban Amílcar y Lenin, lo que tenía que hacer Eddy era mirar hacia el futuro, hacia la ciencia y la tecnología. Washington y Rober consideraban que las tradiciones impedían al pueblo y su gente salir adelante y, sin embargo, aclaraban que no era la tradición el problema en sí, sino las borracheras incontrolables que solían acompañarla.

La ambigüedad en las actitudes de los adultos con respecto al desarrollo se reflejaba en los adolescentes. Por una parte se sumaban al discurso pro modernidad y por el progreso; por otra parte, no podían ocultar su curiosidad por el mundo de sus mayores, curiosidad que se manifestaba, por ejemplo, en lo absortos que escuchaban las ocasionales sesiones de cuentacuentos, en las que sus padres desplegaban un mundo fascinante poblado por inquietantes y peligrosos seres liminales, que capturaban la imaginación de los jóvenes.

"Nuestros hijos se avergüenzan de nuestras tradiciones", me dijo mi amigo Jesús un día. Creo que no hay nada de lamentable en la rebeldía de las jóvenes generaciones contra el mundo de sus padres y abuelos. Como parte misma de la vida y del proceso de crecimiento individual, su dialéctica puede contribuir al dinamismo interno de un grupo humano. Al mismo tiempo, en los Andes muchos jóvenes de extracción rural se sienten atraídos por la vida urbana, confrontados por la seducción de nuevas tecnologías que codifican poderosas y persuasivas temporalidades. El turismo es una de esas tecnologías, por cierto (De la Cadena 2004: 303). ¿Sufrían Amílcar y sus hermanos conflictos de identidad o, incluso, de las "contradicciones" de la modernidad que algunos comentaristas han considerado? Creo que las respuestas necesariamente varían. Siempre vi a Amílcar, el hijo mayor, particularmente incómodo en su doble piel de joven del campo y de la ciudad, ansioso por desprenderse de la primera, mientras que sus hermanos pequeños parecían más asentados en este sentido. Su primo Eddy reflexionaba un día sobre este tema, bajo los lúcidos efectos de una severa intoxicación causada por la chicha:

> La experiencia de la ciudad puede ser mejor o peor; nos puede cambiar más o menos. No depende de la ciudad, sino de cada uno de nosotros, y cada caso es distinto. En el mío, como en otros casos, me ha ayudado a limpiar mi mente. He hecho amigos, algunos de familias ricas que se han interesado por mi vida en Chinchero y me han preguntado por mis tradiciones. Cuando era más joven y me preguntaban en Cusco de dónde era tenía que mentir. Ya no. Estoy orgulloso de mi pueblo y de mis tradiciones y te diré más: con el tiempo volverán.

Para Eddy, aparentemente, no había ninguna confusión de identidad en el contacto con la vida "moderna". Otros testimonios que recogí entre los jóvenes de Chinchero que estaban estudiando o habían estudiado en Cusco apuntaban en la misma dirección. Fue interesante ver que precisamente entre los jóvenes era donde mayor oposición al aeropuerto había. Magaly e Ivette (la primera, cerca de los veinte años y la segunda, en torno a los veinticinco) sostenían que era precisamente gracias a su educación en la ciudad que las generaciones más jóvenes entendían los impactos sociales y ambientales negativos mejor que sus padres, con menor grado de educación formal. Sin embargo, Wilfredo matizaba estas afirmaciones, al afirmar que si les ofrecieran dinero, los jóvenes cambiarían de opinión como todos los demás.

Los jóvenes, como he dicho, son normalmente personalidades en construcción que todavía pueden no tener claro algunas cuestiones importantes. Como tal, pueden ser más vulnerables que los adultos y más propensos a experimentar confusión, especialmente cuando las viejas costumbres y las nuevas formas se les presentan en términos irreconciliables, de modo que se sienten obligados a elegir entre unas y otras. Por mi parte, puedo reconocer los efectos psicológica y culturalmente perturbadores de una modernización forzosa presentada a menudo como el único camino de futuro y necesariamente en conflicto con costumbres atrasadas que deben superarse, a menos que puedan comercializarse para el turismo. Pero, por otro lado, todavía encuentro la idea de los "conflictos de identidad" sospechosamente reminiscente de la teoría de los "dos mundos", que ha presentado típicamente a los pueblos originarios americanos como seres desgarrados y perdidos, con un pie en la "vida tradicional" y el otro en el "mundo moderno", atrapados trágicamente entre los dos y sin ser capaces de discernir claramente el suelo que pisan (Berlo y Philipps 1998: 125). Esta teoría subestima, como dice Valdivia, la habilidad indígena para "ir y venir" entre mundos distintos sin perder el sentido de quiénes son y de la tierra a la que pertenecen. Además, oscurece una larga historia de intercambios con la alteridad en busca de asimilar sus fuerzas positivas. Por último, la idea de la "confusión" puede derivar también de nociones fijas de identidad impuestas por grupos para quienes, como ha señalado Tilley (2006: 10-11), la "identidad" puede ser el producto obsesivo de sus propias crisis personales y sociales. Tal y como se insinuaba en las palabras de Eddy, la rebeldía de los jóvenes podía ser parte de su propio ciclo vital, al final del cual podría estar aguardando un renovado interés por la tradición.

La tradición y el cambio, cuestiones con las que la antropología ha tenido que lidiar durante mucho tiempo, son el tema del siguiente acápite: proponer una aproximación alternativa al cambio, basada en una relación diferente con el tiempo y la tradición, que haga justicia a nociones y experiencias andinas y que nos ayude a interpretar, contextualizar e historizar adecuadamente acontecimientos recientes en Chinchero, como el auge turístico y el aeropuerto.

Hacia una teoría del cambio

Olivia Harris (1996) ha escrito que la antropología como disciplina ha carecido de un enfoque consistente sobre el tema del cambio. Los antropólogos han privilegiado la estabilidad y la continuidad, tomando las culturas, las razas y las estructuras sociales como entidades *a priori* en equilibrio o en estabilidad a largo plazo. La tradición intelectual europea habría fabricado una visión del mundo como un objeto estable de contemplación, dividido en "cosas" diferenciadas e identificables (Harris 1996: 2). De esta manera, Harris da cuenta de una antropología británica dominada teóricamente por un enfoque estructural-funcionalista. Pero deja fuera otras corrientes en la disciplina que han enfatizado, por el contrario, la variación cultural y el cambio a lo largo de periodos de tiempo extensos y que han abogado por un enfoque interdisciplinario combinado que implique a la arqueología y a la etnohistoria junto con la antropología, como el representado por Kroeber y Boas en los Estados Unidos.

¿Bajo qué circunstancias, se pregunta Harris, se puede argumentar que situaciones de flujo y transformación no son en sí mismas una suerte de estabilidad? Hablar de tradición es interrogar la noción de cambio, afirma la autora. Así, reaccionando contra "momentos" antropológicos anteriores, modernistas y estructuralistas, que han separado el pasado del presente y la tradición de la modernidad, Harris defiende la ortodoxia actual del "momento" posmoderno, donde la fluidez y la indeterminación superan la continuidad lineal o el contraste sistemático entre el pasado y el presente. Enfoque enfatiza el flujo y el cambio como procesos constantes, insistiendo en el movimiento y en la falta de permanencia, donde las continuidades no se interpretan como repeticiones o como la presencia inerte del pasado sino como re-creaciones. La posmodernidad, de acuerdo con Harris, aboga por un movimiento general contra la reificación de la tradición y la cultura, interpretando el flujo y el cambio como condiciones permanentes y favoreciendo modelos como el de las "tradiciones vivas" de Gadamer (2004 [1975]), que ven en el pasado el fundamento del presente (Harris 1996: 5-13).

Se podría argüir que el posmodernismo no descubre nada nuevo en realidad, más allá del hecho obvio de que la vida siempre es cambio e inestabilidad. Más aún, al afirmar su superación de posiciones teóricas anteriores, el posmodernismo prueba ser en sí mismo heredero de la antropología evolutiva que critica, participando del mismo sentido de linealidad y de progreso que se encuentra en el corazón de la vida intelectual. No obstante estas objeciones, la posición de Harris tiene valor en la medida en que adopta una lectura más matizada de la tradición, que diferencia entre diferentes modalidades y discursos sobre el pasado. La tradición y el cambio se perciben como dependientes del contexto en función de las diversas prácticas locales (1996: 13). Otros autores han contribuido adicionalmente a la demolición de la divisoria entre pasado y presente, al ofrecer ejemplos etnográficos específicos, más allá de las constricciones de la historicidad lineal. Christina Toren (1988) ha mostrado que para los habitantes de Fiyi la tradición puede acomodar la contingencia histórica. Al conceptualizar la tradición, no como un conjunto de "rasgos" cosificados, sino como la "acción apropiada" ejecutada en el presente, la cultura se transforma, su dinamismo se afirma y el cambio se incorpora. Toren concluye que si la tradición es la acción apropiada, la noción de transformación está contenida dentro de la de continuidad y de esta manera el presente fluye tranquilamente desde el pasado.

¿Qué tipo de ideas encontramos en los Andes con respecto al cambio y al tiempo que nos permitan entender el cambio en esta parte del mundo? Si, regresando al argumento de Storn, el "progreso" y el "desarrollo" son incompatibles con una temporalidad cíclica andina (o con lo que pueda quedar de ella), ¿de qué manera es capaz la tradición andina de acomodar el cambio y qué es el cambio en suma?

Como Thérèse Bouysse-Cassagne ha mostrado (1987), el concepto quechua/aymara de *Pacha* evoca ideas de tiempo y espacio al mismo tiempo. El tiempo no se conceptualiza como un movimiento lineal, sino como una serie de edades, estaciones o vuelcos que se relacionan entre sí de acuerdo con una lógica de encuentro (*tinku*) y alternancia (*kuti, ayni*). Esto puede implicar una inversión espacio-temporal total (*pacha kuti*) cuando un cambio de proporciones extraordinarias acontece. En términos espaciales *pacha* comprende tres "mundos" (el mundo de arriba, este mundo y el mundo de abajo), esquema que ha llevado a algunos antropólogos a postular una correlación temporal para esta triple división, consistente en la temporalidad del pasado, la del presente y la del futuro. Bouysse-Cassagne (1987) discrepa y observa que este tipo de interpretación occidental oscurece una comprensión aymara de la historia que se expresa en un movimiento pendular que entraña una inversión espacio-temporal.

Teniendo en cuenta esta conceptualización, me gustaría ahora valerme de un motivo antiguo y recurrente en la cultura andina para visualizar lo que a mi parecer es la forma del cambio y del tiempo en los Andes. No soy de ningún modo el primero en proponer la espiral (o incluso el meandro o el zigzag) como una conveniente representación del tiempo cíclico en la región (Allen 1982, Randall 1982, Rivera 2012), más aún que el tan mentado círculo. En comparación con la espiral, el círculo es una forma cerrada y estática que implica una interminable repetición y el retorno al mismo punto. Desde esta perspectiva, representa una forma vaciada de historia y de tiempo. Por el contrario, la espiral es una forma abierta, que comunica un dinamismo interno e incesante. Al igual que un ciclón, se mueve en direcciones no anticipadas y la energía de su núcleo transmitida a sus bordes es, como dice Rivera, "una retroalimentación permanente desde el pasado al futuro" (2012: 96). Girando sobre sí misma en círculos, la espiral acomoda la idea de alternancia y retorno, sin caer en la mera repetición o en la aceptación pasiva de un destino dado. Antes bien, es capaz de capturar la continuidad dinámica y la interdependencia orgánica entre el pasado y el presente. Por si fuera poco, su fuerza centrípeta atrae y absorbe elementos externos y al asimilarlos en su propio cuerpo se propulsa aún más hacia adelante. Aquí, el "cambio" no puede ser una ruptura sino la continuación de un proceso fortalecido desde su origen. En palabras de Rivera, "el presente [...] contiene dentro de sí las semillas de un futuro que emerge de las profundidades del pasado" (2012: 96).

¿Cómo funciona la espiral en la práctica etnográfica? Jurgen Golte (1980) ha revelado la naturaleza policíclica de una racionalidad andina que maneja simultáneamente varios ciclos agrarios y los combina con otras actividades estacionales. Esta es una forma de espiral vivida y habitada. Hoy nadie habla de *pachakutis* en Chinchero, que yo sepa; pero la idea del *kuti* aflora recurrentemente en el lenguaje cotidiano, así como en los diseños textiles. Además, como he mostrado antes en este estudio, el concepto del *muyuy* sigue siendo todavía un principio organizador clave y omnipresente de la sociabilidad que va desde la alternancia anual en la asunción de cargos y de autoridades tradicionales, a la distribución y usos estacionales de tierra comunal, o a la rotación de la tejedoras en los centros para cuidar de las diferentes tareas, todo ello dentro de un contexto calendárico. El movimiento del *muyuy* es esencialmente rotacional y permite la renovación de la vida social, al asegurar la permanente circulación de las personas y de las cosas de acuerdo con viejos patrones constantemente actualizados a través de la acción consuetudinaria. De igual modo, otros principios sociales que rigen, como *ayni*, cuya dimensión temporal ha sido a menudo pasada por alto o minusvalorada para enfatizar el ideal de la reciprocidad, está cargado con la temporalidad del péndulo. Igual que *kuti*, resuena con la idea de un retorno dentro de una oscilación hacia atrás y hacia adelante. Se puede decir, en suma, que la rotación es tradición en movimiento, tanto como es historia actualizada.

En una charla reciente en la Universidad de St. Andrews, Berenice Gaillemin (2015) explicó cómo en el pueblo boliviano de San Lucas de Chuquisaca la instrucción católica contemporánea se imparte en maquetas redondas de arcilla, sobre las que se distribuyen los principales personajes y elementos de la historia, incluyendo sus referencias espaciales. La lectura (y ocasionalmente el canto) de la historia sigue una pauta en espiral, empezando desde el centro y extendiéndose en círculos hacia el borde, y funde tiempo y espacio a medida que las diferentes estaciones cronológicas se despliegan sobre los anillos concéntricos. Estos catecismos de arcilla se destruyen cada año después de haber resucitado el pasado por medio de la acción performativa. Al buscar una respuesta para su condición efímera, Gaillemin especula con la posibilidad de que puedan funcionar dentro de un contexto calendárico vinculado al nombramiento anual y a la renovación de puestos políticos. De ser esto cierto, reforzaría notablemente la conexión entre la espiral y el *muyuy*, conexión ya intimada en la evidencia de los famosos geoglifos de Nasca. Algunos de ellos en forma de espiral, eran caminados y danzados en tiempos prehispánicos en representaciones que conducían finalmente a la renovación de los grupos étnicos que los creaban y los empleaban (Silverman y Proulx 2008). Reforzaría también la propuesta de la espiral como un comunicador apto del dinamismo contingente de la historia, capaz de incorporar nuevos elementos a medida que su movimiento sigue una trayectoria no-lineal y abierta.

De esta discusión podemos derivar una cierta premisa para sostener que el cambio, más que un objeto de estudio, es sobre todo una condición existencial e histórica, un modo de estar en el mundo enraizado en un devenir permanente. En cuanto que moción, su "otro" no es tanto la continuidad, la tradición o la permanencia, sino el estancamiento, la parálisis y la osificación. ¿Cómo podemos estudiar el movimiento? Un movimiento que, además, como Shay (1957) ha remarcado, no es necesariamente coherente o sigue una dirección continua, ni es algo que pueda evaluarse en términos de "bueno".

Tomando la perspectiva del tiempo cíclico, excluyente del "progreso" y de una trayectoria lineal adelante y atrás, la clase de preguntas que quisiéramos hacer no sería del tipo, "¿dónde termina la tradición y empieza el cambio?" (Eriksen y Nielsen 2001: 95). Más bien querríamos investigar en qué *pacha*, ciclo o anillo de la espiral nos encontramos ahora y adónde se dirige esta espiral. Consecuentemente, tendríamos que ponerlo en relación, no con lo que vino antes en el tiempo sino, según la lógica de inversión y alternancia, con lo que se sitúa debajo espacialmente pero existe simultáneamente en el mismo tiempo. Entre los aymaras, este movimiento está contenido en la expectativa de que los muertos, quienes están enterrados bajo los vivos como semillas, se levantarán en el futuro, como el sol, para el Juicio Final e inaugurarán un nuevo *pacha* o era, vigorizado con los poderes fertilizantes de los ancestros (Bouysse-Cassagne 1987: 56, Randall 1982). El cronista nativo Guamán Poma de Ayala (1980 [1615]) informa de un esquema similar entre los andinos al momento del contacto con los españoles. El riesgo es cómo manejar estas ideas sin caer en milenarismos o sin ignorar el peso de la historia. La posibilidad de una regresión o de una progresión, dice Rivera (2012), o de la repetición o la superación del pasado, ocupa toda coyuntura presente. Si el presente contiene las semillas del futuro que emergen a su vez de las profundidades del pasado, un compromiso con el presente y con sus luchas se hace necesario para asegurar una renovación del mundo (*pachakuti*) y la derrota de aquellos que quieren conservar el pasado con sus privilegios (2012: 96).

Los cambios pasados se pueden ver como anillos concéntricos que parten de un núcleo cultural, solo para regresar con un renovado impulso después de haber sido digeridos e integrados de nuevo en la tradición. La sucesiva incorporación de cambios a lo largo de la historia ha producido una creciente resistencia y una capacidad para la transformación, claves para una estrategia andina de supervivencia, basada en la incorporación del pasado en el presente. Un ejemplo de ello sería la presencia reconocida de los ancestros-gentiles metamorfoseados en rasgos actuales del paisaje, o en animales, huesos, objetos, *huacas*, mitos, etc. Se podría decir que las haciendas, la pista, la escuela, la reforma agraria y otras intervenciones en Chinchero han tenido un efecto al mismo tiempo desintegrador y reconstituyente. Ello no significa que todas las intervenciones sean similares en forma y contenido, ni que sus efectos sean iguales.

Habría que diferenciar entre tipos de intervenciones y de cambio. En una conversación, Carlos Quispe distinguía entre un cambio natural, que no es impuesto y que responde básicamente a dinámicas internas, y un cambio forzado, inducido principalmente por agentes externos, con lógicas ajenas a las de la población. Yo estaría de acuerdo con Carlos, siempre que tracemos una frontera permeable entre lo que es "interno" y "externo" a las comunidades. Una vez que esto se haya hecho podríamos caracterizar el cambio "natural" como pausado, en sintonía con la tradición y suficientemente lento como para que las modificaciones introducidas se asienten, se "digieran" y se apropien y conduzcan así a la regeneración del cuerpo social. Este tipo de cambio responde a las dinámicas de la espiral y es potencialmente etnogenésico. Por el contrario, el cambio forzado ejerce una violencia temporal al ralentizar artificialmente el tiempo (la conservación cultural) o al acelerarlo exponencialmente (el aeropuerto). Ambos son atributos significativos del desarrollo turístico y por lo tanto potencialmente etnocidas.

Desarrollando esta idea de los diferentes tipos de cambio, en las conclusiones de este libro retomaré los principales hilos estudiados para calibrar la dimensión y la naturaleza de los cambios actuales y ponerlos en perspectiva. Por último, intentaré dar una respuesta más elaborada a una de las preguntas planteadas en la introducción: ¿puede el turismo revitalizar las culturas?

8

Reflexiones finales por parte del turista / antropólogo

A lo largo de este trabajo he sostenido que el turismo étnico en Chinchero crea su "otro" al colonizar el tiempo de sus sujetos mediante diversos dispositivos que generan distancia. Entre estos ocupan un papel preponderante la ideología y la política de la conservación cultural, la patrimonialización de prácticas socioculturales y la puesta en marcha de programas de desarrollo en nombre del turista. Tales ideas son resultado de mis propios encuentros dentro de mi trabajo de campo y han sido inspiradas también por el argumento de Fabian con respecto a la dependencia de la antropología de la alocronía y de la negación de la contemporaneidad para crear su "otro". He defendido que todos estos mecanismos solo han contribuido a perpetuar una dicotomía falaz entre lo tradicional y lo moderno, sobre la que descansa buena parte de la maquinaria de la industria turística. El dominio sobre el tiempo se convierte, por tanto, en un instrumento de control político y económico en las manos del Estado y de las prácticas representacionales de los agentes turísticos, modos de manejar el tiempo y la representación que invitan a la vieja continuidad del legado colonial con rostros nuevos.

La pregunta principal que guía estas conclusiones es si el turismo puede realmente revitalizar las culturas. Otra interrogante relacionada, puesta en perspectiva histórica, sería de qué manera difiere el turismo de otros cambios o contactos significativos en la historia de Chinchero, historia (o historias) que se nos aparece como una incesante reorganización de sociedades que han tenido que acomodarse a las nuevas condiciones generadas por las sucesivas irrupciones en el paisaje andino.

Alcida Ramos ha escrito que el contacto con los blancos ha contribuido a la renovación de la tradición indígena y que una tradición estática es una tradición muerta (1988: 227). Entre la destrucción y los trastornos introducidos por los periodos colonial y republicano (también, aunque significativamente en menor grado, por los incas), los andinos se las arreglaron para reintegrar y digerir las nuevas estructuras y jerarquías de poder en sus propias construcciones y formaciones, proporcionando un sentido de continuidad entre la destrucción que les rodeaba (Glave 1988, Golte 1980: 62, Mumford 2012, Zuloaga 2012).

Más recientemente, la reforma agraria, la pista y una nueva ola de modernización representada por el sistema escolar y otras instituciones y agentes estatales han dejado su huella en Chinchero. Lo mismo se puede decir de los crecientes patrones de migración y trabajo temporal en Cusco y en otras ciudades, así como el uso generalizado de las nuevas tecnologías. De manera análoga a otras tribulaciones históricas anteriores, todos estos cambios, rápidamente abrazados por los chincherinos, han sido a un tiempo desintegradores y reconstituyentes, pues por una parte han confrontado a las familias con desafíos a sus modos de vida y ritmos consuetudinarios, mientras que por otra les han abierto nuevos escenarios de movilidad social y mejora económica. En cierto sentido, los cambios han confirmado la característica interacción identificable en la historia andina entre fuerzas centrífugas y centrípetas, operando simultáneamente sobre las poblaciones nativas, en una espiral tendente a integrar todo tipo de elementos extraños y dispares en un núcleo cultural renovado, idea y movimiento consistentes con otro patrón andino de largo aliento como el permanente ir y venir entre el pueblo y la ciudad (Mumford 2012, Rojas 2009).

El turismo es parte de la última ola de modernización que diversos desarrollos y agentes han incentivado desde comienzos de la década de 1980. El turismo llegó con tales cambios y sirvió también para intensificarlos. Hoy, considerando sus contornos y peculiaridades, el turismo aparece como el último de los momentos en una larga historia de contacto, una intervención más a gran escala que los chincherinos están negociando, apropiándose y absorbiendo. Sin embargo, a pesar de su carácter aparentemente local y regional, se trata de una operación lanzada a escala global. Esta operación ha situado a Chinchero dentro de redes transnacionales y lo ha emplazado en una posición vulnerable respecto de actores con el poder de influir notablemente el destino y el curso de distintos acontecimientos desde centros de decisión a muchos miles de kilómetros, situación que mina sustancialmente la capacidad de la comunidad para controlar sus dinámicas. Y aun así, a primera vista y considerando la respuesta entusiasta de los pobladores y la capacidad del turismo para enganchar a los residentes a su engranaje económico, la intervención ha sido altamente exitosa e incluso vigorizante. La proliferación de los centros textiles, la aparente recuperación de las ropas típicas, la continuación de las tradiciones como los envarados y la conservación del patrimonio arqueológico e histórico que supuestamente permite la identificación de los pobladores actuales con sus antepasados prehispánicos e intensifican su sentido de identidad y orgullo étnico, más el dinero procedente de la actividad turística, serían evidencias añadidas a favor del proceso de revitalización cultural que se lleva a cabo en el pueblo. No obstante, un análisis más detallado cuestionaría, o cuando menos matizaría, necesariamente tales afirmaciones.

La revitalización cultural es un término contemporáneo popular en los imaginarios y discursos turísticos y académicos. En contra de narrativas dominantes que intentan trazar una identificación automática entre el turismo y la revitalización de las culturas, he tomado una postura crítica. Aquí quiero avanzar algo más el argumento. Las culturas no se pueden "revitalizar" a voluntad, menos aún, como suele suceder, por parte de forasteros con una visión reificante de las culturas como reliquias intemporales de un pasado perdido que merece la pena salvar como parte de un patrimonio universal arbitrariamente definido y que justifica el libre acceso a ellas. Frecuentemente, lo que se toma por "cultura" son solo sus elementos más étnicos, estéticos y romantizados, especialmente aquellos relacionados con las artes y los oficios, con los rituales y con lo que cae dentro de la categoría de la "tradición" y puede ser comercializable como tal. Pero las culturas no son reducibles a las tradiciones, ni siquiera a las "tradiciones vivas". Esta es normalmente la esfera donde opera el turismo étnico y cultural. En esta comprensión superficial y reduccionista, el aspecto simbólico de la cultura es a menudo disociado de su base económica y reproductiva y del paisaje que lo sustenta todo. Para una sociedad de base económica agropecuaria no es posible una revitalización real sin una revigorización de su paisaje que equivalga a crear las condiciones para que las prácticas socioeconómicas acostumbradas continúen y sean económicamente viables. Dichas prácticas invitan a la reproducción de relaciones generativas entre los pobladores, la tierra y las entidades diferentes-a-los-humanos que afectan a sus vidas diarias de diferentes maneras y que, como los mitos, posibilitan a los humanos aprovechar los poderes fertilizantes del pasado. Tales relaciones se insertan en acciones cotidianas como nombrar, caminar, contar historias y trabajar las chacras, acciones cuya repetición y escenificación en *performances* sociales aseguran que el vínculo nutriente con los ancestros y con los seres de la tierra se mantenga vivo y se recuerde. Estas formas de habitar el mundo son la fuente y sustancia de una historia y una identidad condensada en la materialidad temporal del paisaje.

La importancia de mantener las bases agropecuarias no reside en la idea de que se trata de una "tradición" más que hay que salvaguardar, del gusto de gentes que vienen de países donde una acelerada industrialización y urbanización han relegado al agro a una posición subordinada, donde el atraso es al mismo tiempo sinónimo de pintoresco en una jerarquía global del valor. Tampoco es que sea importante por ser necesariamente parte integral de una identidad indígena "auténtica" opuesta a la ciudad. Más bien, las actividades agropecuarias importan, primero, porque proveen seguridad material y económica en tiempos de crisis; y, segundo, porque si, como dice Polanyi (2001), las economías son parte constitutiva de lo social, proporcionan las bases para un conjunto de prácticas sociales basadas en redes extensas de reciprocidad y cooperación, que amalgaman a la población y reproducen la cultura en un sentido amplio, dentro de una territorialidad salvaguardada.

De este modo, revitalizar una cultura comenzaría necesariamente por garantizar las condiciones requeridas para la continuidad de este régimen económico, fomentando al mismo tiempo otros caminos complementarios para la actividad económica y la diversificación. Como ya se ha dicho, en las últimas décadas el Gobierno peruano ha promovido numerosos programas de desarrollo rural en la sierra sur que han dinamizado en mayor o menor grado las economías locales. El sector turístico no ha sido ajeno a estos programas (Asensio 2016). El problema, desde mi punto de vista, es que los programas de revitalización inducidos por el turismo tienden a aislar y a actuar sobre dominios estáticos y fragmentarios, como las artesanías, o la tradición oral, sin demasiada consideración por la naturaleza orgánica de las culturas como conjuntos articulados de campos de acción interdependientes en evolución dinámica. Una intervención en un domino determinado tendrá probablemente repercusiones sobre los demás dominios. Como he dicho, los mundos culturales habitados, especialmente aquellos en posiciones no-hegemónicas, son vulnerables a las condiciones internacionales globales que pueden influir fuertemente la orientación de pequeños lugares periféricos como Chinchero, mucho más allá de las predicciones y de las intenciones de los renovadores culturales.

Tampoco puede el turismo revitalizar "culturas moribundas" mediante su "preservación", impidiéndoles de este modo orientarse en otras direcciones. Si el turismo étnico y de patrimonio promueve la "supervivencia" de las tradiciones, corre el riesgo de hacerlo a costa de sacarlas de su contexto social y convertirlas en objetos intemporales para consumo de la mirada turística. Transformados en "otros" por un proceso de patrimonialización que simultáneamente las deshistoriza al tratarlas como estáticas, estas tradiciones están huecas en gran medida. Sus practicantes, celebrados artesanos y pueblos indígenas, reciben reconocimiento nacional e internacional a costa de permanecer inmutables porque, en un mundo que se mueve cada vez más hacia la uniformidad cultural en la medida en que el capitalismo se extiende (el capitalismo es un sistema cultural, no solo económico; véase Appadurai 2013: 11-48, Valdivia 2005: 289), la diferencia consumible tiene un valor muy alto, siempre que no cuestione la hegemonía del *statu quo* político y económico. En tal sentido, concuerdo con Drinot (2006: 18) en su apreciación de que la actual celebración de la diversidad cultural (y biológica) del Perú hace poco por resolver —incluso puede reforzar— la exclusión y marginación de grandes sectores de la población peruana.

En cuanto al nuevo ímpetu dado a la tradición textil de Chinchero, este estudio ha evidenciado que el paradigma actual en el pueblo bajo las condiciones favorecidas por la industria turística no es el de la tejedora, sino más bien el de la comerciante, en la medida en que el locus de la producción se ha desplazado en buena parte desde la casa/centro textil hacia otros sitios y otras manos, movimiento desencadenado por una demanda del mercado que excede por mucho la realidad de la vida en Chinchero. Los centros textiles iniciados con la ayuda y el consejo de la industria turística y algunas ONG, se concibieron desde el principio como espacios de emprendimiento para la comercialización, el servicio y la venta, más que para el tejer. Como tales, impusieron nuevas pautas temporales a las mujeres y a sus familias y nuevos esquemas que chocaban con los anteriores y que demandaban una reorganización a fondo del hogar, así como de dinámicas de género, reorganización que ha disuadido aún más a las mujeres de tejer.

Además, las mujeres se han visto abocadas a pasar de la producción a la representación y la escenificación, y de la innovación a la repetición, ya que la estructura de los centros textiles y sus dinámicas internas no responden a los deseos de las tejedoras de promoción y crecimiento profesional, sino a las expectativas preconcebidas de los turistas y a su búsqueda de lo "tradicional" y de lo "auténtico".

Con relación a la conservación del patrimonio arqueológico e histórico de Chinchero he mostrado que ciertas políticas motivadas por presupuestos universalistas y por definiciones arbitrarias de lo que es el patrimonio y de cómo debería manejarse y por quién, pueden conducir únicamente al conflicto entre diferentes interpretaciones del pasado (o de los pasados) y entre diferentes formas de relacionarse con los restos materiales antiguos desde el punto de vista contingente del presente. Es muy probable que las problemáticas temporalidades de la conservación patrimonial generen fricciones, en la medida en que las comunidades locales pueden justificablemente priorizar preocupaciones presentes antes que rendir homenaje a un pasado con respecto al cual pueden no sentir ninguna obligación, independientemente de lo que los discursos dominantes (por parte del Estado y de los académicos profesionales que no comparten sus problemas y sacrificios diarios) puedan decirles. El desafortunado desencuentro entre ambas posiciones puede tener el indeseado efecto contrario de alienar aún más a los pobladores respecto de su pasado, en la medida que "sitios patrimoniales" en disputa se circunscriben y apropian por el Estado-nación a través de procesos de re-territorialización que entrañan el desplazamiento de los residentes así como la prohibición de prácticas locales y de relaciones enraizadas en el paisaje. El aislamiento de los sitios y de los objetos arqueológicos con respecto a la circulación actual inhibe la posibilidad de que evolucionen con el resto de las dinámicas y espacios sociales, para adquirir una nueva vida y quedar a salvo de la profunda disyunción entre el pasado y el presente inherente a las intervenciones patrimoniales. Al mismo tiempo, la interpretación y gestión de los sitios se dejan exclusivamente en manos de una élite a la que se considera en posesión de un conocimiento "científico" exclusivo, a menudo fuera de sintonía con sensibilidades locales ancladas tanto en experiencias históricas como en necesidades presentes.

A la luz de los párrafos anteriores parecería altamente improbable que el turismo, tal y como se practica hoy, pueda inducir un impulso realmente revitalizador. Si en el corto plazo el turismo puede fortalecer alguna forma de vida cultural y generar ingresos, sus efectos a largo plazo están por verse. A largo plazo, la dimensión política del patrimonio y de la conservación cultural como artefactos colonizadores puede terminar matando silenciosamente dinámicas regenerativas, al erosionar aún más las bases económicas tradicionales, al reducir la cultura a folclore y representación, al ralentizar el cambio o impedir que el cambio necesario ocurra, al despolitizar el patrimonio y el desarrollo turístico, y al confinar a los pueblos originarios a roles estereotipados como los custodios del medio ambiente o de prácticas y técnicas preindustriales lamentablemente perdidas en los países "desarrollados", marginándoles de otras oportunidades que requerirían la renuncia a su indigeneidad.

¿Está fomentando el turismo la emergencia de nuevas identidades o revigorizando otras anteriores en esta parte de los Andes? Las identidades se producen en relación —a menudo en oposición— con otras. Se constituyen históricamente a lo largo del tiempo y en procesos dialécticos. Son resultado de pronunciados puntos de contacto históricos y de procesos en tensión. En Chinchero, la reconfiguración de los *ayllus* en la situación posterior a la invasión española, los periodos colonial y republicano marcados por las haciendas, los terratenientes y los gamonales, junto con la reforma agraria, están entre los eventos más memorables, pues acercan las luchas pasadas centradas en la capacidad de los *ayllus* para regenerarse en tiempos de desintegración y en la propiedad de la tierra contra agresivos forasteros y grupos sociales, luchas enraizadas en un paisaje creado, habitado y transitado por los ancestros cuyas huellas no han desaparecido.

Lo que queda de esta larga historia de contacto es lo que autores como De la Cadena (2010: 348) y Wernke (2013: 295) llaman identidades "fractales"; es decir, flexibles, compatibles y sin subjetividades definidas por límites claros. En términos generales, los chincherinos no sufren de conflictos de identidad, ni consideran la identidad como una de sus mayores prioridades en sus agendas, a menos que la puedan manipular con fines políticos y económicos cuando temas importantes están en juego. Por el contrario, el discurso del turismo cultural asume y promueve muchas veces la existencia de identidades indígenas claramente diferenciadas o "puras" que una vez estaban casi perdidas y que se pueden resucitar vía la revitalización de las tradiciones. Y lo hace así porque este tipo de turismo depende de la diferencia y de la producción de identidades maximizadas para su propia supervivencia. Se podría decir lo mismo del Estado peruano, interesado en comercializar la marca de estas identidades indígenas diferenciadas en el extranjero para propósitos de construcción nacional dentro del vasto proyecto turístico en que Perú se ha convertido hoy en día (Silverman 2002).

Frank Salomon (2002: 493-494) ha sostenido que lo que prevalece entre los pobladores de Huarochirí, en la sierra central peruana, es una identidad no-étnica y que estas identidades "peruanas" y de "ciudadanos" derivan de procesos endógenos enraizados en sucesos históricos normales y corrientes, más que de liberadores externos como Bolívar y otros "Padres de la Patria". Esto es aplicable a Chinchero, si recordamos el peso de una historia popular memorizada y anclada a la tierra, a las haciendas, a la Iglesia, a los documentos y a las luchas relacionadas con todo ello. Hasta cierto punto, el turismo étnico es uno de estos nuevos "liberadores" que proporciona a los pueblos originarios una oportunidad para recuperar sus identidades perdidas, desvitalizadas o conflictivas, así como una "historia" de la que pueden estar orgullosos. Que muchos crean en esta oportunidad no es sorprendente, en tanto que el turismo tiene lugar en una situación de contacto diferente. La dialéctica que caracterizó aquellos eventos memorables del pasado y que contribuyó a la formación de la historia popular ha desaparecido en su mayor parte. Ha desaparecido porque ya no hay un "enemigo" enfrente, no hay una presencia opresora contra la que levantarse y afirmarse individual y colectivamente. El turismo es una ocupación amistosa que no produce ninguna tensión histórica perceptible. Tiene la virtud de disfrazar desigualdades estructurales patentes bajo el manto de ofrecer un sitio a todos en el sistema; al igual que en el orden simbólico, que exalta a los artesanos mientras simultáneamente los margina. Al mismo tiempo crea un espacio apropiado para el reconocimiento de las etnicidades y de su comercialización, siempre que estas no cuestionen el orden dominante. En el momento en que se revindica la "indigeneidad" para conseguir réditos políticos contrarios a los poderes dominantes, como en el caso del aeropuerto, deja de ser una oportunidad para convertirse en un problema.

La industria turística y el Estado peruano en sociedad estratégica son los organismos más interesados en la recuperación de las identidades étnicas. Las respuestas de los chincherinos a este llamado a poner en valor su indigeneidad para favorecer el desarrollo turístico pueden variar, en tanto que Chinchero dista mucho de ser una comunidad homogénea. Para muchos, la comercialización de su etnicidad es una vía rápida y fácil hacia la movilidad económica. Otros, sin embargo, son más sensibles a reivindicar una ciudadanía peruana de pleno derecho y son conscientes del doble filo del turismo como estrategia sutil de domesticación, capaz de desactivar la conciencia política y la rebeldía populares. ¿Es la revitalización, me pregunto, realmente posible sin alguna clase de rebeldía? El ejemplo del aeropuerto es ilustrativo. Si una oposición fuerte al proyecto, o al menos al proyecto en los términos propuestos, hubiera tenido éxito, habría reforzado un sentido de identidad a través de un evento de base, tal y como ha señalado Salomon

(2002) y en un contexto dialéctico de otra lucha más por la tierra. Recordemos aquí el argumento de Diez (2003) presentado en el capítulo anterior, en el sentido de que la identidad y solidaridad comunales se han forjado históricamente en la lucha y los conflictos por la tierra. Pero no hay huella de rebeldía alguna, hoy por hoy, en esta parte de los Andes. Los cambios recientes y la dirección que parece estar tomando la "comunidad campesina", orientados hacia una redefinición de sus roles y funciones consuetudinarios y hacia un creciente individualismo incentivado por fenómenos como la transición a formas privadas de tenencia de tierra, no parecen empujar en este sentido.

Entonces, para considerar al turismo en Chinchero como una incuestionable fuerza regenerativa cultural y económica se tendrían que dar ciertas condiciones básicas: i) que la población local tuviera el control, ii) de un sector económico dentro de una economía diversificada, iii) relativamente independiente de flujos macroeconómicos mayores dictados por una globalización capitalista, iv) con una perspectiva clara de sus efectos a largo plazo. Desgraciadamente, ninguno de estos prerrequisitos se cumple. Los sistemas del turismo internacional crean las condiciones para economías de plantación en muchos destinos no-occidentales y Chinchero no es ninguna excepción. El control está en manos de agentes en su mayor parte externos a la comunidad y el margen de maniobra permitido a los pobladores no es suficiente para revertir una situación de dependencia en la que el turismo (y básicamente más turismo) se presenta como el camino más directo al "progreso".

Turismo y desarrollo van normalmente de la mano en las narrativas oficiales. El potencial etnocida de esta asociación está bien representado por el aeropuerto. Se podría argumentar que los procesos de regeneración cultural siempre conllevan cierto grado de destrucción seguido de una reconstrucción. ¿Qué sucede si el grado de destrucción es simplemente demasiado grande, cuando la escala de la intervención es de una magnitud colosal y los cambios subsiguientes previsiblemente ofrecerán poca esperanza o espacio para la reconstrucción porque no quedará mucho para reconstruir? ¿Estoy siendo alarmista? ¿Estoy subestimando la capacidad histórica de los chincherinos para reconstituirse en tiempos de crisis? Tal vez, ¿pero no es así como pinta el aeropuerto? Un cambio que no se puede acomodar, un círculo que excede las dimensiones, inercias y capacidades de la espiral, algo sencillamente fuera de escala y proporción, que no puede ser absorbido o digerido; un tiempo de *pachakuti* o caos cósmico en la concepción cíclica andina; "demasiado cambio", en palabras de Augusta. Los primeros pasos ya se han dado y han sido claramente desintegradores en Yanacona. Una vez más, como en situaciones anteriores, la tierra está en el ojo del huracán. Esta vez los comuneros han ganado dinero (en algunos casos mucho dinero) con la venta de su propiedad y parecería que el trato ha sido ventajoso para ellos. Pero podríamos mirarlo solamente como un episodio más dentro de la larga historia de la privatización de la tierra a la que los andinos han estado sujetos. Si en el pasado fueron despojados de sus tierras o forzados a venderlas mediante una variedad de maniobras legales (Mumford 2012, Thurner 1997), la turbia manera como se ha manejado el proceso parece, antes que otra cosa, un paso más en un proceso histórico gradual de usurpaciones, del cual la reciente expropiación de chacras en el espacio de las ruinas para su transformación en "sitio arqueológico" no es más que otro ejemplo. Los chincherinos han vendido su tierra y han hecho dinero fácil de esta manera, pero en un futuro cercano muchos podrían verse sin dinero y, peor aún, sin tierra. Esta es ciertamente una opinión común en el pueblo y yo la comparto. Ya en 1981 Jesús Contreras, al evaluar los impactos de la reforma agraria en Chinchero, escribió que el futuro aeropuerto, que para entonces ya estaba agitando la imaginación y las esperanzas económicas de muchos pobladores, podría suponer una nueva mistificación de la tierra. Esta mistificación tenía su origen en el hecho de que la largamente anhelada reforma agraria no había resuelto los problemas estructurales del sector agrícola (1981: 37-38). Una frustración parecida e incipiente empezaba a ser perceptible entre los chincherinos, quienes, para el momento en que mi trabajo de campo tocaba a su fin, veían más claramente que el proceso en su totalidad no estaba siendo manejado como ellos querían y que no tenían control sobre él. Un nuevo y amargo chiste empezaba a circular en el pueblo como una continuación de un dicho muy popular en Perú:

> *¿Cuándo se jodió el Perú? Cuando llegaron los españoles.*
> *¿Cuándo se jodió Chinchero? ¡Cuando vendimos la tierra!*

Documentos y referencias citadas

Corregimiento 1771.
Archivo Departamental del Cusco.

Derecho indígena.
Legajo 24, cuaderno 420, año 1786. Archivo General de la Nación, Lima.

Documentos de Tesorería Fiscal del Archivo Regional.
Extracto de industria y predios de la provincia de Calca y Lares. 1845.

Documentos de Tesorería Fiscal del Archivo Regional.
Extracto de contribuyentes de predios e industrias de la provincia de Calca y Lares (...). 1851.

Pueblos, Comunidades.
C. XXVIII, 1, 8. FF. 9 (1893). Archivo Arzobispal del Cusco.

Títulos de propiedad.
Legajo 2, cuaderno 55, 1598. Archivo General de la Nación, Lima.

Tributos.

Legajo 1, cuaderno 8, año 1720-1780. Archivo General de la Nación, Lima.

Legajo 3, cuaderno 58, año 1785.

Legajo 4, cuaderno 80, año 1791. "Matrícula del partido de Calca y Lares".

Legajo 4, cuaderno 102, año 1796. Archivo General de la Nación, Lima.

Legajo 5, cuaderno 114, año 1801. Archivo General de la Nación, Lima.

Legajo 5, cuaderno 144, año 1811. Archivo General de la Nación, Lima.

ABERCROMBIE, Tom
2006 *Los caminos de la memoria y del poder: etnografía e historia en una comunidad andina.* La Paz: IEB, Instituto Francés de Estudios Andinos, Asdi.

ALCINA FRANCH, José
1970 "Excavaciones en Chinchero: temporadas 1968 y 1969". En *Revista Española de Antropología Americana* 5.

1971 "El sistema urbanístico de Chinchero". En *Revista del Museo Nacional* 37: 124-134. Lima.

ALCINA FRANCH, José, et ál.
1976 *Arqueología de Chinchero. Vol. 1: La arquitectura.* Madrid: Ministerio de Asuntos Exteriores.

ALLEN, Catherine
1982 "Body and soul in Quechua thought". En *Journal of Latin American Lore* 8 (2): 179-196.

1988 *The hold life has: Coca and cultural identity in an Andean community.* Washington y Londres: The Smithsonian Institution Press.

1990 "When pebbles move mountains: Iconicity and symbolism in Quechua ritual". En Rosaleen Howard-Malverde (ed.). *Creating context in Andean cultures* (pp. 73-84). Oxford: Oxford University Press.

AMES, Patricia
2001 "¿La escuela es progreso? Antropología y educación en el Perú". En Carlos Iván Degregori (ed.). *No hay país más diverso: compendio de antropología peruana* (pp. 356-391). Lima: Instituto de Estudios Peruanos.

AMES, Patricia, Mercedes NIÑO-MURCIA y Virginia ZAVALA (eds.)
2011 *Escritura y Sociedad.* Lima: Pontificia Universidad Católica del Perú.

ANDOLINA, Robert, Nina LAURIE y Sarah A. RADCLIFFE
2009 *Indigenous development in the Andes: culture, power, and transnationalism.* Durham: Duke University Press.

APPADURAI, Arjun (ed.)
2013 *The social life of things: Commodities in cultural perspective*. Cambridge: University of Cambridge Press.

ARANÍBAR, Carlos
1979 "El principio de la dominación (1531-1580)". En Araníbar et ál. (eds.). *Nueva Historia General del Perú* (pp. 41-62). Lima: Mosca Azul Editores.

ARANÍBAR, Carlos, et ál.
1979 *Nueva Historia General del Perú*. Lima: Mosca Azul Editores.

ARNOLD, Denise Y., Domingo JIMÉNEZ ARUQUIPA y Juan de Dios YAPITA
1992 *Hacia un orden andino de las cosas. Tres pistas de los Andes Meridionales*. La Paz: Instituto de Lengua y Cultura Aymara.

ARNOLD, Denise Y. y Juan de Dios YAPITA
2006 *The metamorphosis of heads: Textual struggles, education, and land in the Andes*. Pensilvania: University of Pittsburgh Press.

ARNOLD, Denise Y., Juan de Dios YAPITA y Cipriana APAZA
1996 "Mama trama y sus crías: analogías de la producción de la papa en los textiles de Chukiñapi, Bolivia". En *Madre melliza y sus crías. Ispall mama wawampi. Antología de la papa*. La Paz: Instituto de Lengua y Cultura Aymara.

ASENSIO, Raúl H.
2016 *Los nuevos incas: la economía política del desarrollo rural andino en Quispicanchi (2000-2010)*. Lima: Instituto de Estudios Peruanos.

AUGÉ, Marc
2008 [1995] *Non-places: An introduction to supermodernity*. Londres y Nueva York: Verso.

BABB, Florence
2010 *The Tourism Encounter: Fashioning Latin American Nations and Histories*. Palo Alto: Stanford University Press.

BALLESTEROS GAIBROIS, Manuel
1971 *Sencilla historia de Chinchero*. Cusco: Editorial Don Joque.

BASSO, Keith
1988 "'Speaking with names': Language and landscape among the Western Apaches. En *Cultural Anthropology* 3 (2): 99-130.

BASTIAN, Joseph
1996 *La montaña del cóndor: metáfora y ritual en un ayllu andino*. La Paz: Hisbol.

BAUD, Michiel y Annelou YPEIJ (eds.)
2009 *Cultural tourism in Latin America: The politics of space and imagery*. Leyden: Brill.

BAUDRILLARD, Jean
1988 "Simulacra and simulations". En Mark Poster (ed.). *Selected writings* (pp. 166-188). Palo Alto: Standford University Press.

BAUER, Brian y Charles STANISH
1990 "Killke and Killke-related pottery from Cusco, Peru, in the Field Museum of Natural History". En *Fieldiana, Anthropology, New Series*, 15. The Field Musem of Natural History.

BAUMAN, Zygmunt
2003 [2000] *Modernidad líquida*. Ciudad de México: Fondo de Cultura Económica.

BEBBINGTON, Antony, Humphreys Denise BEBBINGTON, Jeffrey BURY, Jeannet LINGAN, Juan Pablo MUÑOZ y Martin SCURRAH
2008 "Mining and Social Movements: Struggles Over Livelihood and Rural Territorial Development in the Andes". En *World Development* 36 (12): 2888-2905.

BENDER, Barbara
1993a *Landscape: Politics and perspectives*. Londres: Bergh.

1993b "Stonehenge-contested landscapes (medieval to present-day)". En Barbara Bender (ed.). *Landscape: Politics and perspectives* (pp. 245-280). Londres: Bergh.

BERLO, Janet y Ruth PHILLIPS
1998 *Native North American Art*. Oxford: Oxford University Press.

BERMEJO BARRERA, José Carlos
2006 "La ideología del patrimonio y el nacimiento de la historia basura". En *Gallaecia* 25: 289-304.

BERRY, John W.
2008 "Globalization and acculturation". *International Journal of Intercultural Relations* 32: 328-336.

BETANZOS, Juan de
1987 [1576] *Suma y narración de los Incas*. Madrid: Atlas.

BIRD-DAVID, Nurit
1999 "'Animism' revisited: Personhood, environment, and relational epistemology". En *Current Anthropology* 40 (S1): 67-91.

BONILLA, Heraclio y Karen SPALDING
1972 *La independencia en el Perú: las palabras y los hechos*. Lima: Instituto de Estudios Peruanos.

BOORSTIN, Daniel
1992 [1962] *The Image: A guide to pseudo-events in America*. Nueva York: Vintage Books.

BORRÁS, Saturnino, Ruth HALL, Ian SCOONES, Ben WHITE y Wendy WOLFORD
2011 "Towards a Better Understanding of Global Land Grabbing: An Editorial Introduction". En *The Journal of Peasant Studies* 38 (2): 209-216.

BOUYSSE-CASSAGNE, Thérese
1987 "Pacha: en torno al pensamiento aymara". En Thérèse Bouysse-Cassagne, Olivia Harris, Tristan Platt y Verónica Cereceda (eds.). *Tres reflexiones sobre el pensamiento andino*. La Paz: Hisbol.

BRUNER, Edward
2005 *Culture on tour: Ethnographies of travel*. Chicago y Londres: University of Chicago Press.

BURGA, Manuel
1979 "La sociedad colonial (1580-1780)". En Araníbar et ál. (eds.). *Nueva Historia General del Perú* (pp. 63-85). Lima: Mosca Azul Editores.

Burneo, María Luisa

2013 "Elementos para volver a pensar lo comunal: nuevas formas de acceso a la tierra y presión sobre el recurso en las comunidades campesinas de Colán y Catacaos". En *Anthropologica* 31 (31): 16-41.

Burns, Peter

1999 *An introduction to tourism and anthropology*. Londres y Nueva York: Routledge.

Byrne, Denis

2009 "A critique of unfeeling heritage". En Laurajane Smith y Natsuko Akagawa (eds.). *Intangible heritage* (pp. 229-252). Londres y Nueva York: Routledge.

Callañaupa, Nilda

2007 *Weaving in the Peruvian highlands: Dreaming patterns, weaving memories*. Cusco: Center for Traditional Textiles of Cusco.

2012 *Tradiciones textiles de Chinchero, herencia viva*. Cusco: Centro de Textiles Tradicionales.

Cárdenas, Rosa Inquiltupa

2007 "Indigenous Water Rights: A Case Study of the Quechua People from Chinchero, Peru". Tesis para optar el grado de Máster en Filosofía en Estudios Indígenas, en la Facultad de Ciencias Sociales de la Universidad de Tromsø. Disponible en: <https://munin.uit.no/handle/10037/1337>.

Casey, Edward

1996 "How to get from space to place in a fairly short stretch of time. Phenomenological prolegomena". En Stephen Feld y Keith Basso (eds.). *Senses of place* (pp. 13-52). Santa Fe, Nuevo Mexico: School of American Research Press.

Cereceda, Verónica

2010 "Semiología de los textiles andinos: las talegas de Isluga". En *Chungara* 42 (1): 181-198.

Chatfield, Melissa

2007 *From Inca to Spanish colonial: Transitions in ceramic technology*. Tesis doctoral, University of California, Santa Barbara.

CHAVES, Margarita y Marta ZAMBRANO
2006 "From blanqueamiento to reindigenización: Paradoxes of mestizaje and multiculturalism in contemporary Colombia". En *European Review of Latin American and Caribbean Studies* 80: 5-23.

CLIFFORD, James
1986 "Introduction". En James Clifford y George Marcus (eds.). *Writing culture: The poetics and politics of ethnography*. Londres: University of California Press.

COBO, Bernabé
1964 [1653] *Historia del Nuevo Mundo*. Madrid: Biblioteca de Autores Españoles.

COHEN, Erik
1979 "Rethinking the sociology of tourism". En *Annals of Tourism Research* 6 (1): 18-35.

1998 "Authenticity and commoditization in tourism". En *Annals of Tourism Research* 15: 371-388.

2005 "Principales tendencias en el turismo contemporáneo". En *Política y Sociedad* 42 (1): 11-24.

COHEN, Erik y Scott COHEN
2012a "Authentication: Hot and cool". En *Annals of Tourism Research* 39 (3): 1295-1314.

2012b "Current sociological theories and issues in tourism". En *Annals of Tourism Research* 39: 2177-2202.

COLLOREDO-MANSFELD, Rudy
1999 *The native leisure class: Consumption and cultural creativity in the Andes*. Chicago: University of Chicago Press.

COMAROFF, John y Jean COMAROFF
2009 *Ethnicity, Inc*. Chicago y Londres: University of Chicago Press.

CONNERTON, Paul
1989 *How societies remember*. Cambridge: Cambridge University Press.

CONTRERAS, Jesús
1976 *Adivinación, ansiedad y cambio social en Chinchero (Perú)*. Tesis doctoral, Universidad de Barcelona.

1979 "El compadrazgo y los cambios en la estructura de poder local en Chinchero (Perú)". En *Boletín Americanista* 29.

1980 "La valoración del trabajo en una comunidad campesina de la sierra peruana". En *Boletín Americanista* 30.

1981 "El gamonalismo local y la reforma agraria: el caso de Chinchero (Perú), 1940-1979". En *Boletín Americanista* 31.

CONTRERAS, Carlos y Marcos CUETO
2007 *Historia del Perú contemporáneo: desde las luchas por la independencia hasta el presente*. 4.ª edición. Lima: Instituto de Estudios Peruanos.

CORI DEL MAR, Roxana
2010 "Los caminos prehispánicos de Chinchero a Quespiwanka (Urubamba)". En Área de investigación y estudios. Programa Qhapac Ñan. Cusco.

CORNTASSEL, Jeff
2003 "Who is indigenous? 'Peoplehood'and ethnonationalist approaches to rearticulating indigenous identity". En *Nationalism and Ethnic Politics*, 9 (1): 75-100.

COTLER, Julio
1967 *La mecánica de la dominación interna y del cambio social en el Perú*. Lima: Instituto de Estudios Peruanos.

CRAIK, Jennifer
2003 "The culture of tourism". En Chris Rojek y John Urry (eds.). *Touring cultures: Transformations of travel and theory*. Londres y Nueva York: Routledge.

DE ÁVILA, Francisco
1987 *Ritos y tradiciones de Huarochirí: manuscrito quechua de comienzos del siglo XVII: versión paleográfica, interpretación fonológica y traducción al castellano*, edición paleográfica de Gerald Taylor. Instituto de Estudios Peruanos e Instituto Francés de Estudios Andinos.

De Azeredo Grünewald, Rodrigo
2002 "Tourism and cultural revival". En *Annals of tourism research* 29 (4): 1004-1021.

De la Cadena, Marisol
2004 *Indigenas mestizos: Raza y cultura en el Cusco*. Lima: Instituto de Estudios Peruanos.

2010 "Indigenous cosmopolitics in the Andes: Conceptual reflections beyond 'Politics'". En *Cultural Anthropology* 25 (2): 334-370.

De la Cadena, Marisol y Orin Starn
2009 "Indigeneity: Problematics, experiences and agendas in the new millenium". En *Tabula Rasa* (10): 191-224.

Denes, Alexandra
2012 "The revitalisation of Khmer ethnic identity in Thailand". En *Routledge handbook of heritage in Asia*, pp. 168-181.

Descola, Philippe
2012 "Beyond nature and culture: The traffic of souls". En *Hau: Journal of Ethnographic Theory* 2 (1): 473-500.

Desrosiers, Sophie
1992 "Las técnicas de tejido: ¿tienen un sentido?". En *Revista Andina* 10 (19): 7-34.

Diez, Alejandro
2003 "Interculturalidad y comunidades: propiedad colectiva y propiedad individual". En *Debate agrario* 36: 71-88.

Dillon, Mary y Tom Abercrombie
1988 "The destroying Christ: An Aymara myth of conquest". En Jonathan Hill (ed.). *Rethinking history and myth: Indigenous South American perspectives on the past* (pp. 50-77). Champaign: University of Illinois Press.

Dransart, Penny
1997 "Cultural Transpositions: Writing about rites in the llama corral". En Rosaleen Howard-Malverde (ed.). *Creating context in Andean cultures* (pp. 85-98). Nueva York: Oxford University Press.

Drinot, Paulo

2006 "Construcción de nación, racismo y desigualdad: una perspectiva histórica del desarrollo institucional en el Perú". En John Cabtree (ed.). *Construir instituciones: democracia, desarrollo y desigualdad en el Perú desde 1980* (pp. 11-31). Lima: Pontificia Universidad Católica del Perú, Universidad del Pacífico, Instituto de Estudios Peruanos.

Dundes, Alan (ed.)

1999 *International folcloristics: Classic contributions by the founders of folklore*. Maryland: Rowman y Littlefield.

Duviols, Pierre

1978 "Camaquen, upani: Un concept animiste des ancient Péruviens". En Roswith Hartmann y Udo Oberem (eds.). *Amerikanistische Studien. Festschrift fur Hermann Trimborn* (pp. 132-144). St. Augustin: Anthropos-Institut.

Edensor, Tim

1998 *Tourists at the Taj: Performance and meaning at a symbolic site*. Londres y Nueva York: Routledge.

Eriksen, Thomas Hylland y Finn Sivert Nielsen

2001 *A history of anthropology*. Londres: Pluto Press.

Espinoza Soriano, Waldemar

1979 "La sociedad andina colonial y republicana, siglos XVI y XVII". En Carlos Araníbar et ál. (eds.). *Nueva Historia General del Perú* (pp. 195-231). Lima: Mosca Azul Editores.

Esteva Fabregat, Claudio

1970 "Un mercado en Chinchero". En *Anuario Indigenista Americano*, XXX: 213-235.

1971 "Los usos de la coca en Chinchero, Cuzco (Perú)". En *Munibe, Sociedad de Ciencias Aranzadi*. San Sebastián, año XXIII (4): 429-443.

1972 "Ayni, faena y minka en Chinchero (Cuzco)". En *Revista Española de Antropología Americana* 7(2): 309-408.

FABIAN, Johannes
1983 *Time and the other: How anthropology makes it object*. Nueva York: Columbia University Press.

FAUSTO, Carlos y Michael HECKENBERGER
2007 *Time and memory in indigenous Amazonia: Anthopological perspectives*. Gainesville: University Press of Florida.

FELD, Steven
1996 "Waterfalls of song: An acoustemology of place resounding in Bosavi, Papua New Guinea". En Keith Basso y Steven Feld (eds.). *Senses of place* (pp. 91-135). Santa Fe, Nuevo Mexico: School of American Research Press.

FELD, Steven y Keith BASSO (eds.)
1996 *Senses of place*. Santa Fe, Nuevo México: School of American Research Press.

FINNSTRÖM, Sverker
1997 *Postcoloniality and the postcolony: Theories of the global and the local*. Documento de Trabajo en Antropología Cultural 7. Upsala: Upsala Universtity.

FLORES OCHOA, Jorge
1974 "Enqa, enqaychu, illa y khuya rumi: aspectos mágicos religiosos entre pastores". En *Journal de la Societé des Americanistes* 63: 245-262.

1996 "Buscando los espíritus del Ande: turismo místico en el Cusco". En Hiroyasu Tomoeda y Luis Millones (eds.). *La tradición andina en tiempos modernos* (pp. 9- 29). Osaka y Suita-shi: Kokuritsu Minzoku Hakubutsukan.

FRANKLAND, Stan
2013 Conferencia en el Departamento de Antropología Social en la Universidad de St Andrews, Escocia, 7 de noviembre.

FRANQUEMONT, Christine
1986 "Chinchero Pallays: An Ethnic Code". En Anne Rowe (ed.). *The Junius B. Bird Conference on Andean Textiles* (pp. 331-338). Washington D. C.: Textile Museum.

1988 *Chinchero plant categories: An Andean logic of observation*, tesis doctoral, University of Cornell.

Franquemont, Christine y Edward Franquemont
1987 "Learning to Weave in Chinchero". En *Textile Museum Journal* 26: 55-78.

Franquemont, Edward
1996 "Dual-Lease Weaving: An Andean loom technology". En Margot B. Schevill, Janet C. Berlo y Edward B. Dwyer (eds.). *Textile Traditions of Mesoamerica and the Andes: An Anthology* (pp. 283-308). Austin: University of Texas Press.

Franquemont, Edward y Christine Franquemont
2004 "*Tanka, chongo, kutij*: Structure of the World through Cloth". En Dorothy Washburn y Donald Crowe (eds.). *Symmetry comes of age: The role of pattern in culture* (pp. 177-213). Seattle: University of Washington Press.

Franquemont, Edward, Christine Franquemont y Billie Jean Isbell
1992 "Awaq ñawin: el ojo del tejedor". En *Revista Andina* 10 (19): 47-80

Frey, Rodney
2001 *Landscape travelled by Coyote and Crane: The world of the Schitsu'umsh (Coeur d'Alene Indians)*. Seattle: University of Washington Press.

Fuller, Norma
2009 *Turismo y cultura: entre el entusiasmo y el recelo*. Lima: Fondo Editorial de la Pontificia Universidad Católica del Perú.

Gadamer, Hans-Georg
2004 [1975] *Truth and method*. Nueva York: Continuum.

Gaillemin, Berenice
2015 Conferencia en el Departamento de antropología de la Universidad de Saint Andrews, Escocia.

Gascón, Jordi
2005 *Gringos como en sueños: diferenciación y conflicto en los Andes peruanos ante el desarrollo del turismo*. Lima: Instituto de Estudios Peruanos.

GLAVE, Luis Miguel

1988 "Sociedad, poder y organización andinas. El sur peruano hacia el siglo XVII". En Heraclio Bonilla (ed.). *Comunidades campesinas: cambio y permanencias* (pp. 61-94). Lima: Éxodo.

GOLTE, Jürgen

1980 *La racionalidad de la organización andina*. Lima: Instituto de Estudios Peruanos.

1992 "Los problemas con las comunidades". En *Debate Agrario* 14: 18-22.

GONZÁLEZ HOLGUÍN, Diego

1901 [1608] *Arte y diccionario Quechua-Español*. Lima: Imprenta del Estado.

GORDILLO, Gastón

2004 *Landscapes of devils: Tensions of place and memory in the Argentinian Chaco*. Durham y Londres: Duke University Press.

2009 "The ruins of ruins: On the preservation and destruction of historical sites in Northern Argentina". En Lena Mortensen y Julia Hollowell (eds.). *Ethnographies and archaeologies: Iterations of the past* (pp. 30-54). Gainesville: University Press of Florida.

2014 *Rubble: The afterlife of destruction*. Durham: Duke University Press.

GOSE, Peter

2004 [1994] *Aguas mortíferas y cerros hambrientos: ritos agrarios y formación de clases en un pueblo andino*. Quito: Editorial Abya Yala.

GOW, Peter

1995 "Land, people, and paper in Western Amazonia". En Eric Hirsch y M. O'Hanlon (eds.). *The anthropology of landscape: Perspectives on place and space* (pp. 43-63). Oxford: Oxford University Press.

2001 *An Amazonian myth and its history*. Oxford: Oxford University Press.

GRABURN, Nelson

1976 *Ethnic and tourist arts: Cultural expressions from the fourth world*. Berkeley: University of California Press.

GRABURN, Nelson
1989 [1977] "Tourism: The sacred journey". En Valene Smith (ed.). *Hosts and guests: The anthropology of tourism* (pp. 21-36). Filadelfia: University of Pennsylvania Press.

GREENWOOD, Davydd
1989 [1977] "Culture by the pound: An anthropological perspective of tourism as cultural commoditization". En Valene Smith (ed.). *Hosts and guests: The anthropology of tourism* (pp. 171-185). Filadelfia: University of Pennsylvania Press.

GUAMÁN POMA DE AYALA, Felipe
1980 [1615] *Nueva crónica y buen gobierno*. Caracas: Fundacion Biblioteca Ayacucho.

GUPTA, Akhil y James FERGUSON
1992 "Beyond 'culture': Space, identity, and the politics of difference". En *Cultural anthropology* 7(1): 6-23.

HALL, Collin M.
1994 *Tourism and politics*. Chichester: John Wiley & Sons.

HALL, Collin M y Stephen PAGE
2002 [1999] *The geography of tourism and recreation: Environment, place, and space*. Londres: Routledge.

HALL, Collin M. y Hazel TUCKER
2004 *Tourism and postcolonialism: Contested discourses, identities and representations*. Londres y Nueva York: Routledge.

HARRIS, Olivia
1982 "The dead and the devils among the Bolivian Laymi". En *Death and the Regeneration of Life* 45.

1996 "The temporalities of tradition". En *Grasping the Changing World: Anthropological Concepts in the Postmodern Era* 1.

HARVEY, Penny y Hannah KNOX
2012 "The enchantment of infrastructures". En *Mobilities* 7(4): 521-526.

HASSARD, Frank
2009 "Intangible heritage in the United Kingdom: The dark side of the Enlightenment?". En Laurajane Smith y Natsuko Akagawa

(eds.). *Intangible heritage* (pp. 270-288). Londres y Nueva York: Routledge.

HEALY, Kevin y Elaine ZORN
1982 "Lake Titicaca's campesino-controlled tourism". En *Journal of the Inter-American Foundation* 6 (2/1): 3-10.

HECKMAN, Andrea
1998 "Textiles traditions of Ausangate. Peru and indigenous strategies for dealing with tourism and the Cuzco market". En *Textile society of America symposium proceedings*, paper 174. Lincoln: University of Nebraska.

2003 *Woven stories: Andean textiles and rituals.* Albuquerque: University of New Mexico Press.

2006 "Colorful messages: the revival of natural dyes in traditional Cuzco textiles". En *Textile society of America symposium proceedings*, paper 346. Lincoln: University of Nebraska.

HERZFELD, Michael
1991 *A place in history: Social and monumental time in a Cretan town.* New Jersey: Princeton University Press.

2004 *The body impolitic: Artisans and artifice in the global hierarchy of value.* Chicago y Londres: The University of Chicago Press.

2006 "Spatial Cleansing: Monumental vacuity and the idea of the West". En *Journal of material culture* 11 (1/2): 127-149.

HEWISON, Robert
1987 *The heritage industry: Britain in a climate of decline.* Methuen.

HILL, Jonathan
1988 [1954] *Rethinking history and myth: Indigenous South American perspectives on the past.* Urbana: University of Illinois Press.

HILL BOONE, Elizabeth y Walter D. MIGNOLO
1994 *Writing without words: Alternative literacies in Mesoamerica and the Andes.* Durham y Londres: Duke University Press.

HIRSCH, Eric y Michael O'HANLON
1995 *The anthropology of landscape: Perspectives on place and space*. Oxford: Oxford University Press.

HOBART, Mark (ed.)
2002 *An anthropological critique of development: The growth of ignorance*. Londres: Routledge.

HOBSBAWM, Eric y Terence RANGER
2002 [1983] *La invención de la tradición*. Barcelona: Crítica.

HOOGVELT, Ankie
2001 *Globalization and the postcolonial world: The new political economy of development*. Basingstoke: Palgrave Macmillan.

HOWARD-MALVERDE, Rosaleen
1990 *The Speaking of History: 'willapaakushayki' or Quechua ways of telling the past* (vol. 21). Londres: Institute of Latin American Studies.

HOWES, David
2006 "Scent, sound and synaesthesia". En *Handbook of material Culture* (pp. 161-172). Londres: SAGE Publications.

HOWES, David y Constance CLASSEN
2014 *Ways of sensing: understanding the senses in society*. Nueva York: Routledge.

INGOLD, Tim
1993 "The temporality of the landscape". En *World archaeology, conceptions of time and ancient society* 25 (2): 152-174.

2000 *The perception of the environment: Essays in livelihood, dwelling and skill*. Londres y Nueva York: Routledge.

ISBELL, Billie Jean
1985 *To defend ourselves: Ecology and ritual in an Andean village*. Illinois: Waveland Press.

JAACKSON, Reiner
2004 "Globalization and neo-colonialist tourism". En Colin M. Hall y Hazel Tucker (eds.). *Tourism and postcolonialism: Contested*

discourses, identities and representations (pp. 169-183). Londres y Nueva York: Routledge.

KEITH, Robert
1971 "Encomienda, hacienda and corregimiento in Spanish America: A structural analysis". En *The Hispanic American Historical Review* 51 (3): 431-446.

KIRSHENBLATT-GIMBLETT, Barbara
1998 *Destination culture: Tourism, museums, and heritage.* Berkeley: University of California Press.

2004 "Intangible heritage as meta-cultural production". En *Museum international* 56 (1-2): 221-221.

2006 "World heritage and cultural economics". En Ivan Karp, con Gustavo Buntix, Barbara Kirshenblatt-Gimblett y Ciraj Rassool (eds.). *Museum frictions: Public cultures/global transformations* (pp. 161-202). Durham y Londres: Duke University Press.

KREPS, Christina
2009 "Indigenous curation, museums, and intangible cultural heritage". En Laurajane Smith y Natsuko Akagawa (eds.). *Intangible heritage* (pp. 193-202). Londres y Nueva York: Routledge.

KROEBER, Alfred
1917 "The superorganic". En *American Anthropologist* 19 (2): 163-213.

KUUTMA, Kristin
2013 Conferencia impartida dentro del seminario departamental de Antropología Social, 3 de octubre. Universidad de St Andrews (Escocia).

LADRÓN DE GUEVARA, Jorge
2012 "El hombre en el pensamiento Inca". En Jesús Washington Rozas y Delmia Valencia (eds.). *Cultura Andina. cosmosvisión, arqueología* (pp. 207-217). Cusco: FUNSAAC.

LAMANA, Gonzalo
2016 *Dominación sin dominio: el encuentro inca-español en el Perú colonial temprano.* Cusco: Instituto Francés de Estudios Andinos, Centro Bartolomé de Las Casas.

LATOUR, Bruno
1993 *We have never been modern*. Nueva York: Harvester Wheatsheaf.

LAZZARI, Marisa
2011 "Tangible Interventions: The lived landscapes of contemporary archaeology". En *Journal of Material Culture* 16 (2): 171-191.

LEFEBVRE, Henri
2013 (1974) *La producción del espacio*. Madrid: Capitán Swing.

LEVELLEN, Ted
2002 *The Anthropology of globalization: Cultural anthropology enters the 21st Century*. Wesport y Londres: Bergin & Garvey.

LEWIS, David
2005 "Anthropology and development: The uneasy relationship". En James G. Carrier (ed.). *A handbook of economic anthropology Anthropology* (pp. 472-486). Cheltenham: Edward Elgar.

LIPPARD, Lucy
2003 "Introduction". En Dean MacCannell. *Empty meeting grounds: The tourist papers*. Londres y Nueva York, Routledge.

LIRA, Jorge
1941 *Diccionario Kkechuwa-Español*. Tucumán: Universidad Nacional de Tucumán.

LITTLE, Walter
2004 *Mayas in the marketplace: Tourism, globalization and cultural identity*. Austin: University of Texas Press.

LÓPEZ, Sinesio
1979 "De imperio a nacionalidades oprimidas: notas sobre el problema nacional indígena". En Carlos Araníbar et ál. (eds.). *Nueva Historia General del Perú* (pp. 231-263). Lima: Mosca Azul Editores.

LOWENTHAL, David
1985 *The past is a foreign country*. Cambridge: Cambridge University Press.

1998 *The heritage crusade and the spoils of history*. Cambridge: Cambridge University Press.

MACCANNELL, Dean

1999 [1976] *The tourist: A new theory of the leisure class*. Berkeley y Los Angeles: University of California Press.

2003 [1992] *Empty meeting grounds: The tourist papers*. Londres y Nueva York, Routledge.

MANNHEIM, Bruce
1986 "The language of reciprocity in Southern Peruvian Quechua". En *Anthropological Linguistics* 28 (3): 267-273.

MAYER, Enrique
2002 *The articulated peasant: Household economies in the Andes*. Westview Press.

MEISCH, Lynn
2002 *Andean entrepreneurs: Otavalo merchants and musicians in the global arena*. Austin: University of Texas Press.

MÉNDEZ, Cecilia
2014 *La república plebeya: Huanta y la formación del Estado Peruano, 1820-1850*. Lima: Instituto de Estudios Peruanos.

MENDOZA, Zoila
2006 *Crear y sentir lo nuestro: folclor, identidad regional y nacional en el Cuzco, siglo XX*. Lima: Fondo Editorial de la Pontificia Universidad Católica del Perú.

MESKELL, Lynn
2002 "Negative heritage and past mastering in archaeology". *Anthropological quarterly* 75 (3): 557-574.

MIGNOLO, Walter
2007 "Delinking: The rethoric of modernity, the logic of coloniality and the grammar of de-coloniality". En *Cultural studies* 21 (2-3): 449-514.

MORPHY, Howard
2013 Conferencia plenaria leída en el congreso de la International Union of Anthropological and Ethnological Sciences (IUAES) celebrado en Manchester (Reino Unido), agosto.

MUMFORD, Jeremy
2012 *Vertical empire: The general resettlement of Indians in the Colonial Andes*. Durham y Londres: Duke University Press.

MURRA, John
1962 "Cloth and its functions in the Inca State". *American Anthropologist* 64 (4): 710-728.

1978 *La organización económica del Estado Inca*. Lima: Instituto de Estudios Peruanos.

2002 *El mundo andino: población, medio ambiente y desarrollo*. Lima: Instituto de Estudios Peruanos.

MURRAY LI, Tania
2010 "Indigeneity, capitalism, and the management of dispossesion". *Current anthropology* 51 (3): 385-414

NAIR, Stella
2007 "Localizing sacredness, difference, and *Yachacuscamcani* in a colonial Andean painting". En *Art Bulletin* 89 (2): 211-238.

2015a *At home with the Sapa Inca: Architecture, space, and legacy at Chinchero*. Austin: University of Texas Press.

2015b "Space and time in Inca Royal States". En Antoni Aveni (ed.). The measure and meaning of time in Mesoamerica and the Andes (pp. 119-139). Washington, D. C.: Dumbarton Oaks Research Library and Collection.

NASH, Dennison
1989 [1977] "Tourism as a form of imperialism". En Valene Smith (ed.). *Hosts and guests: The anthropology of tourism* (pp. 37-52). Filadelfia: University of Pennsylvania Press.

NASH, Denisson y Valene SMITH
1991 "Anthropology and tourism". En *Annals of Tourism Research* 18: 12-25.

NATES, Beatriz y Beatriz PÉREZ
1997 "Los andares de la memoria en la construcción andina del espacio". En *Política y sociedad* 25: 135-150.

NILES, Susan

1999 *The Shape of Inca History: Narrative and Architecture in an Andean Empire*. Iowa: University of Iowa Press.

NÚÑEZ, Theron

1989 [1977] "Touristic Studies in anthropological perspective". En Valene Smith (ed.). *Hosts and guests: The anthropology of tourism* (pp. 265-279). Filadelfia: University of Pennsylvania Press.

NÚÑEZ DEL PRADO, Oscar

1949 *La vida y la muerte en Chinchero*. Cusco: Talleres Gráficos La Económica.

1973 *Kuyo Chico: Applied anthropology in an Indian community*. Chicago y Londres: Chicago University Press.

OLWIG, Kenneth

1993 "Sexual cosmology: Nation and landscape at the conceptual interstices of nature and culture; or, what does landscape really mean?". En Barbara Bender (ed.). *Landscape: Politics and perspectives* (pp. 307-343). Londres: Bergh.

PÉREZ GALÁN, Beatriz

1996 "Autoridades étnicas y territorio: el ritual del linderaje en una comunidad andina". En *Anthropologica* 19 (19): 365-382.

PLATT, Tristan

1978 "Symétries en miroir: Le concept de yanantin chez les Macha de Bolivie". En *Annales ESC* 33 (5-6): 1081-1107.

1992 "Writing, shamanism and identity in Latin America; or voices from *Abya-Yala*". En *History Workshop Journal* 34 (1): 132-147.

POLANYI, Karl

2001 *The great transformation: The political and economic origins of our time*. Boston: Beacon Press.

RAMOS, Alcida

1988 [1954] "Indian Voices: Contact experienced and expressed". En Jonathan D. Hill (ed.). *Rethinking history and myth: Indigenous South American perspectives on the past* (pp. 214-234). Champaign: University of Illinois Press.

RANDALL, Robert

1982 "Qoyllur Riti: An Inca Fiesta of the Pleiades. Reflections on Time and Space in the Andean World". En *Bulletin de l'Institut Français d'études andines* 11 (1-2): 37-81.

RAPPAPORT, Joanne

1989 "Geography and historical understanding in indigenous Colombia". En Robert Layton (ed.). *Who needs the past?: Indigenous values and archaeology* (pp. 84-94). Londres y Nueva York: Routledge.

RÉNIQUE, José Luis

1991a *Los sueños de la sierra: Cusco en el siglo XX*. Lima: Centro Peruano de Estudios Sociales.

1991b "La batalla por Puno: violencia y democracia en la sierra sur". En *Debate agrario* 10: 83-108.

RICE, Mark

2014 *Selling sacred cities: tourism, region and nation in Cuzco, Peru*. Tesis doctoral, Stony Brook University.

RICHTER, Linda K.

1989 *The politics of tourism in Asia*. Honolulu: University of Hawai Press.

RITZER, George y Allan LISKA

2003 [1997] "'McDisneization' and 'post-tourism': Complementary perspectives on contemporary tourism". En Chris Rojek y John Urry (eds.). *Touring cultures: Transformations of travel and theory* (pp. 96-109). Londres y Nueva York: Routledge.

RIVERA CUSICANQUI, Silvia

2012 "*Ch'ixinakak utxiwa*: A reflection on the practices and discourses of decolonization". En *The Southatlantic Quarterly* 111 (1): 95-109.

ROJAS, Rolando

2009 *La república imaginada: representaciones culturales y discursos políticos en la independencia peruana (Lima 1821-1822)*. Tesis para optar el grado de Magíster en Historia. Universidad Nacional Mayor de San Marcos.

ROJEK, Chris y John URRY
2003 [1997] *Touring cultures: Transformations of travel and theory*. Londres y Nueva York: Routledge.

ROSTWOROWSKI DE DIEZ CANSECO, María
1970 "Los Ayarmaca". En *Revista del Museo Nacional* 36 (1969-1970): 58-101.

1999 *Historia del Tahuantinsuyu*, 2.ª edición. Lima: Instituto de Estudios Peruanos.

ROWE, John H.
1944 *An Introduction to the Archaeology of Cuzco*. Papers of the Peabody Museum of American Archaeology and Ethnology, vol. 27, n.° 2. Cambridge: The Museum.

ROZAS, Jesús Washington y Delmia VALENCIA BLANCO (eds.)
2012 *Cultura Andina. Cosmovisión, arqueología*. Cusco: Universidad Nacional de San Antonio Abad del Cusco.

SALLNOW, Michael
1987 *Pilgrims of the Andes*. Washington D. C: Smithsonian institution press.

SALOMON, Frank
1998 "How the huacas were: The language of substance and transformation in the Huarochirí Quechua manuscript". En *RES: Anthropology and aesthetics* 33, Pre-Columbian states of being: 7-17.

2002 "Un-ethnic ethnohistory: On Peruvian peasant historiography and ideas of autochthony". En *Ethnohistory* 49 (3): 475-506.

2013 "Testimonies: The making and reading of native South American historical sources". En Frank Salomon y Stuart B. Schwartz (eds.). *The Cambridge history of the native peoples of the Americas* (pp. 19-95). Cambridge: Cambridge University Press.

SALOMON, Frank y Sabine HYLAND (eds.)
2010 "Graphic pluralism: Native American Systems of Inscription and the Colonial Situation". En *Ethnohistory* 57 (1): 1-9.

SALOMON, Frank y Mercedes NIÑO-MURCIA
2011 *The lettered mountain: A Peruvian village's way with writing*. Durham y Londres: Duke University Press.

SANTOS-GRANERO, Fernando
1998 "Escribiendo la historia en el paisaje: espacio, mitología y ritual entre la gente Yanesha". En Alexandre Surrallés y Pedro García Hierro (eds.). *Tierra adentro: Territorio indígena y percepción del entorno* (pp. 187-217). Copenhague: IWGIA, Grupo de Trabajo Internacional para Asuntos Indígenas.

SARMIENTO DE GAMBOA, Pedro
1988 [1572] *Historia de los Incas*. Madrid: Miraguano.

SASSEN, Saskia
2015 *Losing control?: Sovereignty in the age of globalization*. Nueva York: Columbia University Press.

SAUNDERS, Nicholas
2001 "Matter and memory in the landscapes of conflict: The western front 1914-1999". En Barbara Bender y Margot Winer (eds.). *Contested Landscapes: Movement, exile and place* (pp. 37-53). Oxford y Nueva York: Bergh.

SCHEVILL, Margot Blum, Janet Catherine BERLO y Edward B. DWYER
1996 *Textile traditions of Mesoamerica and the Andes: An anthology*. Austin: University of Texas Press.

SEED, Patricia
1995 *Ceremonies of possession in Europe's conquest of the New World, 1492-1640*. Cambridge: Cambridge University Press.

SEIBOLD, Katherine
1992 "Textiles and Cosmology in Choquecancha, Peru". En Robert Dover, Katherine Seibold. y John H. McDowell (eds.). *Andean Cosmologies through Time: Persistence and Emergence* (pp. 161-201). Bloomington: Indiana University Press.

SHAY, Theodore
1957 "The Myth of Progress". En *The Indian Journal of Political Science*, 18(1): 5-9.

SHERBONDY, Jeanette
1992 "Water ideology in Inca ethnogenesis". En Robert Dover, Katherine Seibold y Jhn H. McDowell (eds.). *Andean Cosmologies through Time: Persistence and Emergence* (pp. 46-66). Bloomington: Indiana University Press.

SILLAR, Bill
2000 *Shaping culture: Making pots and constructing households. An ethnoarchaeological study of pottery production, trade and use in the Andes*. British Archaeological Reports International Series, 883. Oxford: Hadrian Books.

2009 "The social agency of things? Animism and materiality in the Andes". *Cambrigde Archaeological Journal* 19(3): 367-377.

SILVERMAN, Gail
1994 *El tejido andino: un libro de sabiduría*. Lima: Banco Central de Reserva del Perú.

SILVERMAN, Helaine
2002 "Touring ancient times: The present and presented past in contemporary Peru". En *American anthropologist* 104 (3): 881-902.

2005 "Embodied heritage, identity politics, and tourism". En *Anthropology and Humanism* 30 (2): 141–155.

2006 "The historic district of Cusco as open-air site museum". En Helaine Silverman (ed.). *Archaeological site museums in Latin America* (pp. 159-183). Gainesville: University Press of Florida.

SILVERMAN, Helaine y Donald PROULX
2008 *The Nasca*. Malden: Blackwell.

SMITH, Laurajane
2004 *Archaeological theory and the politics of cultural heritage*. Londres y Nueva York: Routledge.

SMITH, Laurajane y Natsuko AKAGAWA (eds.)
2009 *Intangible heritage*. Londres y Nueva York: Routledge.

SMITH, Valene (ed.).
1989 [1978] *Hosts and guests: The anthropology of tourism*. Filadelfia: University of Pennsylvania Press.

SPALDING, Karen
1974 *De indio a campesino: cambios en la estructura del Perú colonial*. Lima: Instituto de Estudios Peruanos.

SPOONER, Brian
2013 "Weavers and dealers: Authenticity and oriental carpets". En Arjun Appadurai (ed.). *The social life of things: Commodities in cultural perspective* (pp. 195-235). Cambridge: University of Cambridge Press.

STEEL, Griet
2006 "Turismo y vendedores ambulantes en Cuzco". En Annelou Ypeij y Annelies Zoomers (eds.). *La ruta andina: turismo y desarrollo sostenible en Perú y Bolivia* (pp.169-186). Quito: Abya Yala.

STERN, Steve
1985 "Latin America's Colonial History: Invitation to an Agenda". En *Latin American Perspectives* 12 (1): 3-16.

1990 *Resistencia, rebelión y conciencia campesina en los Andes: siglos XVIII-XX*. Lima: Instituto de Estudios Peruanos.

STOBART, Henry
2006 *Music and the poetics of production in the Bolivian Andes*. Aldershot, Hants, Burlington: Ashgate.

STOBART, Henry y Rosaleen HOWARD (eds.)
2002 *Knowledge and learning in the Andes: Ethnographic perspectives*. Liverpool: Liverpool University Press.

STORN, Heidi
2010 Charla impartida en el Centro Bartolomé de Las Casas, Cusco, Perú.

STRATHERN, Marilyn
1987 "The limits of auto-anthropology". En A. Jackson (ed.). *Anthopology at home* (pp. 59-67). Londres: Tavistock.

STREET, Brian

2004 "Los nuevos estudios sobre la literacidad". En Patricia Ames, Mercedes Niño-Murcia y Virginia Zavala (eds.). *Escritura y Sociedad. Nuevas perspectivas teóricas y etnográficas* (pp. 81-107). Lima: Fondo Editorial de la Pontificia Universidad Católica del Perú.

STREET, Joanna y Brian STREET

2004 [1991] "La escolarización de la literacidad". En Patricia Ames, Mercedes Niño-Murcia y Virginia Zavala (eds.). *Escritura y Sociedad. Nuevas perspectivas teóricas y etnográficas* (pp. 181-210). Lima: Fondo Editorial de la Pontificia Universidad Católica del Perú.

SYRING, David

2015 *With the Saraguros: The Blended Life in a Transnational World.* Austin: University of Texas Press.

TAYLOR, Gerald

1974 "Camay, Camac et Camasca dans le manuscrit quechua de Huarochiri". En *Journal de la Société des Américanistes* 63: 231-244.

THURNER, Mark

1997 *From two republics to one divided: contradictions of postcolonial nationmaking in andean Peru.* Durham y Londres: Duke University Press.

2006 *Republicanos andinos.* Lima: Instituto de Estudios Peruanos, Centro Bartolomé de Las Casas.

TILLEY, Christopher

2006 Introduction Identity, Place, Landscape and Heritage. *Journal of material culture 11*(1-2): 7-32.

TOREN, Christina

1988 "Making the present, revealing the past: The mutability and continuity of tradition as process". En *Man* 23: 696-717.

TORRICO, Cassandra

2014 "Technical competence in weaving as a means of distinction among young Macha women from Tumaykuri, Northern Potosi, Bolivia". En Denise Y. Arnold y Penny Dransart (eds.). *Textiles, technical competence, and power in the Andes* (pp. 195-215). Londres: Ashgate.

URRY, John

2002a [1990] *The tourist gaze: Leisure and travel in contemporary societies.* Londres: Sage.

2002b [1995] *Consuming places*. Londres y Nueva York: Routledge.

VACA, Alejandra

2013 Ponencia presentada en la conferencia internacional sobre textiles andinos celebrada en Cusco, Perú, 1 de octubre.

VALDERRAMA, Ricardo y Carmen ESCALANTE

2012 "Montañas sagradas y rituales en los Andes". En Jesús Washington Rozas y Delmia Valencia Blanco (eds.). *Cultura Andina: cosmovisión, Arqueología*, tomo I (pp. 19-50). Cusco: Convenio CiUF, Universidad Nacional de San Antonio Abad del Cusco.

VALDIVIA, Gabriela

2005 "On indigeneity, change, and representation in the northeastern Ecuadorian Amazon". En *Environment and Planning A* 37 (2): 285-303.

VENKATESAN, Soumhya

2009 "Rethinking agency: Persons and things in the heterotopia of 'traditional indian craft'". En *The Journal of the Royal Anthropological Institute* 15: 78-95.

VERGARA, Alberto

2015 *La danza hostil. Poderes subnacionales y Estado central en Bolivia y Perú (1952-2012)*. Lima: Instituto de Estudios Peruanos.

VICH, Víctor

2006 "La nación en venta: bricheros, turismo y mercado en el Perú contemporáneo". En *Crónicas Urbanas* 10 (11): 93-99.

VIVEIROS de Castro, Eduardo

1996 "Images of nature and society in Amazonian ethnology". En *Annual Review of Anthropology* 25: 179-200.

2004 "Exchanging perspectives: The transformation of objects into subjects in Amerindian ontologies". En *Common Knowledge* 10 (3): 463-484.

WANG, Ning
1999 "Rethinking authenticity in tourism experience". *Annals of Tourism Research* 26 (2): 349-370.

WARDLE, Huon
2014 Notes on "non-human agents", "ontology", "cosmopolitics" and "mental decolonization". Disponible en <https://www.academia.edu/6407673/>.

WEIGHTMAN, Barbara
1987 "Third world tour landscapes". En *Annals of Tourism Research* 14 (2): 227-239.

WEINER, James
1991 *The empty place: Poetry, space, and being among the Foi of Papua New Guinea*. Bloomington: Indiana University Press.

WERNKE, Steven
2007 "Negotiating community and landscape in the Peruvian Andes: A transconquest view". En *American Anthropologist* 109 (1): 130-152.

2013 *Negotiated settlements: Andean communities and landscapes under Inka and Spanish colonialism*. Gainesville: University Press of Florida.

WOLF, Eric
1987 *Europa y la gente sin historia*. Ciudad de México: Fondo de Cultura Económica.

WOLF, Eric y Sidney MINTZ
1957 "Haciendas and plantations in Middle America and the Antilles". En *Social and Economic Studies* 6 (3): 380-412.

YPEIJ, Annelou
2012 "The Intersection of Gender and Ethnic Identities in the Cuzco–Machu Picchu tourism industry sácamefotos, tour Guides, and women weavers". En *Latin American Perspectives* 39 (6): 17-35.

YPEIJ, Annelou y Elaine ZORN
2007 "Taquile, a Peruvian tourist island struggling for control". En *European Review of Latin American and Caribbean Studies* 82: 119-128.

Zorn, Elayne
2004 *Weaving a Future: Tourism, cloth, and culture on an Andean island.* Iowa: University of Iowa Press.

Zuloaga, Marina
2012 *La conquista negociada: guarangas, autoridades locales e imperio en Huaylas, Perú (1532-1610).* Lima: Instituto de Estudios Peruanos, Instituto Francés de Estudios Andinos.

Made in United States
Orlando, FL
23 January 2026

77106693R00175